Tabelle der Hauptlinien der Linienspektre aller Elemente

nach Wellenlänge geordnet

Von

H. Kayser

Geheimer Regierungsrat
em. Professor der Physik an der Universität Bonn

Zweite Auflage

Neu bearbeitet und herausgegeben

von

Rudolf Ritschl

Regierungsrat an der Physikalisch-Technischen Reichsanstalt
Dozent für Experimentalphysik an der Universität Berlin

Springer-Verlag Berlin Heidelberg GmbH

1939

Aus dem Vorwort zur ersten Auflage.

In dem sechsten Band meines Handbuches der Spektroskopie, welcher 1913 erschien, habe ich eine Tabelle der stärksten Spektrallinien aller Elemente, nach der Wellenlänge geordnet, herausgegeben. Sie ist in den verflossenen 13 Jahren stark veraltet, zwar nicht unbrauchbar, aber ungenügend geworden. Damals standen wir gerade am Anfang der Einführung der Internationalen Normalen zweiter Ordnung; die vorliegenden Messungen waren fast sämtlich ohne ihre Hilfe gemacht. Seitdem sind sie nicht nur allgemein angewendet worden, sondern man hat auch erkannt, daß mehrere von ihnen ungeeignet sind, und hat sie durch bessere ersetzt . . . . . .

Eine neue Tabelle, welche alle diese sehr erheblichen Fortschritte berücksichtigt, schien daher dringend erforderlich, und mir sind so vielfach dahin zielende Wünsche zu Ohren gekommen, daß ich mich entschlossen habe, die sehr große Arbeit zu unternehmen, deren Resultat ich hiermit vorlege. Die neue Tabelle unterscheidet sich noch in zwei Punkten von der alten: damals sollte der Übergang von der Rowlandschen Skala auf die internationale gemacht werden, und es schien zweckmäßig, alle Wellenlängen nach beiden Skalen anzugeben. Heute ist der Übergang vollzogen, und es ist an der Zeit, daß die Angaben nach Rowland verschwinden, obgleich sich immer noch Beobachter finden, die nach Rowland messen, sehr zum Schaden ihrer eigenen Arbeit. So habe ich denn jetzt alle Angaben ausschließlich nach der internationalen Skala gemacht . . . . . .

Die zweite Neuerung ist die, daß ich noch schwächere Linien aufgenommen habe, so daß die Zahl der Linien nahezu verdoppelt ist, etwa 19000 beträgt statt der 10000 der alten Tabelle. Auch damit folge ich mehrfachen Wünschen . . . . .

Die gesamte bis zum Beginn des Druckes erschienene Literatur ist berücksichtigt, soweit sie mir bekanntgeworden ist. Auch habe ich noch nicht veröffentlichte Messungen, die im Bonner Physikalischen Institut gemacht sind, verwerten können.

Bonn, März 1926.

H. Kayser.

Vorwort zur zweiten Auflage.

Bei der Neubearbeitung der Tabelle der Hauptlinien der Linienspektren war mir klar, daß der Charakter und der Umfang des bewährten Werkes im wesentlichen beibehalten werden mußte. Es kam hauptsächlich darauf an, die Neuauflage den Fortschritten der Spektroskopie anzupassen, die in den inzwischen vergangenen 12 Jahren gemacht worden sind.

Die seit dem Erscheinen der ersten Auflage im März 1926 veröffentlichten Messungen von Wellenlängen in den Atom- und Ionenspektren sind sehr umfangreich. Besonders in den ersten Jahren bis etwa 1930 war die Tätigkeit auf diesem Gebiet noch sehr rege, während seitdem ein gewisser Abschluß erreicht wurde und nur einzelne Institute, besonders in den Vereinigten Staaten, heute noch systematische Wellenlängenmessungen ausführen.

Die hauptsächlichen Erweiterungen gegenüber den beim Abschluß der ersten Auflage vorliegenden Messungen erstrecken sich auf die Enden des Spektrums, auf das Ultrarot und das Vakuum-Ultraviolett. Im Ultrarot sind es besonders die durch die verbesserte photographische Technik zugänglich gewordenen Gebiete etwa von 7000 bis 12 000 A. E., in denen viel neues Material vorliegt. Das nicht mehr photographisch erfaßbare fernere Ultrarot weist demgegenüber nur einen relativ geringen Zuwachs an Messungen von Linien auf, in diesem Gebiet herrschen die Arbeiten über Molekülspektren bei weitem vor. — Im Vakuumgebiet ist dagegen bis herunter zu den kürzesten optischen Wellenlängen ein gewaltiger Zuwachs an Messungen zu verzeichnen, so daß dies Gebiet der Spektroskopie in Luft um nichts mehr an Sicherheit und Genauigkeit der Messungen nachsteht.

Auch im zwischenliegenden Gebiet liegen zahlreiche Neumessungen von Linien vor; daneben ist ein großer Teil der Linien eingeordnet oder wenigstens mit großer Sicherheit einem bestimmten Ionisationszustand des Elementes zugeordnet worden.

Für die Neuherausgabe der Tabelle, deren Fehlen seit einigen Jahren mehr und mehr als Lücke empfunden wird, war die Einbeziehung der Fortschritte des vergangenen Jahrzehnts zu vereinen mit der Notwendigkeit, diese Neuherausgabe nicht allzulange zu verzögern und auch den Umfang des Werkes nicht übermäßig zu vergrößern, um den übersichtlichen und handlichen Charakter zu wahren und eine wesentliche Verteuerung zu vermeiden. Diese Gesichtspunkte legten der gesamten Arbeit gewisse Beschränkungen auf.

Als Quelle für die Wellenlängenangaben habe ich grundsätzlich die Originalarbeiten benutzt; Tabellen, wie sie inzwischen verschiedentlich erschienen sind, wurden nur zur Kontrolle und gelegentlichen Ergänzung herangezogen. Die Literatur von 1926 bis 1938 wurde nach Möglichkeit vollständig berücksichtigt. Erwähnen möchte ich besonders die Zusammenstellung von Vakuumwellenlängen der Spektren H, He, C, N, O, Ne, Ar, Hg, Al, Kr, Na, B, Si, die von Boyce und Robinson [J. opt. Soc. Amer. **26**, 133 (1936)] veröffentlicht worden ist. Sie war für die Auswahl der Linien und der heute besten Werte der Wellenlängen ein sicherer Führer, obwohl auch hier durchweg auf die Originalarbeiten zurückgegriffen wurde. Von Nutzen war mir auch der von Gatterer und Junkes (Specola Vaticana, 1937) herausgegebene „Atlas der Restlinien". Den Fachgenossen, die durch persönliche Angaben und Hinweise zur Vervollständigung der Tabelle beigetragen haben, danke ich an dieser Stelle herzlich.

Die vorkommenden Elemente sind mit den benutzten chemischen Symbolen vor Beginn der Tabelle zusammengestellt. Gegenüber der ersten Auflage sind folgende Änderungen getroffen:

Weggefallen sind die hypothetischen Elemente De, Du, Er 2 und Er 3, Euros, Wels; ferner die Linien des Luftfunkens, die in den Spektren der Bestandteile der Luft erfaßt sind.

Geändert sind die chemischen Symbole für Argon (Ar statt A), Holmium (Ho statt Nh), Thulium (Tu statt Nt), Ytterbium (Yb statt Ny).

Neu hinzugekommen sind: Actinium (Ac), schwerer Wasserstoff oder Deuterium (D), Protactinium (Pa), Polonium (Po) und Rhenium (Re). Außerdem wurden eine Reihe von Linien der Sonnencorona unter der Bezeichnung „Corona" aufgenommen, deren Ursprung noch unbekannt ist, sowie wichtigste Nebel- und Nordlichtlinien.

Bei der Auswahl der in die Tabelle neu aufzunehmenden Linien mußte im übrigen naturgemäß nach einer gewissen Willkür verfahren werden, indem nur Linien von größerer Intensität genommen wurden. Doch habe ich nach Möglichkeit zusammengehörige Gruppen, speziell Multipletts, nicht zerrissen, sondern hier auch die schwächeren Komponenten gebracht.

Die in der ersten Auflage stehenden Linien, die in der Zwischenzeit nicht neu gemessen worden sind, wurden durchweg beibehalten. Nur wurden bei den seltenen Erden einige der sehr zahlreichen Linien schwächster Intensität, die in der ersten Auflage einen unverhältnismäßig breiten Raum einnahmen, weggelassen.

Die sehr eng liegenden Multipletts bei den leichteren Elementen (z. B. Be) und auch diejenigen, bei denen Multiplettstruktur und Hyperfeinstruktur von gleicher Größenordnung sind (z. B. Al, In), habe ich nicht mehr durch Angabe aller Einzelkomponenten dargestellt, um eine übermäßige Raumbeanspruchung zu vermeiden. Hier habe ich die äußersten Komponenten des Gebildes mit genauer Wellenlänge und Intensität angegeben und dazwischen die gesamten gemessenen Komponenten des Komplexes in ihrer Reihenfolge durch Angabe der Intensitäten dargestellt, z. B.

$$5637.18 \text{ In II} \qquad\qquad 1$$
$$1\text{—}3\text{—}8\text{—}7\text{—}2\text{—}0$$
$$5636.05 \text{ In II} \qquad\qquad 0$$

Auch die komponentenreichen Gruppen im Vakuum-Ultraviolett wurden so wiedergegeben.

Dagegen wurde die Hyperfeinstruktur (Isotopie und Kernmoment) sowie die Feinstruktur der wasserstoffähnlichen Linien nicht berücksichtigt.

Verzichtet wurde weiter auf die gelegentlich angeregte Angabe der Termbezeichnung der spektralen Übergänge bei den eingeordneten Linien. Sie würde ebenfalls eine übermäßige Belastung des Werkes bedeuten und wohl nur für einen kleineren Kreis der Benutzer von Interesse sein. Nur bei den wasserstoffähnlichen Spektren HI, DI, He II, Li III habe ich die Quantenzahlen des Überganges hinzugefügt, z. B. 6562.79 H I (2—3). Dafür habe ich bei diesen Linien keine Intensitätsangaben gemacht; aus der Größe der Quantenzahlen gewinnt man einen Anhalt für die Intensität, die ja mit steigender Anfangs- und Endquantenzahl stetig abnimmt.

Bei den Linien, die den Auswahlregeln widersprechen, aber ohne äußere Felder in Erscheinung treten, ist das Wort „verboten" zugefügt; Stark-Kochsche Linien, die nur durch das elektrische Feld erzwungen werden, sind nicht aufgeführt.

Bei der Angabe der Wellenlängen wurde in der ganzen Tabelle einschließlich des Ultraroten die Internationale Ångström-Einheit benutzt, um eine einheitliche Darstellung zu gewinnen. Von den längsten Wellen bis 2000 Å. sind alle Wellenlängen in Luft gemessen; unterhalb 2000 Å. beziehen sich die Angaben auf Vakuum.

Die Wellenlängen der Tabelle sind im Gegensatz zur ersten Auflage nicht aus verschiedenen Messungen gemittelt worden; vielmehr wurde stets aus sämtlichen

vorliegenden Messungen einer Linie diejenige, die nach Lichtquelle und Meß-
methode die genaueste zu sein schien, ausgewählt. In manchen Fällen wurden
als zweifellos beste Werte der Wellenlängen die in der Literatur angegebenen
„berechneten" Werte genommen, die aus genau festliegenden Termen durch
Kombination gewonnen sind und vielfach, besonders im Vakuumgebiet, Normalen-
charakter tragen.

Im Sinne der anfangs begründeten Beschränkungen liegt auch das vollständige
Fortlassen der dritten Dezimale in den Ångström-Einheiten. Beim Vergleich der
Angaben der ersten Auflage mit den Messungen der Zwischenzeit und beim Vergleich der auf tausendstel Ångström-Einheiten angegebenen Messungen der verschiedenen Autoren untereinander ist die in der ersten Auflage angenommene
Norm der Genauigkeit auf drei Einheiten der letzten Stelle so selten erfüllt, daß
in den meisten Fällen der Wert dieser Angaben starken Zweifeln unterliegen muß.
Damit soll nicht geleugnet werden, daß wir im Besitz eines gesicherten Systems
von Normalwellenlängen sind, bei denen die Tausendstel festliegen. Doch kann
man sich fragen, ob eine Tabelle sämtlicher Wellenlängen der Hauptlinien aller
Elemente, die doch im wesentlichen orientierenden Charakter im Gesamtgebiet des
Spektrums besitzt, der Platz für die Angabe der genauen Normalienwerte ist. Wer
Präzisionsmessungen macht oder ein Spektrum auf Tausendstel genau analysieren
will, wird als Quelle für die Wellenlängen ungern eine umfangreiche Tabelle heran-
ziehen — schon aus berechtigtem Mißtrauen gegen Druckfehler —, sondern stets
auf die Originalmessungen zurückgreifen, auch, um selbst kritisch zwischen den
verschiedenen Angaben wählen zu können. Die Angabe der Wellenlängen auf
Tausendstel mit der Verantwortlichkeit für den jeweils richtigsten Wert hätte
zudem eine zusätzliche Mehrarbeit bedeutet, die das Erscheinen der Neuauflage
der Tabelle noch beträchtlich verzögert haben würde. Aus diesen Überlegungen
habe ich mich zum Verzicht auf die Angabe der tausendstel Ångström-Einheiten
entschlossen.

Nächst der Angabe der Wellenlänge folgt in der Tabelle die des emittieren-
den Elementes und seines Ionisationszustandes. In üblicher Weise bezeichnet
— wie früher — I das Spektrum des neutralen Atoms; II das des einfach
ionisierten, III das des doppelt ionisierten Atoms usw. Die Tabelle wurde
auf die Spektren bis IV einschließlich beschränkt; nur im extremen Vakuum-
ultraviolett wurden auch Spektren V, die als Normalen von Bedeutung sind,
herangezogen. Die höher ionisierten Spektren entstehen nur unter speziellen
Anregungsbedingungen, so daß sie in der Praxis meist nicht in Erscheinung treten.
Bei den Linien, die noch keinem bestimmten Ionisationszustand zugeordnet sind,
stehen die Buchstaben B, F oder G an Stelle des Ionisationsgrades, um anzudeuten,
ob die Linie im Bogen, im Funken oder im Geißler-Rohr am stärksten beobachtet wird. Auch bei Argon wurde die bisherige Bezeichnung der Linien als
Rot oder Blau durch die gleichen Symbole ersetzt.

Da bei sehr vielen Linien der Ionisationsgrad heute feststeht und seine Angabe die Anregungsart der Linie am besten charakterisiert, wurde die gleich-
zeitige Angabe der Intensität im Bogen, Funken und Geißler-Rohr fallen-
gelassen.

Zu den Bezeichnungen I, II der Spektren treten bei den von Beutler zuerst
beobachteten Absorptionslinien, die der Anregung innerer Elektronenschalen
entsprechen, die von ihm vorgeschlagenen Bezeichnungen Ib, Ic usw. hinzu.

Bei den Intensitätsangaben ist die Verwirrung, auf die schon in der ersten Auflage eingehend hingewiesen wurde, eher noch größer geworden, besonders durch die bei umfangreichen Messungen unter Einschluß auch der schwächsten Linien in Gebrauch gekommenen Methode, die Intensitätszahlen auf mehrere Tausend zu steigern. Alle Intensitätsangaben sind rohe Schätzungen, denen eine relative Bedeutung nur in engen Spektralbereichen und nur innerhalb eines Spektrums zukommt. Bei den ultraroten Linien, deren Intensitäten durch objektive Messung bestimmt worden sind, sind die Intensitätswerte wieder durch einen Stern bezeichnet.

Die den Liniencharakter beschreibenden Bezeichnungen sind beibehalten. Sie stehen hinter den Intensitätsangaben und sind am Beginn der Tabelle erklärt. Neu ist die Kennzeichnung der in Absorption (ausschließlich der Absorption im Unterwasserfunken!) erscheinenden Linien durch die Buchstaben „abs".

Die für analytische Zwecke wichtigen Restlinien oder letzten Linien wurden durch die hinter die Linien gesetzten Buchstaben „LL" hervorgehoben; ich folge hier den Zusammenstellungen von de Gramont, Lundeghard, Russell [Astr. J. **61**, 223 (1925)], Gerlach und Riedl, sowie dem Atlas von Gatterer.

Bei der Wahl des Formates ist wieder Platz für ergänzende Eintragungen vorgesehen.

Für Hinweise auf Fehler und Lücken sowie Verbesserungsvorschläge würde ich im Hinblick auf künftige Auflagen dankbar sein.

Berlin-Charlottenburg, den 18. Oktober 1938.

Rudolf Ritschl.

Verzeichnis der Elemente und ihrer chemischen Symbole.

Ac	Actinium	Ge	Germanium	Po	Polonium
Ag	Silber	H	Wasserstoff, Atom	Pr	Praseodym
Al	Aluminium	H 2	Wasserstoff, Molekül	Pt	Platin
Ar	Argon	He	Helium	Ra	Radium
As	Arsen	Hf	Hafnium	Rb	Rubidium
Au	Gold	Hg	Quecksilber	Re	Rhenium
B	Bor	Ho	Holmium	Rh	Rhodium
Ba	Barium	J	Jod	Ru	Ruthenium
Be	Beryllium	In	Indium	S	Schwefel
Bi	Wismuth	Ir	Iridium	Sb	Antimon
Br	Brom	K	Kalium	Sc	Scandium
C	Kohlenstoff	Kr	Krypton	Se	Selen
Ca	Kalzium	La	Lanthan	Si	Silizium
Cd	Cadmium	Li	Lithium	Sm	Samarium
Ce	Cer	Lu	Lutecium (Cassiopeium)	Sn	Zinn
Cl	Chlor	Mg	Magnesium	Sr	Strontium
Co	Cobalt	Mn	Mangan	Ta	Tantal
Corona		Mo	Molybdän	Tb	Terbium
Cr	Chrom	N	Stickstoff	Te	Tellur
Cs	Cäsium	Na	Natrium	Th	Thorium
Cu	Kupfer	Nb	Niob (Columbium)	Tl	Thallium
D	Deuterium (schwerer Wasserstoff)	Nd	Neodym	Tu	Thulium
		Ne	Neon	U	Uran
Dy	Dysprosium	Ni	Nickel	V	Vanadium
Em	Emanation (Niton)	O	Sauerstoff	W	Wolfram
Er	Erbium	Os	Osmium	X	Xenon
Eu	Europium	P	Phosphor	Y	Yttrium
F	Fluor	Pa	Protactinium	Yb	Ytterbium
Fe	Eisen	Pb	Blei	Zn	Zink
Ga	Gallium	Pd	Palladium	Zr	Zirkon
Gd	Gadolinium				

Erläuterungen.

Die Wellenlängen sind Internationale Ångström-Einheiten; bis herunter zu 2000 Å. Wellenlängen in Luft; unterhalb 2000 Å. Wellenlängen im Vakuum.

Die Intensitäten sind visuelle Schätzungen; die mit einem Stern (*) bezeichneten Intensitätswerte sind objektive Messungen.

Hinter der Intensitätszahl bedeutet:

R   Die Linie zeigt leicht Selbstumkehr.
u   Die Linie ist unscharf.
d   Die Linie ist diffus.
b   Die Linie ist breit.
r   Die Linie ist nach Rot verbreitert.
v   Die Linie ist nach Violett verbreitert.

Hinter dem chemischen Symbol bedeutet:

I   Spektrum des neutralen Atoms.
II   Spektrum des einfach ionisierten Atoms.
III   Spektrum des doppelt ionisierten Atoms usw.
Ib, Ic   Spektrum des neutralen Atoms; die Linie entsteht durch Anregung einer inneren Schale (Übergang zu den Röntgenspektren); solche Linien erscheinen nur in Absorption!
B   Die Linie wird am stärksten im Bogen beobachtet.
F   Die Linie wird am stärksten im Funken beobachtet.
G   Die Linie wird am stärksten im Geißler-Rohr beobachtet.
abs   Die Linie wird auch in Absorption beobachtet.
LL   Letzte Linie oder Restlinie, besonders analytisch empfindlich.

λ in I. Å.	Element	Intensität	λ in I. Å.	Element	Intensität
90850	Na I	4*	37370.7	K I	10*
480	Na I	3*	354.3	K I	40*
85100	K I	5*	075.6	K I	30*
84520	K I	4*	36626.4	K I	27*
74430	Na I	8*	492.5	Hg	20*
360	Li I	10*	372.7	K I	10*
280	Rb I	15*	261	Hg I	6*
260	K I	10*	127.7	Cs I	20*
000	H I 5–6	—	35950	Tl'I	20*
72690	Rb	10*	680	Tl I	10*
71930	Cs I	13*	34892.5	Cs I	70*
170	Tl I	5*	203	Na	25*
110	Cs	10*	165	Na I	25*
70230	Tl I	10*	33932	Tl I	10*
69310	Cs	15*	31596.8	K I	40*
68070	Cs I	15*	395	K I	80*
65670	Rb I	8*	30962.9	Cs I	40*
64610	K I	8*	933.8	Ba I	30*
360	Rb I	10*	681.9	Ba	20*
310	K I	8*	665	Sr I	—
62360	K I	15*	30482	Sr	—
030	K I	20*	468.5	Ba	15*
55590	Tl I	10*	110.7	Sr I	5*
54300	Na I	20*	103.8	Cs I	6*
52313.4	Rb I	10*	29790.6	Ba	35*
51057.9	Tl I	20*	317.4	Cs I	6*
50023	Na I	15*	225.9	Sr I	6*
46960	Rb I	40*	223.9	Ba I	50*
190.1	Rb I	5*	28964	Sr	—
42202.3	Cs I	4*	560	Na	—
40540	He	4*	28516	Sr	—
500	H I 4–5	—	27909.8	Rb I	8*
475	Li I	20*	889.6	Tl I	40*
449	Na I	80*	751.1	Ba I	30*
159	Hg	8*	356.2	Sr I	6*
115.5	K I	60*	319.8	Rb I	8*
39951.4	Ag	8*	215.0	K I	8*
898.5	Rb I	30*	065.6	K I	20*
889.6	Ag	5*	027.6	Tl	3*
827.4	Rb I	15*	023.7	Tl	3*
39398.5	Cs	10*	26947	Sr	—
320	Hg I	10*	915.4	Sr I	6*
286.5	Tl	60*	890.5	Li	5*
246.5	Tl I	15*	875.3	Li I	15*
215.5	Tl I	15*	806	Sr	—
180.1	Cs I	10*	714	Sr	—
108.6	Al I	—	300	H I 4–6	—
38819.5	Hg	5*	232	Cr	20*
511.4	Rb I	15*	229	Fe	2*
131.0	Tl I	15*	221.4	Ba I	20*

λ in I. Å.	Element	Intensität	λ in I. Å.	Element	Intensität
26133.5	Hg	7*	20596.2	Sn I	70*
024.5	Sr I	6*	582.0	He I	20*
25987	Fe	3*	485.8	Tl	5*
902.2	Cr	10*	262.9	Sr I	10*
849.7	Cr	20*	19987.9	Ba	25*
815.6	Cr	10*	946.8	Ca I	10*
784.6	Cr	5*	935.8	Ca I	30*
708.8	Cr	10*	917.5	Ca I	8*
665.5	Cr	10*	864.6	Ca I	45*
583.6	Cr	20*	856.9	Ca I	45*
25560.4	Cr	10*	19817.3	Ca	10*
515.7	Ba I	50*	778.7	Co	30*
480.7	Cr	10*	777.4	Ca I	60*
459.6	Cr	15*	705.9	Hg I	4*
24740.0	Sn I	40	507.1	Ca I	30*
467	Li I	80*	452.9	Ca I	50*
329.0	Sn I	40*	318.3	Cs	80*
045.7 ?	Zn I	3*	310.6	Ca I	40*
23991.3	Mg	15*	290	Li I	10*
990.8	Li	20*	090.6	He I	1*
23977.1	Mg	8*	19074.6	Ba	20*
963.6	Mg	5*	18751.1	H I 3–4	—
933.5 ?	Zn	5*	717.0	Cr	20*
22999.0	Sn I	30*	697.0	Li I	50*
936.7	Rb I	12*	693.4	He I	4*
655.9	Ca I	40*	684.2	He I	6*
624.6	Ca I	25*	654.2	Cr	30*
610.0	Ca I	10*	583.5	Cr	30*
554.2	Bi	7*	479.1	Cr	30*
533.0	Rb I	35*	459.5	Na I	100*
499.3	Hg I	10*	18389.0	Ne I	2*
313.4	Ba I	20*	382.3	Ag I	15*
239.1	Be	20*	307.9	Ag I	15*
220.8	Ba	20*	274.0	Ne I	3*
133.5	Sn I	40*	273.8	Co	20*
084.2	Na I	30*	229.5	Cu I	6*
056.9	Na I	70*	204.1	Ba	15*
21897.4	Be	20*	194.7	Cu I	10*
803	Tl I	30*	175.5	Co	30*
688.0	Sn I	80*	131	Hg I	10*
21560.4	Be	30*	18040.6	Ni I	15*
477.2	Ba I	15*	17986.8	Ni I	20*
397.5	Tl	5*	920	Ar I	10*
164.3	Al I	8*	809.3	Sn I	100*
093.6	Al I	5*	746.5	Sn I	70*
20863.5	Sn I	400*	608	Mn	20*
767	Sr	—	571	Be	15*
712.0	Ba I	40*	551.6	Li I	20*
705	Sr	—	446	Sr	—
624.0	Sn I	200*	445	Hg I	1.3*

λ in I. Å.	Element	Intensität	λ in I. Å.	Element	Intensität
17416.7	Ag I	20*	16162.2	Ca I	20*
336	Mn	80*	161.3	Co	50*
320	Hg I	2*	144.8	Ca I	15*
210	Hg I	1.9*	132.6	Co	50*
200.0	Sn I	40*	123.0	Tl I	150*
182.5	Ba	5*?	008.5	Cu I	60*
170	Sr	—	15965	Mn	200*
137	Sr	—	951.4	Be	20*
108.1	Mg I	60*	860.5	Cr	30*
108	Hg I	10.9*	821	Fe	3*
17080.4	Co	30*	15815	Fe	3*
073	Hg I	12.9*	795.5	Sn I	30*
064.8	Ba	10*	771.4	Fe	4*
021.7	Sn I	100*	768.3	Mg I	35*
004.9	Co	50*	759.1	Mg I	10*
003.3	He I	2*	751.5	Sn I	70*
002.3	Sn I	200*	711.1	Cd I	7*
16999.6	Ni I	60*	680.0	Cr	30*
975	Ar I	30*	679.7	Zn I	6*
935	Hg I	9.0*	637.0	Sn I	100*
16919	Hg I	12.9*	15586.0	Sn I	50*
878	Hg I	4.7*	625	Fe	3*
868.5	Ni I	15*	466.0	Sn I	300*
819.5	Ag I	60*	399.7	Be	30*
794.4	Be	20*	396	Fe	3*
763.4	Al I	30*	393.3	Be	30*
750.6	Al I	30*	369.0	Sn I	100*
719.0	Al I	20*	315.6	Pb	30*
653.4	Cu I	12*	299.4	Hg I	30*
573.8	Co	30*	296	Fe	7*
16504.0	Zn	2*	15290.4	Rb I	100*
503.9	Zn I	2*	263	Mn	200*
495.5	Ni I	120*	258.0	Cd	7*
485.7	Zn I	4*	237.0	Ne I	2*
483.7	Zn I	20*	218	Mn	80*
482.7	Cd I	6*	213	Fe	4*
447.2	Co	20*	209.6	Co	15*
432.6	Ca	30*	165.8	K I	100*
431.8	Cd I	6*	154.8	Cd I	110*
409.4	Ni I	50*	057.0	Sn I	100*
16402.7	Cd I	2*	15054	Fe	2*
387.5	Co	30*	032.7	Mg I	3*
383.0	Sn I	70*	023.3	Mg I	2*
363.0	Ni'I	100*	020.0	Sn I	130*
340.3	Tl I	100*	012.9	Be	15*
317	Fe	2*	006.0	Be	15*
313.0	Ni I	15*	000.4	Ba I	40*
256.9	Co	50*	14970	Mn	50*
200.0	Ca I	25*	965.4	N I	25*
166	Fe	2*	958.0	Co	30*

λ in I. Å.	Element	Intensität	λ in I. Å.	Element	Intensität
14904.3	Be	30*	13786.1	Zn I	4*
877.1	Mg I	100*	781.5	Zn I	2*
874.7	Ni I	30*	761.4	Cs I	12*
849.3	Cd I	2*	725	Ar I	90*
828	Fe	2*	722.6	Ni I	50*
799.0	Sn I	60*	685	Ar I	20*
779.8	C I	10*	685	Mn	80*
755.7	N I	125*	671.4	Hg I	29.1*
754.0	Rb I	150*	667.4	Rb I	150*
711	Fe	2*	630	Ar I	30*
14696.4	Cs I	100*	13626	Mn	200*
681.1	N I	20*	622.9	N I	200*
680.9	Co	20*	610.0	Sn I	1440*
670.0	Sn I	100*	605.8	Cs I	— ·
635	Ar I	10*	601.6	N I	100*
610.9	Co	35*	578.8	N I	200*
597.8	Tl I	25*	570.6	Hg I	30.1*
592.6	Tl I	8*	566.4	Li	15*
559.0	Co	15*	564	Fe	5*
558	Fe	4*	557.5	C I	60*
14520.8	N I	40*	13553.7	Ni I	10*
515.5	Tl I	100*	518.0	Hg I	2.0*
513	Fe	8*	505.6	Ar I	80*
484.0	Sn I	100*	500.2	C I	100*
474.6	Cd I	8*	500	Mn	100*
441.1	C I	60*	479.2	Hg I	1.7*
418.2	C I	500*	462.3	N I	25*
402	Fe	10*	462.1	Cr	20*
399.6	C I	300*	462.0	Sn I	3780*
354.5	Cd I	8*	443.7	Rb I LL	270*
14330.9	Bi I	25*	13434	Hg I	4*
327.5	Cd I	23*	426.1	N I	60*
325.4	Ba	25*	416	Mn	80*
288	Fe	4*	365	Ar I	60*
237	Fe	4*	351.0	Sn I	30*
211.4	Ba	25*	322.7	Sn I	70*
102.1	Ni I	20*	318	Mn	30*
100	Ar I	20*	317	Ar I	35*
077.9	Ba	40*	294	Mn	50*
062.0	Co	40*	275	Ar I	50*
14038.5	Zn I	15*	3237.0	Rb I	100*
13997	Mn	120*	230	Ar I	30*
978.8	Cd I	28*	227.0	Be	60*
969.0	Ni I	20*	208	Hg I	2.2*
956.5	Ba	20*	207.3	Ba I	40*
952	Hg I	11.0*	197.5	Zn I	15*
899	Fe	5*	164.1	O I	100*
864	Mn	100*	150.6	Al I	200*
829.6	Ni I	30*	150.4	Zn I	24*
810.5	Ba	40*	123.2	Al I	400*

λ in I. Å.	Element	Intensität	λ in I. Å.	Element	Intensität
13101.9	Pb	40*	12402.8	Ar I	20
083.3	Sn I	675*	355.3	Be	60*
057.4	Sn I	1870*	336.0	Sn I	330*
053.2	Zn I	28*	328.5	Be	40*
038.0	Ca	30*	327.7	N I	150*
022.0	Sn	25*	316.6	Sn I	1110*
020.3	Sn I	1870*	307.9	Mn	?
013.8	Tl I	700*	288.0	N I	75*
012	Ar I	20*	235.2	X I	5
002.1	Sn I	200*	204.54	Kr I	10
12986.6	Rb I	5*	12203.4	N I	75*
983.5	Sn I	1870*	186.9	N I	100*
976	Mn	40*	166.0	Bi I	40*
960	Ar I	35*	158.2	Hg I	2
924.1	Rb I	5*	140.9	Bi	70*
936.0	Sn I	30*	139.7	Ar I	20
915.0	Ne I	2*	129.0	Hg I	4*
900	Mn	80*	128.6	N I	20*
890.3	Sn I	890*	118.9	Sb	15*
847.0	Sn I	160*	112.3	Ar I	25
12821.6	Ca I	50*	12107.4	N I	10*
818.1	H I 3—5	—	084.0	Ba II	50*
814.8	Ba	10*	083.2	Mg I	50*
805	Ar I	20*	074.1	N I	60*
792.2	He I	1*	071.5	Hg I	6.8*
790.0	Sn I	370*	066.4	Ne I	15
784.6	He I	1*	056.3	Sn I	30*
782.2	Li I	20*	034	Fe	3*
736.4	Tl I	150*	019.6	Hg I	2.5*
702.3	Ar I	7	010.1	Sn I	480*
12689.9	Bi I	30*	11997.9	N I	30*
677.6	Na I	30*	997.15	Kr I	10
623.4	X I	5	994.0	Bi	13*
614.8	C I	200*	985.0	Ne I	10
602.6	C I	40*	978.2	Ba	15*
582.3	C I, N I	40*	976.3	Hg I	2.5*
565.0	C I	30*	973.88	Ti I	6
563.8	Pb	40*	973.01	Fe I	8
554.3	Ba	30*	969.07	He I	20
551.0	Ag I	10*	951.5	Hg I	1.4*
12551.0	C I	50*	11949.58	Ti I	5
535.3	Sn I	845*	943.5	Ar I	25
521.0	K I	30*	937.9	Ti I	6
487.7	Ar I	15	935.4	Sn I	2540*
491.8	Tl I	15*	894.9	C I	200*
467.8	N I	350*	894.5	Co	10*
461.2	N I	200*	892.85	Ti I	5
456.1	Ar I	15	890.6	Hg I	1.3*
439.3	Ar I	20	885.7	Ba	50*
437.7	K I	40*	885.2	Hg I	4.9*

λ in I. Å.	Element	Intensität	λ in I. Å.	Element	Intensität
11882.80	Fe I	7	11591.1	Ni I	30*
864.3	Sb	40*	590	Ar	8*
857.3	X I	6	564.8	N I	50*
854.4	Sn I	1060*	555.5	Bi	5*
828.8	Mg I	120*	539.50	Ti I	5
827.5	Sn I	960*	536.4	Ne I	50
819.43	Kr I	100	533.3	Sn I	30*
793.6	X I	10	525.1	Ne I	90
792.47	Kr I	10	522.8	Ne I	150
789.9	Ne I	10	513.2	Tl I	1000*
11789.1	Ne I	50	11491.7	Hg B	2
787.8	Hg I	1.3*	491.2	X I	15
783.28	Fe I	6	488.1	Ar I	150
783	Mn	60*	484.50	Cr I	15
773.05	K I LL	15	482.2	Tl I	40*
769.41	K I	3	472.93	Cr I	10
768.9	Hg I	5	467.6	Ar I	30
766.9	Ne I	60	457.52	Kr I	80
754.0	C I	600*	457.5	Sn I	2000*
747.5	C I	300*	453.4	Co	—
11742.3	X I	50	11441.8	Ar I	80
742.1	Sn I	2580*	439.06	Fe I	15
733.3	Ar I	20	422.30	Fe I	6
719.5	Ar I	30	415.0	X I	15
710.6	Bi I	100*	409.2	Ne I	100
693.8	Sn I	250*	406.9	Ca	150*
690.7	Tl	10*	403.96	Na I LL	10
690.17	K I	10	403.89	Ti I	8
689.98	Fe I	8	397.96	Cr I	12
688.1	Ne I	10	393.7	Ar I	50
11687.0	Hg I	1.1*	11391.9	Hg I	1
671.6	Sn I	760*	390.63	Cr I	15
668.7	Ar I	100	390.5	Ne I	110
667.1	C I	100*	381.62	Na I	6
656.0	C I, N I	200*	381.53	Ti I	7
652.5	C I	100*	379.26	Cr I	5
652.0	Sn I	125*	378	Mn	15*
638.25	Fe I	20	374.4	Hg I	1
633.5	Co	20*	368.0	Hg I	2
630.8	Cd I	13*	340.8	Co	—
11628.0	N I	80*	11340.0	Sn I	170*
617.7	Sn I	2000*	339.16	Cr I	15
614.2	Ne I	80	331.88	Cr I	10
614.1	X I	25	329.0	N I	200*
614	Mn	40*	313.8	N I	30*
610.48	Cr I	15	310.69	Cr I	12
608.1	Ba	20	304.2	Ba I	20*
607.57	Fe I	12	300	O I	2*
601.6	Ne I	25	294.0	N I, O I	125*
594.5	Tl I	80*	293.5	Co	—

λ in I. Å.	Element	Intensität	λ in I. Å.	Element	Intensität
11292.43	Ti I	6	11020.9	Ne I	10
289.1	X I	10	012.97	He I	30
286.5	O I	150*	012.7	Ba I	2
286.4	Hg I	71*	015.63	Cr I	30
279.5	Sn I	560*	013.4	Sb	20*
275.5	Co	—	10993.4	V I	15
268.5	Sb	45*	979.27	Si I	10
268.4	Cd I	25*	978.87	Ni I	5
259.16	Kr I	50	979.4	Zn I	4*
257.74	Kr I	80	971.5	Pb I	30*
11255.5	Al I	300*	10970.7	Zn I	4*
246.88	Ti I	8	969.9	Mg I	30*
243.90	Ti I	10	963.2	Mg I	10*
241.3	Sr I	5	957.19	Cr I	12
231.0	Si I	8*	950.74	Ar I	120
230.91	Ti I	5	942.0	Sn I	30*
225.83	He I	6	938.1	H I 3–6	—
216.8	Sn I	80*	929.90	Cr I	10
206	Hg B	2 d	916.98	He I	50
198.1	Ni I	35*	914.8	Sr II	200*
11194.1	Sn I	700*	10914	Te I	1
190.3	Sb	10*	912.92	He I	100
187.13	Kr I	40	906	Li I	—
177.6	Ne I	300	905.83	Cr I	25
176.9	Hg I	4.3*	896.10	Ti I	8
162.7	X I	10	895.4	X I	200
160.3	Ne I	10	895.1	Sn I	540*
157.03	Cr I	25	888.6	Rb	12*
143.1	Ne I	300	888.6	Ba I	3
141.1	X I	50	883.3	Cu I	3
11127.2	X I	100	10880.96	Ar I	150
119.80	Fe I	10	880.3	Sb	30*
118.2	Cu I	1	879.78	Ca I	4
114.3	Ba I	2	874.92	Kr I	100
109.7	Sb	15*	869.50	Si I	50
107.7	V I	10	869.37	Ca I	3
095.79	Ti I	5	863.60	Fe I	5
085.3	X I	250	863.50	Ca I	2
084.5	Te I	1	861.51	Ca I	3
082.7	Sb	15*	848.0	V I	20
11078.9	Ar I	200	10844.5	Ne I	200
072.7	Bi I	15*	843.98	Si I	15 b
054.3	Mg	15*?	840.6	Sb	50*
054.2	Zn I	70*	838.77	Ca I	10
049.8	Ne I	20	838.3	X I	1000
044.95	He I	40	834.4	Na I	—
044.1	Ne I	15	833.12	Ca I	4
033.7	Hg I	5	830.34	He I LL	2500
022.3	K I	10 b	830.25	He I LL	1500
022.2	Hg I	5	829.08	He I LL	500

λ in I. Å.	Element	Intensität	λ in I. Å.	Element	Intensität
10827.06	Si I	50	10677.04	Ti I	10
821.62	Cr I	12	678.0	Sb	130*
820.31	Ti I	5	675.18	Ar I	5
817.35	Ti I	5	674.4	Be	40*
812.9	Mg I	30	673.55	Ar I	500
812.82	Ar II	5	672.17	Cr I	18
809.5	Sn I	110*	667.62	He I	4
801.37	Cr I	12	667.53	Cr I	15
798.1	Ne I	150	661.61	Ti I	8
798.0	Corona	150	660.94	Si I	40
10791.24	Ba I	5	10650.8	Pb I	60*
786.81	Si I	25	649.07	Ba I	10
774.92	Ti I	12	647.66	Cr I	12
771.7	Cu I	2	640	Ar	12 ?
770.2	Lu I	20	639.44	Re I	10
766.2	Ne I	10	635.9	S I	5
764.1	Ne I	12	627.76	Si I	15 b
759.13	Ar I	60	620.7	Ne I	40
758.9	X I	100	614	As I	25
749.32	Si I	35	612.56	La I	10
10748.7	Na I	2	10608.43	Kr I	20
746.8	Corona	240	607.78	Ti I	10
745.9	Na I	4	603.37	Si I	50
742.9	Sb	50*	596.9	P I	1
741.77	Ti I	7	593.01	Kr I	100
733.87	Ar I	50	585.08	Si I	100
732.89	Ti I	8	587.2	Sb	50*
731.11	Ti I	6	584.66	Ti I	12
729.59	C I	8	581.2	P I	8
727.17	Si I	30 b	563.7	Nb I	10
10726.33	Ti I	4	10562.4	Ne I	200
715.5	Hg I	7	549.8	X I	20
712.77	Ar I	40	548.0	N I	60*
707.44	C I	8	540.2	Bi	8*
706.8	X I	50	540.04	Ba I	5
705.0	Sn I	30*	539.0	N I	125*
700.98	Ar I	80	532.21	Fe I	10
699.33	Kr I	20	530.53	Ni I	20
694.14	Si I	25 b	529.5	P I	6
693.7	Ba I	5	529.32	Ar I	50
10691.36	C I	50	10522.09	La I	10
690.5	C I	600*	521.0	N I	60*
689.7	Co	40*	513.0	N I	60*
689.56	Si I	20 b	511.4	P I	3
689.52	Ti I	15	506.5	N I	70*
685.44	C I	10	506.47	Ar I	100
683.40	Ar I	50	500.0	Pb	150*
683.18	C I	25	496.4	Tl I	80*
681.78	Ar I	200	496.14	Ti I	15
681.4	P I	1	492.5	Tl I	50*

λ in I. Å.	Element	Intensität	λ in I. Å.	Element	Intensität
10487.7	K I	1 b	10298.2	Hg B	3
486.24	Cr I	20	296.93	Kr I	80
480.3	K I	3 b	296.8	Hg I	7
478.10	Ar I	200	295.4	Ne I	80
471.96	Co	10	292.3	Tl I	60*
471.26	Ba I	100	291.3	Pb I	100
470.05	Ar I	500	288.93	Si I	25
469.59	Fe I	20	284.8	Rb I	4
461.69	La I	15	284.6	Co	—
460.07	Ti I	10	282.5	Be	50
10459.5	S I	8	10274.04	Ba I	50
457.1	Sn I	250*	272.9	Co	—
456.8	S I	4	262.9	Sb	40
455.5	S I	8	245	J I	1
453	As I	60	242.9	Zr I	2
452.70	Fe I	5	241.4	Hg I	6
450.82	La I	20	236.4	Co	—
442.10	Co I	15	235.0	Hg I	7
432	Hg B	2 d	233.22	Ba I	400
423.5	Hg B	2	233.0	He I	2
10419.54	Nb I	10	10228.8	Hg I	7
396.85	Ti I	20	218.4	Fe B	1
394.56	Cd I LL	70*	221.46	Kr II	1000
392.45	Cl I	5	216.35	Fe I	50
386.3	Se I	10	213.3	Co	—
382.22	Co I	30	212.34	Mn I	8
378.62	Ni I	100	210.8	Co	—
371.25	Si I	50	210.4	Zr I	10
360.37	Kr I	100	206.32	Re I	20
359.5	Hg I	2	206.1	Co	—
10357.70	La I	20	10203.92	Ar II	5
354.45	Co I	60	199.4	Zr I	4
349.08	La I	40	193.25	Ni I	100
343.84	Ca I LL	200*	189.2	Co	—
332.8	Ar I	60	188.23	Ba	50
332.57	Re I	10	184.60	La I	20
332.3	Hg I	7	181.33	Nb I	10
330.23	Ni I	50	179.2	Cu I	1
327.3	Sr II	1000	177.4	Cl I	1
327.2	Se I	12	175.68	Re I	20
10326	Ba I	—	10172.83	Co I	20 b
320.00	Cl I	4	172.00	Cu I	20
316.0	Mn I	3	169.85	Re I	100
311.37	He I	1	167.58	Co I	200
311.18	He I	3	163.5	Ar I	30
310.1	Hg I	1	154.74	La I	40
305.3	Rb I	2	149.2	Te I	8
302.61	Ni I	50	146.78	Cu I	50
301.3	Bi I	15*	145.60	Fe I	40
299.03	Ar III	10	145.48	Ti I	8

λ in I. Å.	Element	Intensität	λ in I. Å.	Element	Intensität
10145.37	Ni I	20	10029.7	Ar I	40
139.8	Hg I	15	027.73	He I	40
138.50	He I	10	024.36	Cs I	5 R
129.7	Hg B	2	023.98	As I	100
128.05	Co I	150	020.7	Co	—
126.5	Hg I	7	018.8	S I	3
124.5	Cu I	5	017	Li I	—
123.60	Cs I	6 R	011.7	Ti I	15
123.42	Cs I	1	007.3	Ne I	30
123.63	He II 4–5	—	005.73	La I	50
10122.50	Al II	1	10005.5	Ne I	20
121.7	Hg I	8	003.85	Nb I	30
120.96	Kr I	30	003.0	Ti I	25
120.90	Ti I	10	002.25	Cl I	4
119	C I?	0	001.09	Ba I	300
117.2	Te I	8	9999.0	Hg I	7
113.4	N I	900*	97.94	Ti I	15
110.66	Ar II	5	80.9	Hg I	75
107.19	Al II	4	77.6	Te I	15
105.7	Bi I	20*	76.65	P I	5
10099.4	Ta I	15	9969.3	Hg I	10
091.64	Cl I	40	63.02	S I	3
089.0	Te I	30	61.0	Na I	—
084.7	Zr I	12	58.90	S I	8
084.2	P I	25	55.5	Te I	14
080.32	Cr I	15	55.45	Re I	60
079.9	Fe	35*	55.2	K I	19 b
078.62	Co I	100	50.9	Sb B	15*
076.29	Al II	6	50.5	K I	20 b
075.71	Rb I	20	49.90	Re I	200
10075.28	Rb I	50	9949.84	S I	8
069.0	Ar I	50	49.06	Cr I	20
067.4	Nb I	20 d	45.1	Hg B	4
065.08	Fe I	30	43.70	Re I	20
064.02	Re I	10	41.50	Ta I	10
059.9	Ti I	12	32.26	S I	8
057.7	Ti I	25	27.35	Ti I	20
055.2	Rb I	30	23.20	X I	3
052.9	Mn I	20	23.03	As I	150
052.1	Ar I	150	20.82	La I	150
10049.4	H I 3–7	—	9915.1	Ne I	20
049.3	Te I	40	14.92	Lu I	100
048.8	Ti I	12	12.26	Nb I	25
046.31	Co I	150	10.35	Nb I	20
045.2	Zr I	3	09.76	Zr I	3
045.04	Mn I	5	06.12	Ar II	100
036.6	Sr II	300	03.74	P I	8
034.5	Ti I	15	02.3	Ne I	30
032.12	Ba I, II	200	00.87	Cr I	15
031.16	He I	15	00.6	Ne I	40

λ in I. Å.	Element	Intensität	λ in I. Å.	Element	Intensität
9898.90	Ni I	40	9731.6	J I	2
89.11	Fe I	40	30.32	Cr I	25
81.24	La I	100	21.2	Te I	50
75.95	Cl I	50	13.75	Ba I	60
72.38	Re I	15	10.52	Re I	50
67.7	Si I	5	06.8	P I	1
62.5	N·I	60*	05.64	Ti I	80
61.83	Fe I	30	04.22	Kr I	50
56.24	Kr I	500	02.66	He I	10
52.1	Sn I	125*	02.35	Cl I	40
9842.63	Re I	20	9701.7	Ca I	20
38.1	Hg I	8	9697.33	S I	8
37.5	Ne I	20	94.5	Ca B	70*
33.76	As I	80	93.68	S I	10
30.37	Ba I	500	88.6	Ca I	15
29.86	Ar II	4	87.0	Te I	10
28.4	Bi I	20*	86.3	Mn I	15
26.69	As I	140	84.9	Mn I	15
22.30	Zr I	20	80.80	S I	10
12.85	Zr I	10	76.50	Mn I	40
9808.7	Sn B	6*	9676.0	Ca I	5
06.90	Cl I	25	75.55	Ti I	90
03.14	Kr II	500	72.34	S I	10
00.42	Fe I	20	70.48	Cr I	50
9799.70	X I	3	67.20	Cr I	25
96.79	P I	50	66.9	Ar I	50
87.67	Ti I	50	65.42	Ne I	1000
84.50	Ar I	1000	61.90	Cl I	20
80.40	Zr I	18	57.78	Ar I	1000
63.91	Fe I	15	57.5	C I	250*
9763.34	Fe I	15	9657.2	Bi I	300
62.65	Re I	20	53.18	Fe I	20
60.37	Yb B	100	49.94	S I	12
55.8	Si I	10	47.40	Ti I	50
53.15	Fe I	10	45.72	Ba I	100
51.76	Kr I	—	45.53	Ta I	20
50.73	P I	25	38.28	Ti I	100
46.02	Co I	100	33.78	S I	5
46.0	Sn B	6*	32.37	Cl I	20
44.33	Cl I	30	26.88	Nb I	100
9743.60	Ti I	50	9626.60	Fe I	30
43.35	Kr I	3	25.80	He I	3
42.28	Hf II	10	20.4	C I	125*
41.93	S I	5	19.61	Kr II	400
39.74	Si I	8	19.4	Sn B	6*
39.6	Cu I	4	11.60	V I	80
38.62	Fe I	100	08.97	P I	3
37.09	La I	100	08.88	Ba I	300
34.74	P I	20	08.56	Mn I	100
34.52	Cr I	50	05.80	Kr II	500

λ in I. Å.	Element	Intensität	λ in I. Å.	Element	Intensität
9603.44	He I	1	9475.20	Ar II	30
02.8	C I	60*	74.9	Mn I	2
9599.53	Ti I	50	70.93	Kr II	200
97.94	As I	100	70.14	Re I	30
97.90	Co I	200	63.57	He I	7
97.76	K I	20 b	60.0	N I	25*
97.0	Sr I	—	59.2	Ne I	300
95.60	K I	50	59.1	Ar I	100
93.54	P I	25	55.92	Ba I	100
92.20	Cl I	75	52.06	Cl I	75
9589.37	Ba I	150	9447.00	Cr I	50
84.77	Cl I	50	44.90	Mn I	40
84.0	Mn I	10	42.8	Hg I	9
77.52	Kr II	500	38.30	La I	100
74.25	Cr I	50	38.3	Hg I	9
71.76	Cr I	25	37.11	S I	8
69.95	Fe I	40	35.52	V I	80
69.57	Ta I	15	35.07	P I	2
63.8	Se III	—	32.6	Se I	10
63.45	P I	12	32.1	Hg I	9
9555.2	Ar I	4	9429.58	Mn I	30
50.8	Mn I	20	25.6	Hg I	10
49.6	Se I	4	25.4	Ne I	500
47.26	Zr I	25	23.44	Re I	15
46.07	Ti I	50	21.93	S I	8
45.98	H I 3–8	—	19.4	Hg B	2
45.27	P I	10	14.9	Sn B	7*
44.52	Co I	300	14.14	Fe I	20
42.14	Mn I	10	13.54	Si I	100
40.8	Rb I	5	13.46	S I	8
9540.48	Kr I	3	9412.78	Mn I	10
35.17	Ne I	500	12.65	La I	100
30.3	Cu I	10	05.77	C I	20
29.27	He I	4	02.82	Kr II	200
27.5	Ba B	100*	9396.57	Ni I	20
26.2	Hg I	7	93.81	Cl I	50
26.17	He I	10	92.5	N I	350*
25.78	P I	30	86.5	N I	200*
23.4	Rb I	10	83.74	Re I	40
20.06	Ni I	100	74.15	Ar II	10
9519.9	Sb	20*	9373.28	Ne I	200
16.51	He I	1	70.06	Ba I	500
13.38	X I	200	63.13	Re I	20
13	Li I	—	62.03	Kr I	100
12.8	Tl I	30*	61.95	Kr II	300
9495.8	Hg I	10	56.98	Co I	200
93.48	P I	4	56.9	J I	1
86.89	Cl I	25	54.22	Ar I	200
86.68	Ne I	500	52.25	Kr I	4
78.4	Ar I	50	50.5	Fe I	2

λ in I. Å.	Element	Intensität	λ in I. Å.	Element	Intensität
9348.01	Mo B	2	9234.40	Mn I	10
42.6	Bi B	6	29.03	H I 3–9	—
41.10	V I	100	28.11	S I	10
38.4	Hg I	8	26.7	Ne I	200
36.47	Mn I	40	24.50	Ar I	1000
35.99	J I	2	21.6	Ne I	200
31.90	Mn I	20	20.1	Ne I	400
27.02	Em I	50	19.69	Ba I	100
26.66	Ne I	600	⎰13.66	In II	8
24.58	Ba I	100	⎱		8–6–4–3–1
			12.47	In II	1
9320.99	Kr II	200	9212.91	S I	10
20.83	Br I	4	10.28	He I	6
14.0	Ne I	300	10.0	Fe B	2
10.6	Ne I	150	08.46	Cs I	200
08.08	Ba I	100	08.29	Cr I	25
00.9	Ne I	600	02.14	In II	6
00.62	As I	50	01.94	In II	6
9298.5	Hg B	4	01.8	Ne I	600
94.17	Cr I	20	⎰9198.02	In II	3
93.82	Kr II	500	⎱		3–4–5
			97.33	In II	5
9291.6	Ar I	100	9197.49	Cl I	25
90.65	Al II	6	94.7	Ar I	150
90.44	Cr I	50	92.56	Ar III	50
88.82	Cl I	60	91.67	Cl I	60
88.15	Al II	3	89.4	Ba B	2
86.79	Al II	2	81.9	Se I	10
79.72	Ar II	20	78.16	Br I	4
76.89	Zr I	25	73.59	Br I	4
75.5	Ne I	100	72.24	Cs I	1000
71.1	Se I	10	72.1	Tl I	20*
9268.46	Re I	15	9172.09	Mn I	100
67.29	As I	25	70.2	In I	—
65.67	O I	3	68.93	Ar III	5
65.39	Br I	8	66.07	Br I	7
63.97	Cr I	20	62.65	X I	6
62.61	O I	2	55.85	Mn I	5
60.31	O I	1	48.7	Ne I	600
59.05	Fe I	15	41.31	Nb I	50
58.40	Fe I	20	41.1	Cr B	1
57.9	Mg I	30*	40.9	Se I	10
9253.9	Hg I	8	9140.6	Cr B	2
52.63	Ar III	20	39.36	Zr I	10
50.8	Ca I	30	36.5	Tl I	20*
43.47	Kr I	4	34.81	As I	15
43.29	Mn I	150	30	Tl II	20
43.1	Hg I	9	22.97	Ar I	500
42.25	In II	10	21.10	Cl I	75
41.99	In II	6	18.87	Fe I	20
38.48	Kr II	500	14.02	Mn I	50
37.49	S I	10	13.88	J I	2

λ in I. Å.	Element	Intensität	λ in I. Å.	Element	Intensität
9111.85	C I	10	9017.10	Cr I	7
06.40	Ni I	30	15.16	Zr I	20
9095.36	Co B	6	14.91	H I 3–10	—
94.89	C I	25	12.10	Fe I	30
94.7	C I	500*	09.95	Cr I	6
89.40	Fe I	30	03.7	Te I	30
88.8	Se I	15	02.1	Se I	10
88.57	C I	8	00.9	Ag II	15
88.33	Fe I	50	8999.56	Fe I	200
85.23	V B	2	99.29	Ar III	8
9084.29	Mn I	30	8999.19	Kr I	30
79.67	Ar III	30	96.2	Cu I	8
79.6	Fe B	4	93.08	As I	20
78.67	Ni B	2	91.4	Hg I	7
78.32	C I	6	89.40	Ti B	2
73.15	Cl I	50	88.9	Hg I	8
69.66	Cl I	25	88.58	Ne I	200
69.41	Zr I	15	86.62	Ar III	150
69.3	Pb II	20	77.99	Kr I	50
68.01	Ar III	100	76.88	Cr I	25
9067.6	Hg B	3	8975.36	Fe I	15
63.7	Pb II	10	73.7	Hg I	8 d
63.40	He I	6	69.63	Se I	10
62.53	C I	10	68.95	Ar III	25
61.48	C I	15	68.20	Ni I	30
58.62	Bi I	2	66.8	H 2	3
58.55	Ni B	2	65.94	Ni I	50
58.38	J I	3	63.99	Br I	5
51.18	Ar III	5	52.25	X I	8
50.7	Pb II	10	48.01	Cl I	50
9045.69	V B	2	8947.20	Cr I	6
45.45	X I	7	45.15	Fe I	20
45.40	Cl I	40	43.50	Cs I LL abs	1000 R
42.11	F I	3	35.58	As I	50
39.7	Hg B	3	34	Bi III	20
38.96	Cl I	30	30.93	X I	5
38.8	Se I	12	29.35	Mg I	2
37.92	Co B	8	29.72	Mn I	60
37.55	V B	2	28.69	Kr I	7
35.92	Ar III	20	26.24	Co B	8
9035.92	S I	6	8926.06	Mn I	15
35.86	Cr I	20	23.57	Al I	2
28.9	N I	50*	19.85	V I	100
25.49	F I	5	19.50	Ne I	300
24.47	Fe I	15	19.4	X G	—
23.2	Sn B	8*	19.0	Se I	15
22.72	V B	2	16.20	Cr I	15
21.69	Cr I	5	14.99	Ba I	150
21.10	V B	2	13.66	Sm B	2
17.59	Ar II	50	12.88	Cl I	40

λ in I. Å.	Element	Intensität	λ in I. Å.	Element	Intensität
8912.78	F I	5	8821.8	As I	150
10.24	F I	4	19.95	Br I	10
09.53	In I	—	19.6	O I	5
04.65	Co B	8	19.41	X I	10
04.04	K I	4	19.10	Co I	100
02.20	K I	8	15.56	Nb I	100
01.0	Mn I	2	14.45	In II	1
00.92	F I	10			1–4–3–2
8899.52	Zr I	6	13.54	In II	2
98.9	H 2	3	09.47	Ni I	30
			07.75	Em I	10
8897.64	Br I	15			
94.48	In I	—	8807.59	F I	8
93.7	Hg I	7 d	06.78	Mg I	8
86.58	Re I	15	00.62	Y I	10
85.5	Hg B	2	8799.76	Ba I	100
84.23	S I	7	99.1	Ar I	100
82.95	Re I	15	97.70	Re I	30
77.07	Ni J	10	94.93	H 2	5
75.44	H 2	4	93.38	Fe I	120
74.53	S I	9	88.83	Sm B	2
			86.77	Re I	40
8870.79	Co B	4			
69.69	As I	100	8783.76	Ne I	4
68.85	Rb I	20	83.71	Hg I	4
68.51	Rb I	30	80.62	Ne I	4
66.92	Fe I	150	80.29	Kr I	5
65.76	Ne I	3	78.5	Hg I	7
65.50	W B	2	76.75	Kr I	10
63	Bi II	25	74.05	Kr I	50
62.79	H I 3–10	—	73.91	Al I	20
62.59	Ni I	100	73.1	Hg I	10
			72.88	Al I	15
8861.5	Rb I	20			
60.98	Ba I	100	8772.08	Ce B	3
59.76	Sm B	2	71.88	Ar II	100
57.46	J I	4	71.64	Ne	2
53.86	Ne I	3	67.2	Si B	3
53.39	J I	4	64.02	Fe I	100
53	Bi II	25	63.0	Hg I	9
50.74	Co B	10	61.7	Ar I	200
50.3	Te I	15	61.38	Cs I	500
49.9	Ar I	150	58.1	Hg I	9
			57.9	U B	2
8841.27	Al I	3			
38.36	Fe I	30	8757.8	Te I	50
36.09	Zr I	8	57.16	Fe I	50
35.22	Co B	8	55.21	Kr I	3
32.93	V B	2	54.9	Bi I	2
32.75	In II	1	53.7	U B	2
		1–4–3	52.16	Si I	200
32.38	In II	3	51.9	Hg I	7
30.4	Te I	15	49.48	Zr I	5
25.26	Br I	15	47.6	Ag II	12
24.23	Fe I	25	46.59	W B	2

λ in I. Å.	Element	Intensität	λ in I. Å.	Element	Intensität
8744.64	W B	2	8675.83	Em I	15
42.57	Si I	100	75.65	Re I	50
42.29	Se I	15	75.38	Ti I	150
40.93	Mn I	1000	74.92	Al II	2
40.44	W B	2	74.69	Fe I	6
39.37	X I	300	73.97	Mn I	200
37.32	Mn I	300	72.06	Mn I	300
36.9	Hg B	3	71.28	Al II	1
36.04	Mg	12	71	Bi III	15
34.60	Mn I	30	70.92	Mn I	200
8728.98	Si I	5 b	8670.81	H 2	6
28.36	Si I	10 b	67.94	Ar I	400
18.99	N F	2	66.3	Mn I	1
17.89	Sm B	3	64.93	J I	6
11.87	N I	3	64.6	Mn I	2
10.73	U B	2	64.1	Tl II	10
10.29	Fe I	20	63.91	H 2	5
08.43	Sm B	2	62.16	Ca II	1000
07.95	Cr I	12	61.91	Fe I	6
06.32	Sm B	2	61.06	Co I	80
8706.6	Hg I	3	8659.38	Mn I	10
03.76	Mn I	5	54.63	Mn I	40
03.42	N I	2	54.38	Ne I	6
03.0	Hg B	4	54.16	As I	100
02.46	Ni B	2	54.03	Ba B	4
01.05	Mn B	5	52.7	Hg I	8
00.6	Te I	20	49.6	Na I	—
00.20	Sb B	1	48.97	Re I	30
00.19	In I	—	48.56	X I	5
8699.13	Mn I	100	48.54	Si I	100
8698.51	Br I	10	8647.59	Ce B	2
97.50	Kr I	40	47.04	Ne	2
97.26	Re I	20	43.61	Re I	15
95.53	Mo B	2	43.03	Cr I	12
94.70	S I	10	41.56	W B	2
92.34	Ti I	100	40.70	Al II	8
88.63	Fe I	15	40.06	Hf I	15
86.38	N I	2	39.77	Ne	5
86.28	Cl I	30	39.76	Em I	10
86.2	Hg B	3	38.66	Br I	25
8682.99	Ti I	125	8637.04	Ni I	15
82.88	Sb B	1	34.65	Ne I	5
82.64	In I	—	32.83	Sm B	3
81.92	Ne I	3	29.7	N I	3
80.45	S I	8	28.96	Mo B	2
80.35	N I	5	27.9	Bi B	1
80.27	Al II	3	24.90	V B	2
79.49	Ne I	3	20.5	Ar I	100
78.93	In I	—	19.60	Sb B	2
77.93	Sm B	2	17.05	Sm B	3

λ in I. Å.	Element	Intensität	λ in I. Å.	Element	Intensität
8614.49	W B	2	8541.65	As I	50
13.22	W B	3	40.17	U B	3
12.62	Ce B	2	38.99	W B	2
12.1	Hg B	3	37.86	Kr I	6
11.73	Fe I	6	35.66	H 2	5
10.98	Lu I	120	34.52	V B	2
07.92	U B	5	34	Pb II	2
05.8	Ar I	150	32	Bi II	30
05.75	Kr I	6	28.11	H 2	5
04.04	Ar II	8	27.73	Re I	300
8600.07	Em I	100	8521.44	Ar I	10
8594.38	W B	3	21.10	Cs I LL abs	4000 R
94.4	N I	2 u	21.4	Te I	12
91.26	Ne I	6	20.95	Em I	20
89.70	Co B	3	20.37	H 2	8
86.71	Co B	3	18.37	Ti I	100
85.96	Cl I	100	16.37	W B	2
85.60	S I	10	15.36	W B	2
85.07	W B	3	14.2	Ba B	2
84.21	Zr I	6	14.08	Fe I	150
8584.0	Cu I	5	8510.90	Sm II	200 d
82.20	Fe I	5	08.87	Kr I	10
82.1	Ba B	4	08.08	Lu I	100
81.9	Hg B	3	06.95	W B	2
79.7	Bi B	1	06.78	Sm B	2
75.33	Co B	5	05.5	Hg I	6
75.25	Cl I	75	05.19	K I	4
74.49	Co B	2	04.66	U B	4
72.59	Sb B	2	03.51	K I	5
71.27	Ne	2	01.81	Ni I	2
8570.71	Re I	15	8501.8	Bi B	1
70.5	U B	2	8499.51	V B	2
67.6	Ba B	3	98.44	Zr I	10
64.71	As I	100	98.21	Kr I	30
60.89	Kr I	50	98.03	Ca II	300
60.60	Ce B	2	96.70	In I	—
59.97	Ba I	600	96.10	U B	3
56.63	Si I	100	95.64	Cd B	3
56.5	Hg I	3	95.64	Ce B	3
55.54	Cr I	5	95.36	Ne I	7
8552.6	Sn B	7	8494.89	Em I	10
50.46	Cl I	20	92.5	Ag II	15
48.83	Cr I	6	89.41	Co B	2
48.2	Hg II	10	89.28	Mo I	6
48.07	Ti I	100	87.48	Em I	10
46.27	H 2	8	86.81	W B	2
45.43	La B	3	86.08	H 2	6
44.5	Bi B	2	86.00	Sm II	400 d
43.22	Sm II	150 d	84.52	Ne	2
42.11	Ca II	1500	83.30	Mo	2

λ in I. Å.	Element	Intensität	λ in I. Å.	Element	Intensität
8477.47	Br I	20	8416.70	Th I	6
75.98	Nb I	150	14.13	In II	1
75.15	W B	3			1–2–5–1
73.55	Sm II	100 d	12.32	In II	1
70.92	W B	2	14.00	Zr I	7
68.46	Ti I	100	12.43	Kr I	10
68.41	Fe I	3	12.36	Ti I	150
67.32	Cl I	25	11.65	Sb B	2
67.13	Ti B	2	09.88	Mn I	15
64.65	Zr I	10	09.19	X I	9
			08.21	Ar I	15
8463.42	Ne	3			
59.19	Lu II	150	8408.15	Cu I	10
57.77	Sm B	2	07.8	J I	10
57.6	Sn B	2	03.8	Ag II	25
57.03	Ti B	2	02.78	V B	2
55.24	Cr B	5	02.53	W B	2
53.17	Zr I	10	01.6	Hg I	7
52.18	S I	5	8398.26	H 2	7
50.89	Ti B	3	96.85	Ti I	2
50.47	Se I	15	96.20	Ce B	2
			95.87	Mn I	10
8450.26	Cr B	6			
50.04	U B	4	8395.6	Pb II	10
49.57	S I	5	93.65	Sm B	2
46.78	O I	20	93.42	J I	10
46.55	Br I	50	92.27	Ar I	5
46.42	Fe B	7	91.96	Dy B	3
46.39	O I	4	91.27	Sn B	2
45.38	U B	4	89.42	Zr I	8
41.22	U B	—	89.28	Mo I	6
40.55	Se I	15	87.78	Fe I	12
			87.77	Sm II	100 d
8438.90	Ti B	3			
37.67	Sm B	2	8383.71	Sm B	2
35.68	Ti I	300	82.88	W B	2
34.98	Ti I	300	82.54	Ti I	100
32.64	Sm II	250 d	81.93	U B	3
31.91	W B	2	81.05	Em I	10
31.20	Mn I	20	79.95	Co B	3
28.94	As I	100	79.5	Ag II	15
28.43	Mo I	5	78.42	Co I	7
28.25	Cl I	100	77.90	Ti I	100
			77.61	Ne I	7
8426.50	Ti I	200			
26.3	O I	4	8376.42	Ne	1
24.65	Ar I	2500	76.5	Tl I	10
24.0	J I	10	75.95	Cl I	150
22.77	Sn B	3	75.23	Nd B	3
18.43	Ne I	7	72.85	Co I	8
17.96	Ce B	2	72.27	Sm B	2
17.22	Ni B	2	71.90	Ce B	2
17.14	Re I	300	70.21	Zr I	10
17.08	W B	2	66.89	H 2	3
			65.87	Ne	2

λ in I. Å.	Element	Intensität	λ in I. Å.	Element	Intensität
8364.18	Ti B	2	8314.73	S I	10
63.82	Ce B	8	14.21	Sb B	1
63.52	Al II	8	11.71	Ti B	2
62.3	Cl II	2	10.22	Ce B	2
61.77	He I	4	07.72	Nd B	3
61.1	Cl II	3	06.72	Ti B	2
59.57	Al II	9	05.94	Zr I	15
57.59	Re I	25	05.79	Sm II	500 d
57.03	Sn B	4	05.62	As I	50
55.8	Te I	15	01.05	Sm B	3
8355.32	Ce B	2	8301.01	Re I	20
55.25	Sm B	2	00.81	Pd B	5
55.00	As I	10	00.58	Ce B	2
54.35	Al II	10	00.33	Ne I	7
53.12	Ti B	2	8299.02	Ce B	5
51.15	Mo B	2	98.82	In I	—
49.35	Sn B	3	98.59	F I	6
48.68	Sm II	150 d	98.11	K I	10
48.28	Cr B	7	98.10	Mo B	2
46.82	X I	8	98.07	Kr	6
8346.7	F II	1	8296.85	Co B	5
46.60	La I	100	89.26	Sm II	125 d
46.35	Nd B	3	89.0	Sb B	2
44.43	Y I	10	87.38	Cr I	25
43.70	Br I	20	86.63	In I	—
42.66	Co B	4	84.92	Ba B	2
42.06	V B	2	83.84	Zr I	10
38.02	W B	2	83.49	Co B	5
37.5	U B	3	82.35	V I	100
35.19	C I	10	81.65	Ta I	20
8334.69	Br I	20	8281.05	Kr I	9
34.42	Ti B	2	80.12	X I	9
33.29	Cl I	100	74.62	F I	5
32.44	Zr I	6	73.58	Ag I	10
32.25	Ar I	5	73.26	H 2	8
31.94	Fe I	2	72.85	Pb B	3
31.23	V B	2	72.46	Br I	75
30.48	Th I	9	72.36	Kr I	10
30.42	H 2	7	71.71	Rb I	4
28.43	Mo I	5	71.41	Rb I	6
8327.06	Fe I	12	8270.96	Em I	100
26.04	Dy B	3	69.39	Co B	8
25.34	Ba B	2	66.52	X I	6
24.72	La I	100	66.08	Ne I	5
24.31	V B	2	65.50	Dy B	3
24.4	Ag II	20	64.95	Br I	10
22.06	Cr I	20	64.52	Ar I	20
20.93	Nb I	300	63.97	Ba B	2
18.4	U B	3	63.24	Kr I	10
14.91	In I	—	62.5	F I	0

λ in I. Å.	Element	Intensität	λ in I. Å.	Element	Intensität
8262.09	U B	4	8216.45	N I	7
61.03	Ce B	2	13.22	Mg I	—
59.38	Ne I	4	12.59	Zr I	18
57.36	Sb B	2	12.43	Mn I	40
55.90	V I	100	12.00	Cl I	100
55.11	Ar I	5	10.94	N I	3
54.7	Ag II	15	10.8	Bi I	16
54.10	Be I	10	10.30	Ba I	300
53.51	V I	100	08.67	Co I	7
50.22	K I	1	06.62	Kr I	40
8248.93	In I	—	8206.34	X I	6
45.10	Ce B	2	06.28	Sm B	3
45.06	Mo I	3	04.5	Pt I	3
42.47	N I	5	03.05	V I	100
41.74	Sb B	1	02.72	Kr II	200
41.55	V B	4	01.73	Zr I	10
40.98	Sm II	150	01.55	Dy B	5
40.75	H 2	3	00.8	Hg I	7
40.13	J I	10	00.59	N I	2
38.64	In I	—	00.3	Hg B	4
8238.29	Cr I	12			
36.42	Ne	7	8200.20	Cl I	35
36.13	Hf II	10	00.1	Cd I	1
35.89	Cr I	30	8199.02	Cl I	35
35.4	O I	4	98.85	V I	3
34.64	In II	4	98.75	Dy B	3
		4–1–2—2–2	95.61	Hg I	10
32.20	In II	2	95.50	Sm II	200 d
34.12	Ce B	2	95.1	Sr B	4
33.1	O I	15	95.07	Kr I	15
32.18	F I	3	94.82	Na I LL	10
8231.63	X I	10	8194.79	Na I	1
30.77	F I	10	94.7	Se I	10
30.34	Sm B	3	94.6	F I	4
30.0	O I	10	94.35	Cl I	50
28.90	Ne	3	93.06	Co I	8
27.7	O I	10	90.05	Kr I	9
27.35	In II	6	88.16	N I	5
		6·2·3·4·2·3·4	87.33	V I	70
26.58	In II	4	86.73	V I	100
24.79	Pt B	6	85.05	N I	4
23.28	N I	5			
8223.08	U B	4	8185.00	Se I	10
22.90	H 2	7	83.5	F I	2
21.73	Cl I	75	83.26	Na I	5
21.8	O I	20	82.93	Se I	15 d
20.41	Fe I	15	78.96	Cu B	2
20.40	Cl I	60	78.91	Ar I	5
18.76	Sm II	300	74.29	U B	2
18.55	Ne G	5	72.2	Hg B	5
18.40	Kr I	80	71.32	Ce B	2
17.85	Ar II	3	71.30	V B	3

λ in I. Å.	Element	Intensität	λ in I. Å.	Element	Intensität
8169.51	J I	8	8094.69	Se I	15
65.8	Hg I	7	94.40	Co I	8
64.64	H 2	5	93.48	V I	100
63.3	Hg I	8	93.1	Se I	15
63.22	Cr I	35	92.63	Cu I	300
63.08	Se I	18	87.69	Cl I	20
61.90	Sm I	200 d	86.67	Cl I	75
61.6	Ba B	2	85.54	Cl I	60
61.06	V I	150	85.20	Fe I	5
60.15	Al II	3	84.48	Cl I	35
8159.52	F I	5	8082.46	Ne I	8
57.7	Se I, II	20	80.23	Co B	5
53.6	Hg B	2	79.02	Cs I	10
53.94	Br I	12	78.92	Cs I	2
53.03	Co B	6	75.52	F I	5
52.02	Se I	15	70.3	Hg B	5
49.28	Se I	18	70.18	In I	—
47.8	Ba B	2	70.12	Zr I	25
46.1	Gd B	4	70	Bi III	50
44.54	V B	3	68.46	Sm I	800 d
8143.29	Nd B	4	8068.21	Ti I	2
43.14	W B	2	66.50	Co B	7
41.72	Nd B	4	63.10	Zr I	10
37.10	Co B	5	62.1	Sb B	2
36.41	Ne I	7	61.4	Te I	30 d v
36.20	Rh B	4	61.33	X I	150
33.00	Zr I	20	60.8	Se I	10
32.98	Kr I	60	60.35	W B	2
32.85	Pd B	6	60.03	Re I	30
31.51	Br I	12	59.50	Kr I	7
8130.77	H 2	3	8057.26	X I	200
26.5	Li I	10	56.07	Co I	8
23.78	W B	3	55.61	W B	3
21.42	Sn B	2	54.98	In I	—
20.5	Ba B	3	53.31	Ar I	100
18.55	Ne I	5	51.08	Cl I	20
17.5	Ir B	5	50.81	In I	—
16.80	V I	200	49.00	Em I	20
16.43	Co B	7	48.70	Sm II	400
15.31	Ar I	20	46.07	Fe I	6
8114.3	J I	20	8045.40	Rh B	7
14.06	Sn B	7	43.74	J I	30
12.90	Kr I	8	43.34	Co B	8
04.36	Kr I	200	43.33	Nd B	4
04.02	Kr I	30	42.95	As I	10
03.69	Ar I	10	41.30	Os B	3
02	J I	10	40.94	F I	10
00.42	Sn B	2	36.35	Se I	20
00	Bi III	20	32.03	Sm I	250 d
8099.51	Em I	100	29.91	Rh B	6

λ in I. Å.	Element	Intensität	λ in I. Å.	Element	Intensität
8029.29	Co B	7	7979.04	Re I	20
28.33	Ni B	2	78.97	Th I	6
28.31	Fe B	1	78.87	Ti I	4
27.36	V I	100	78.7	Hg I	3
26.59	Ce B	2	78.50	Br I	10
26.32	Sm II	500 d	76.95	Cl I	25
25.12	Sm II	400	74.72	Cl I	20
24.83	Ti I	2	72.9	Te I	20
24.75	Co B	4	71.26	Re I	20
24.21	Corona	1.3	70.87	Re I	15
8022.3	Hg I	7	7970.44	U B	3
22.15	Co B	7	69.47	Sb B	2
19.70	Ra II	50	67.43	S I	10
18.71	H 2	5	67.34	X I	500
17.9	Tu B	3	65.69	Nd B	4
17.55	Ar II	60	61.59	Ti B	2
17.17	W B	4	60.26	As I	25
15.71	Cs I	10	58.93	Nd B	4
15.57	Cl I	45	57.77	Co B	3
14.92	Sm II	200 d	57.05	W B	2
8014.79	Ar I	800	7952:2	O I	4
12.94	Ni I	2	50.8	O I	6
12.8	Pt B	4	50.24	Ta I	15
09.93	In I	—	49.11	Ti I	3
08	Bi III	40	48.18	Ar I	20
07.31	Co I	8	47.60	Rb I	10 R
06.21	Cu I	4	47.6	O I	10
06.16	Ar I	15	45.88	Fe I	6
05.4	Ag II	25	44.66	Hg II	8
03.70	J I	8	44.65	Zr I	15
8002.66	Ce B	2	7944.1	Cs I	6
01.61	Sm II	200 d	43.91	Si I	500
01	Tl III	4	43.18	Ne I	8
00.8	Se I, II	12	42.91	Mn I	25
00.75	Nd B	4	42.02	Cr I	20
7998.97	Fe I	7	38.64	Br I	12
97.80	Cl I	50	37.17	Fe I	7
96.49	Ti B	3	37.01	Ne G	3
95.1	O I	4	35.85	Cl I	50
94.73	Hf I	20	35.00	Cl I	40
7994.50	Ni B	2	7933.38	Sb B	1
93.22	Kr II	200	33.14	H 2	5
89.94	Br I	12	33.13	Cu I	160
89.36	Cr I	12	32.95	Zn B	3
87.36	Co I	10	31.7	K	—
86.58	Mo B	2	32.14	Si I	250
82.41	Kr I	100	31.70	S I	10
81.82	Kr I	30	30.72	Tu B	3
81.19	Kr I	20	30.3	Gd B	3
80.75	Re I	300	29.7	Hg B	3

λ in I. Å.	Element	Intensität	λ in I. Å.	Element	Intensität
7928.60	Kr I	40	7871.43	Co B	6
28.14	Sm II	800	70.00	Zr I	12
26.57	Co I	9	69.92	Co B	6
25.34	Rb I	30	69.60	Re I	100
25.26	Rb I	40	67.17	Sb B	2
24.67	Cl I	100	67.01	W B	2
24.65	Sb B	'6	64.27	In I	—
24.46	Ru B	5	63.70	Ni I	5
23.95	S I	15	63.45	W B	2
23.16	Mo B	2	62.84	Nd B	4
7920.47	Kr I	40	7861.10	Ni I	4
18.37	Si I	200	60.54	Ce B	2.
17.46	Ni I	8	59.05	Ce B	2
15.84	Pd B	7	56.96	Gd B	5
15.09	Cl I	25	55.88	Ce I	7
14.96	Sm II	200 d	54.82	Kr I	8
13.42	Kr I	50	54.44	Mo B	2
12.94	Re I	400	52.18	Os B	3
11.31	Ba I LL	200	49.42	Ar II	15
10.50	Cr I	10	49.38	Zr I	15
7909.36	Dy B	3	7847.82	Ru I	7
09.19	W B	2	46.36	Gd B	5
08.74	Co I	10	45.35	Hf I	20
08.30	Cr I	12	44.44	Sb B	4
06.73	Sb B	2	42.76	Ta I	15
05.77	Ba I	500	42.0	Cr B	2
05.25	W B	2	41.18	In II	4
03.92	In I	—			4—3—2
7899.28	Cl I	45	40.70	In II	2
98.59	F I	5	40.3	Bi B	2
			40.05	Co B	7
7898.47	Re I	40	7839.57	Ba B	5
91.9	Corona	29	38.8	Se II, I	10
91.08	Ar I	6	38.7	Bi B	3
90.18	Ni I	3	38.16	Co I	8
90.39	Ru B	5	38.12	Ra I	20
89.28	In I	—	37.27	Sm II	400
87.75	Mo B	2	37.25	Sb B	2
87.39	X I	300	36.15	Al I	10
86.45	W B	2	35.81	Ce B	2
82.37	Ta I	25	35.33	Al I	9
7882.09	Re I	25	7835.08	Sm II	400 d
81.91	U B	4	34.32	Ir B	5
81.90	Y II	10	34.32	Mn B	2
81.48	Ru B	10	32.22	Fe I	4
81.32	X I	100	30.76	Cl I	30
80.34	W B	2	30.05	Rh B	6
78.22	Cl I	75	29.63	Mo B	2
78.0	Ba B	2	26.84	Ni I	4
71.78	Pr B	2	24.91	Rh B	10
71.71	In I	—	23.08	In I	—

λ in I. Å.	Element	Intensität	λ in I. Å.	Element	Intensität
7822.2	Hg B	3	7780.59	Fe I	3
21.35	Cl I	45	80.46	Ba I	400
21.25	Mn I	20	77.46	In II	2
21.2	Hg I	8			2–10–5–2
19.36	Zr I	15	7776.57	In II	2
16.95	Sb B	2	76.67	W B	2
16.61	Mn I	30	76.28	Kr I	40
16.16	He I	4	75.40	O I	5
15.19	In II	4	74.19	O I	7
		4–2–1	73.11	Nd B	3
14.52	In II	1	72.90	Rh B	7
7814.00	Ta I	15	71.99	Fe B	7
12.08	Dy B	5	71.96	O I	9
09.82	Em I	100	69.18	Cl I	30
09.4	Na I	—			
09.18	Ru B	9	7766.8	Ba I	2
08.95	W B	2	64.9	Sb B	2
08.53	Nd B	4	64.72	Mn I	250
08.3	Cr B	2	63.99	Pd I	12
07.80	Fe I	5	61.82	U B	2
06.99	In II	3	61.13	W B	2
		3–3–1	59.43	Rb I	8
			59.1	Te I	15
7806.77	In II	1	57.89	Hf II	15
06.52	Kr I	50	57.86	Zn II	8
06.00	Mn I	5			
03.03	Br I	15	7757.65	Rb I	6
02.65	X I	100	55.85	Sb B	2
00.23	Rb I LL	20 R	55.15	Mn I	20
00.2	F I	4	54.94	Sn B	2
7799.49	Yb B	10	54.7	F I	5
99.40	Zn I	5	52.67	Mn I	9
97.73	Ce B	2	51.73	Ba B	3
			50.99	Nd B	3
7797.66	Ni I	7	49.30	Sm II	200
91.87	Ru B	8	49.27	Gd B	5
91.61	Ru B	9			
90.82	Mn I	15	7748.96	Ni I	10
90.05	Dy B	4	48.28	Fe I	4
90.03	H 2	6	47.53	Th I	6
90.02	Os B	3	46.83	Kr I	50
89.78	H 2	5	46.64	Em I	20
89.32	In II	5	44.94	Cl I	125
		5–6–7	43.27	Co B	5
88.72	In II	7	43.15	Re I	15
			42.71	Fe I	9
7788.99	Ni I	10	41.38	Kr I	10
86.8	Pt I	3			
86.66	Pd B	7	7741.32	In II	1
86.16	Pr B	2			1-3-4-5-6
84.11	U B	5	40.19	In II	6
84.11	W B	3	41.20	Sc B	20
82.2	Mn I	1	38.43	Em I	10

λ in I. Å.	Element	Intensität	λ in I. Å.	Element	Intensität
7735.77	Mn I	2	7692.67	H 2	6
35.69	Kr II	250	91.42	Mg I	—
34.25	Co I	8	90.65	Re B	7
33.50	Gd B	5	89.13	Ce B	2
33.24	Mn B	150	88.93	W B	3
32.83	H 2	5	87.78	Ag I	20
			86.09	S I	8
7732.50	Zn II	10			
32.47	Mo B	2	7685.48	H 2	5
31.52	Tu B	4	85.25	Kr I	400
29.78	Dy B	5	83.87	In II	3
28.50	Sm II	200 d			3-6-5-6-10
28.5	Hg I	10			-8-2-3-1
27.67	Ni I	10	81.68	In II	1
24.21	Ar I	10	80.48	Si I	100 b
24.01	Y B	2	80.22	Mn I	200
23.76	Ar I	10	80.00	Er B	3
			79.50	Mo B	2
7723.62	Mo B	2	77.46	Mn I	2
22.9	Cr B	2	76.8	Hg B	2
22.86	Ru B	6			
21.82	Pr B	3	7674.4	Hg I	7
20.74	Mo B	4	73.06	Sr I	200 b
19.89	Y B	2	72.6	Gd B	4
17.57	Cl I	100	72.44	Cl I	25
15.66	Ni I	7	72.10	Ba I	25
15.35	Dy B	5	70.46	Mn B	2
14.68	Pr B	2	69.69	U B	2
			67.4	Hg B	2
7714.36	Ni I	8	64.91	K I LL	10 R
12.71	Co I	10	64.84	Zn B	4
12.42	Mn I	100			
10.40	Fe B	1	7664.43	Rb II	50
09.08	Mn I	40	64.35	La B	3
09.51	Mo B	2	64.31	Fe B	3
06.52	Mn I	10	63.09	Hf II	30
06.58	Ba B	3	62.35	Dy B	6
05.92	Re I	25	61.24	Fe B	1
04.99	Pr B	2	61.09	H 2	6
			57.60	Mg I	4
7700.96	W B	2	57.48	Em I	10
00.20	J I	8	56.74	Mo B	5
00.18	Pb B	5			
7699.49	Yb B	10	7654.43	Er B	3
99.01	Nd B	2	54.28	Ni B	3
98.98	K I	10 R	54.06	Ar II	7
98.93	Zn B	4	51.91	Mn B	2
98.57	Rb I	30	50.3	Gd B	4
96.60	Nd B	4	48.28	Sb B	3
97.76	Sc B	10	48.19	Co B	4
			47.40	Th I	8
7696.73	S I	10	46.7	Hg B	2
94.54	Kr I	8	46.66	Dy B	4
93.63	Re I	20			

λ in I. Å.	Element	Intensität	λ in I. Å.	Element	Intensität
7646.34	Mn B	3	7602.96	Os B	6
45.87	Dy B	4	02.5	Hg B	5 d
45.68	Pr B	3	7601.82	Mo B	2
45.09	Sm II	200 d	01.54	Kr I	10
42.91	Ba I	200	7598	Bi III	25
42.02	X I	7	97.27	H 2	9
41.15	Dy B	5	95.16	Mo B	2
40.93	Re I	400	90.65	Co I	8
39.80	Nd B	3	89.33	Ar II	100
37.63	Co B	4	88.48	Zn II	10
			87.41	Kr I	10
7636.90	Ba I	150	86.72	Co B	4
35.11	Ar I	10			
34.56	Co B	5	7586.04	Fe I	8
34.0	J I	15	85.73	Th I	9
33.65	In II	0	84.68	X I	200
		0—1—5—1—1	83.91	Eu I	5
		—1—1—1—0	83.80	Fe I	5
31.91	In II	0	83.37	Se I	25
32.2	Pb II	10	82.85	W B	2
31.72	U B	3	78.96	S I	10
29.82	S I	10	78.75	Zn B	3
26.13	Pr B	2	78.72	Re I	200
7624.77	Zn B	3	7577.22	Rh B	6
24.40	Hf I	30	75.08	Se I	20
21.94	Gd B	4	74.58	Nb I	100
21.52	Ru B	6	74.12	Ni I	10
21.50	Sr I	100	73.41	F I	5
21.3	Hg II	4	72.61	Mo B	2
20.53	Fe B	3	70.1	Cu I	5
20.25	Re I	200	69.87	W B	3
19.34	U B	3	68.93	Fe I	4
19.27	Ni I	9	67.72	Th I	6
7618.93	Rb I	10	7566.02	U B	2
18.03	Ar II	80	64.98	Co B	5
17.04	Ni I	10	63.13	Y I	10
14.07	W B	3	63.04	Gd B	6
12.90	Zn II	6	62.96	Dy B	4
12.13	W B	2	61.08	Co B	4
11.90	Re I	100	59.81	Dy B	4
10.48	Ba B	3	59.62	Ru I	8
10.31	Co I	10	58.7	Pb II	10
10.02	Ni B	3	57.67	Rh B	6
7610	Ca B	6	7555.68	Ni I	8
09.1	Cs I	5	54.73	Zr I	10
07.19	Zr I	15	54.25	J I	5
07.17	F I	2	54.01	Co I	8
03.42	H 2	6	53.03	Dy B	4
03.39	Mn B	2	52.7	Hg B	5
03.31	In II	3	52.24	F I	5
		3—3—2			
02.28	In II	2			

λ in I. Å.	Element	Intensität	λ in I. Å.	Element	Intensität
7551.8	Hg I	6	7499.78	Ru B	10
51.72	Mn B	2	99.39	Pr B	2
51.50	Zr I	10	99.8	La B	3
			95.59	Pr B	3
7551.12	Mn B	2			
50.46	W B	2	7495.22	Rh I	10
48.71	Re I	30	95.09	Fe I	4
47.06	Cl I	100	91.68	Fe B	1
47.01	Nd B	3	90.58	J I	5
44.05	Ne I	6	90.18	Er B	4
43.76	Dy B	5	89.41	Co B	3
43.0	Hg B	3	88.87	Ne I	9
41.03	Pr B	2	88.15	Gd B	3
39.22	La B	3	88.04	Ba I	200
			86.93	Pd B	7
7538.27	Nd B	4			
38.51	H 2	5	7486.86	Kr I	3
37.42	W B	3	85.87	Hg II	10
35.77	Ne I	8	85.80	Ru B	8
33.91	U B	5	85.73	Mo I	4
33.52	Co B	5	84.2	Ar I	6
31.18	Fe B	4	83.48	La B	4
29.02	Nd B	4	83.34	W B	3
28.26	Ba B	2	82.72	F I	5
27.58	Yb B	5	81.49	Ni I	5
			81.08	Nb B	5
7525.52	Th II	10			
25.20	Ni I	8	7478.79	Zn II	20
24.64	H 2	8	76.5	O I	5
24.48	Re I	20	75.74	Rh I	10
24.46	Kr II	300	72.45	Ne G	6
23.34	In II	6	71.41	Al II	9
22.85	Ni I	8	69.46	Er B	5
20.56	Ta I	15 d	69.04	J I	10
20.1	Hg B	3	68.92	Ru B	7
16.59	Dy B	4	68.74	N I	9
			68.46	H 2	8
7516.03	Nd B	3			
15.85	Mn B	2	7464.37	Gd B	4
14.65	Ar I	4	62.38	Fe II	20
13.79	Nd B	5	62.36	Cr I	10
13.01	Br I	50	59.78	Ba I	300
11.15	Nd B	4	59.44	H 2	6
11.05	Fe I	8	57.43	Co I	9
10.7	Au I	6	54.1	Hg B	3 d
08.98	W B	5	53.85	In II	4
07.25	H 2	5			4–3–2
			52.08	In II	2
7505.13	Ar II	100	52.83	Mo B	2
04.45	Mo B	2			
04.07	W B	2	7451.72	Pr B	4
03.87	Ar I	15	51.37	W B	2
03.3	Bi B	2	50.25	Y B	4
03	J I	20	50.00	Em I	300

λ in I. Å.	Element	Intensität	λ in I. Å.	Element	Intensität
7449.42	Al II	5	7405.94	Si I	300
49.26	H 2	11	05.50	Sb B	2
48.73	Nd B	4	02.10	J I	8
48.32	Yb B	3	01.12	Ni B	4
47.30	Mo B	2	00.23	Cr I	19
45.78	Fe I	16	7399.02	Gd I	5
			99.00	F I	20
7442.56	N I	5			
42.41	Rh B	8	7397.78	Ce B	2
42	Gd B	4	96.7	Cd I	1
41.3	Bi B	3	94.91	Gd B	4
40.60	Ti I	3	93.92	Ru B	8
40.46	Ar II	90	93.79	X I	150
39.89	Zr I	20	93.70	Ni I	8
38.90	Ne I	8	93.43	Th II	10
37.15	Co I	4	93.0	Ar I	6
35.78	Kr II	200	92.42	Ba I	400
			92.01	Se II	10
7435.3	Ar I	8			
34.08	Mo B	2	7391.91	Pd B	8
30.27	Th I	6	91.36	Mo I	5
28.96	Th I	8	89.43	Fe I	7
26.99	Dy B	5	87.69	Mg I	—
26.56	Gd B	3	88.66	Co B	7
25.89	Br I	10	86.40	Fe B	4
25.64	F I	12	86.35	Re I	15
25.49	U B	3	86.24	Ni I	7
25.2	Ar I	6	86.04	Gd B	3
			86.00	X I	100
7423.88	N I	5			
23.64	Si I	500	7385.49	Th I	8
22.36	Ni I	8	85.3	Cd I	2
19.04	Em I	10	85.23	Ni I	7
18.2	Hg B	3	85.08	W B	3
18.18	Nd B	4	83.98	Ar I	15
17.48	Ba I	100	82.50	Nb I	150
17.39	Co I	10	82.3	Cd I	2
17.10	Cl I	90	81.93	Ni B	5
16.08	Si I	250	81.27	W B	2
			80.45	Ar II	4
7414.59	Ni I	7			
12.42	Dy B	4	7377.3	Gd B	3
12.3	Hg B	2	76.46	Fe II	20
12.3	Ar I	6	72.12	Ar I	10
11.18	Fe I	8	71.7	Hg I	6 d
09.47	Re I	15	70.25	Eu B	4
09.42	Ni I	8	70	Ho B	3
09.14	Si I	100	69.12	Ta I	20
08.17	Rb I	10	68.14	Pd I	15
07.97	Os B	4	67.1	Hg B	5 d
			64.12	Ti I	4
7407.87	Ta I	25			
07.02	Kr II	400	7363.14	V B	2
06.61	Nd B	3	62.31	Al I	10

λ in I. Å.	Element	Intensität	λ in I. Å.	Element	Intensität
7361.63	Mo B	2	7321.45	X I	—
61.59	Al I	6	20.70	Fe II	40
60.29	H 2	8			
59.29	Ba I	20	7318.2	Zr B	3
56.94	Ta I	18	16.81	Nd B	4
56.47	V B	3	16.29	Er B	3
55.94	Cr I	10	16.27	X I	70
			15.72	Co B	3
			13.28	Gd B	4
7355.12	In II	2	11.7·	Ar I	10
		2–3–4	11.02	F I	4
54.70	In II	4	10.27	Ra I	10
54.67	Co B	8	09.88	H 2	6
54.57	Co B	3			
53.32	Ar I	10	7309.41	Sr I	500
52.87	Ta I	25	09.03	F I	3
52.03	Re I	30	07.97	Fe II	50
51.59	In II	7	07.19	H 2	6
		7–7–3–7	03.75	In II	7
		–5–5			7–6–5
49.57	In II	5	03.01	Ir II	5
51.42	Fe B	1	02.90	Mn I	6
			01.74	Ta I	25
7351.3	J II	8	01.24	Gd B	4
50.53	H 2	12	01.16	Eu B	5
50.08	Yb B	3			
48.56	Br I	25	7300.19	Mo B	2
48.48	Mo B	2	7298.73	Nd B	2
47.30	Sm I	15	96.57	W B	3
46.47	Y I	10	95.62	H 2	8
46.37	Ta I	30	94.8	Hg B	4 d
46.37	Hg II	20	93.08	Fe I	6
46.0	Cd I	1	92.67	Re I	250
			91.36	Gd B	3
			91.30	Ni I	8
7345.34	La B	4	91.00	Em I	20
44.70	Ti I	5			
38.90	V B	4	7289.78	Kr II	400
36.48	X I	50	89.28	Si I	250
35.0	Bi B	1	89.18	H 2	6
34.17	La B	5	88.78	Fe I	8
32.65	Sm I	6	88.54	Nd B	4
31.95	F I	18	87.41	Sr I	20 b
30.12	Pb B	2	87.26	Kr I	80
29.92	Ce B	2	85.82	W B	3
			85.30	X I	60
			85.29	Co B	7
7328.29	H 2	8			
27.69	Ni I	4	7285.29	Nd B	3
26.53	Mn I	6	84.83	Fe B	1
26.11	Ca I	40	83.96	X I	40
26.02	W B	2	83.81	Mn I	6
25	O II Nebel	—	82.36	La II	150
24.91	Gd B	5	82.21	Sm I	2
23.15	Nd B	3			

λ in I. Å.	Element	Intensität	λ in I. Å.	Element	Intensität
7281.35	He I	3	7251.14	Os B	4
80.29	Ba I	1000 R	50.27	Ta I	20
80.3	Zr B	4	50.09	Co B	3
80.00	Rb I	10	47.83	Mn B	5
			46.67	Re I	200
7280	Cs II	5	45.87	Mo I	4
79.47	Gd B	3	45.17	Ne I	10
79.25	Sm I	8			
78.21	W B	2	7244.82	Ti I	10
⎰ 77.59	In II	8	44.72	S I	6
		8–7–6	44.50	Yb B	2
⎱ 75.46	In II	6	44.35	H 2	10
75.24	Si I	50	42.54	Mo I	7
74.07	Gd B	3	42.25	Gd B	3
73.84	Re I	100	40.90	Sm II	200
72.94	Ar I	10	40.60	H 2	12
			39.90	Fe I	4
7270.82	Rh I	10	38.95	Ru B	9
70.7	Cs B	4			
70.11	La B	3	7238.38	Ce B	2
69.96	H 2	7	37.89	Lu B	2
69.8	Hg B	3 d	37.10	Hf I	40
69.57	W B	3	37.08	W B	2
68.23	Rh B	7	36.80	J I	7
68.11	Em I	100	36.51	Nd B	4
67.62	Mo I	3	36.19	C II	8
			34.33	Co B	8
7267.04	H 2	7	33.58	Ar II	4
66.14	Ni B	4	33.46	Gd B	4
64.8	Zr B	3			
64.23	V B	5	7232.20	Sr I	100 b
64.2	Zn B	4	31.12	C II	6
64.16	Y B	4	31.06	H 2	10
63.68	Gd B	3	29	Cs I	5
63.5	Te I	20	28.98	Pb I	6
63.43	Nd B	3	28.84	Ba I	200
62.70	Gd B	5	28.07	H 2	9
			28.03	Re I	20
7261.93	Ni I	6	27.70	Pr B	3
61.51	Fe B	1	26.02	W B	2
60.49	Br I	15			
56.63	Cl I	125	7225.8	J II	7
⎰ 56.07	In II	5	25.16	Ra I	20
		5–6–7	24.10	Kr I	100
⎱ 54.10	In II	7	23.67	Fe B	2
54.20	H 2	10	22.50	Sb B	2
54.05	O I	2	21.17	Lu B	2
53.52	Os B	5	20.10	Sm I	5
53.28	H 2	10	19.70	Fe B	1
			19.7	Cs B	4
7252.72	Gd B	5	18.11	Th I	6
52.72	Ce B	3			
51.75	Ti I	6	7217.58	Pt I	6
			17.55	Eu B	8

λ in I. Å.	Element	Intensität	λ in I. Å.	Element	Intensität
7216.31	W B	2	7172.67	Sm I	4
16.21	Ti B	3	72.30	Gd B	6
13.82	Sm I	8	70.11	La B	3
13.13	Kr II	250	69.14	Zr I	40
10.25	H 2	7	68.89	Th I	10
09.44	Ti I	20	68.81	H 2	8
08.82	Pr B	2	68.3	Gd B	10
08.01	Th I	8	67.20	Sr I	200 b
			67.04	Ni I	4
7207.41	Fe I	50	65.91	Lu B	2
06.99	Ar I	10			
06.31	Os B	5	7165.78	Si I	50
04.28	Tb B	2	64.47	Fe I	25
03.17	Ca I	200	62.64	W B	2
02.37	F I	15	61.22	La B	4
01.43	Gd B	5	59.80	Mo B	2
00.16	W B	2	59.76	Co B	8
7198.7	Ga II	7	59.43	Nb I	100
97.01	Ni I	7	58.09	La B	3
			57.36	O I	5
7195.66	H 2	9	54.71	Co I	8
95.94	Y B	2			
95.22	Ba I	200	7153.64	Ba B	4
94.89	Gd B	4	53.02	Sr I	30
94.80	Eu B	8	51.33	Mn B	8
93.6	Pb II	20	50.21	Ce B	2
93.60	Co B	8	49.60	Sm B	3
93.56	Cu B	2	49.11	Pd B	6
93.29	Mg I	1	48.89	Os B	6
92.01	Nd B	3	48.61	Ta I	30
			48.15	Ca I	50
7191.65	Y I	3	47.6	Pr B	4
91.1	Te I	15			
89.13	Fe B	2	7147.37	Gd B	6
89.64	Gd B	5	47.04	Ar I	1
89.41	Nd B	5	45.50	Os B	8
88.07	Cr B	6	41.21	Ra I	50
87.34	Fe I	80	41.13	Sm I	3
85.52	Cr B	6	40.51	W B	3
84.26	H 2	10	39.8	N II	3
84.29	Mn B	5	39.74	Y B	2
			35.69	Er B	3
7183.74	Ir B	5	34.33	Co B	8
83.96	In II	7			
		7—6—9—4	7134.09	Mo I	4
		—6—6	33.17	Gd B	3
81.88	In II	6	32.98	Fe B	0
82.20	Ni I	8	32.2	Cd I	3
81.20	Fe B	3	31.81	Hf II	50
79.65	H 2	10	31.80	Sm I	10
77.6	Hg I	4	30.96	Fe I	15
75.50	Eu I	3	29.36	Nd B	4
73.94	Ne I	10	28.85	U B	4
72.91	Ta I	25	28.01	Y B	2

λ in I. Å.	Element	Intensität	λ in I. Å.	Element	Intensität
7127.88	F I	5	7091.99	Hg I	9
27.2	N IV	1	91.16	Sm I	10
26.2	Hg I	3 d	90.38	Fe I	6
25.84	Lu II	10	90.01	Ba I	100
25.72	Ta I	20	88.30	Sm I	15,
24.45	Co B	5	88.0	J I	6
23.1	N IV	5	87.35	Zr I	20
22.65	Mo B	3	87.35	Ru B	2
22.58	Gd B	6	86.80	Cl I	25
22.22	Ni I	10	86.31	Ce B	3
7120.27	Ba I	800	7086.02	Ru B	2
19.60	X I	500	85.50	Gd B	3
19.45	C II	2	84.97	Co I	15
18.88	Gd B	5	84.53	Tb B	2
18.50	Ra II	20	84.18	Th I	6
16.79	Gd B	3	82.37	Sm II	400 d
16.56	Pd B	2	81.9	Hg I	10
15.13	C II	2	80.01	Pr B	3
14.58	Pr B	4	77.14	Eu B	8
14.50	Sm I	1	77.10	Gd B	3
7113.75	Pt B	10	7075.15	Dy B	4
13.6	Co B	4	74.78	U B	3
12.66	H 2	10	73.60	Gd B	3
12.36	C II	1	70.97	Gd B	3
11.71	Zr I	12	70.45	Co B	4
11.3	N IV	1	70.10	Sr I	2000
10.90	Ni I	7	69.94	Gd B	3
09.87	Mo I	8	69.86	Mn B	4
09.5	N IV	3	68.42	Fe B	5
09.30	Dy B	4	68.32	La B	100
7107.50	Ar I	10	7068.06	Gd B	4
06.48	Eu I	6	67.44	Fe II	20
06.23	Sm I	10	67.22	Ar I	20
04.54	Sm I	15	66.90	Nd B	5
04.47	Rh I	9	66.24	La II	300
03.77	Zr I	18	65.70	He I	1
03.3	N IV	1	65.19	He I	5
02.95	Zr I	20	63.83	Hf I	20
02.57	Co B	4	63.64	Al II	1
01.75	Gd B	3	63.05	Ni I	4
7101.68	Rh I	10	7062.0	Se I	12
01.61	U B	3	61.69	Ce B	3
01.46	Sm I	1	60.62	Os B	6
7098.10	Gd B	3	60.29	Pd B	5
97.78	Zr I	4	59.92	Ba I	2000 R
96.33	Sm I	10	59.6	Corona	4
95.50	Sm I	15	59.11	Ne I	8
95.47	Ni B	4	58.09	La II	20
94.77	Pt I	7	58.00	Gd B	3
94.64	Co B	4	56.60	Al II	4

λ in I. Å.	Element	Intensität	λ in I. Å.	Element	Intensität
7055.42	Em I	200	7024.12	Re I	80
55.95	Dy B	4	23.67	La I	150
54.60	Gd B	4	22.98	Fe I	3
54.05	Co B	8	21.55	Pr B	6
52.95	Y I	2	20.44	Sm II	800 d
52.85	Co I	8	18.9	J II	7
51.52	Sm II	500 d	17.43	Dy B	4
51.30	Ne G	4	16.60	Co I	10
51.08	Pr B	3	16.44	Pd B	8
50.97	Gd B	4	16.44	Fe B	2
7049.88	H 2	10	7013.85	Se I	15
46.81	Nb I	200	13.2	Pb II	10
45.96	La I	200	10.82	Se I	20
45.8	Th B	4	09.94	Y B	2
45.29	Mo B	2	08.97	Y B	3
45.00	Gd B	3	06.95	Ta I	25
43.77	Yb B	2	06.62	Re I	60
42.46	Pr B	3	06.13	Gd B	6
42.24	Sm II	500 d	05.99	Tb B	2
42.06	Al II	10	05.73	Si I	50
7040.20	Eu I	6	7005.21	Br I	20
39.3	Cu B	3	04.82	Co I	8
39.22	Sm II	600 d	03.67	Si I	50
38.84	Ti B	3	02.22	O I	4
38.26	Fe I	4	01.63	Mo B	3
37.98	Mo B	4	01.55	Ni I	4
37.85	Ir B	4	01.54	Rh B	7
37.45	F I	50	01.44	Er B	3
37.33	Nd B	5	00.80	Th I	6
37.24	Gd B	5	00.70	Gd B	4
7036.2	Bi B	2	6999.89	Fe I	4
35.70	H 2	10	99.87	Ce B	2
35.25	Si I	50	99.86	Yb B	3
35.18	Y B	3	98.90	Em I	10
34.42	Ni B	4	97.30	Co B	7
33.0	J II	8	96.77	Gd B	8
32.56	Co B	4	95.91	Sb B	2
32.41	Ne I	10	94.39	Er B	3
31.18	Lu B	4	94.38	Zr I	12
30.98	Ce B	2	93.1	Th B	4
7030.33	Hf II	150	6991.90	Gd B	6
30.26	Ar I	10	91.1	Bi B	4
30.10	Ni I	5	90.86	Zr I	6
27.93	Ru I	10	90.7	Se G	4
27.82	Co B	8	90.32	Nb II	100
27.40	Zr I	15	89.93	Mn B	4
26.62	Sm I	10	89.66	Th I	4
26.05	V B	4	89.01	Mo B	4
24.76	Ni I	8	88.72	Gd B	3
24.05	Ne I	9	86.00	Ce B	2

λ in I. Å.	Element	Intensität	λ in I. Å.	Element	Intensität
6985.86	Gd B	7	6951.87	Er B	3
84.93	Os B	5	51.67	Y B	4
84.29	W B	4	51.28	Fe B	3
83.37	Cs I	6	50.51	Sm II	200 d
82.00	Ru B	10	45.95	Gd B	4
81.85	Cl I	25	45.21	Fe I	15
81.0	Cr I	3	44.95	Er B	3
80.91	Hf II	200	43.61	Th I	7
80.84	Ce B	2	43.20	Zn I	4
80.84	Cr I	2	42.62	Pt B	2
6980.84	Gd B	4	6942.52	Mn B	7
80.22	Ra I	20	41.38	Nd B	3
80.15	Pr B	4	38.76	K I	8
79.87	Y B	4	38.36	Er B	3
79.81	Cr I	7	38.32	Zn I	6
79.13	Rh I	7	37.83	Co B	7
78.86	Fe I	10	37.67	Ar I	10
78.44	Cr B	9	35.8	Cu B	2
78.25	Gd B	3	34.99	La B	3
76.34	Gd B	4	34.28	W B	4
6976.18	X I	100	6935.54	Y B	3
74.56	V B	5	32.90	Cl I	25
73.14	Cs I	10 R	31.27	Mn B	3
71.64	Gd B	4	30.5	Te II	5
71.52	Re I	100	29.86	Ir B	5
68.5	Tl II	1	29.47	Ne I	10
66.4	Tl II	6	28.53	Ta I	25
66.35	F I	4	28.33	Zn I	5
66.49	Zr I	4	27.37	Ta I	20
66.14	Ta I	25	26.08	Er B	3
6965.69	K I	4	6925.92	Cr I	2
65.65	Rh B	10	25.26	La B	4
65.43	Ar I	20	25.22	Cr I	8
65.10	Ni B	5	24.97	Gd B	3
64.69	K I	5	24.77	Ce I	30
64.18	K I	3	24.16	Cr I	10
64.14	W B	3	23.22	Ru B	12
64.1	Tl II	1	23.09	Tb B	2
59.5	K I	2	20.61	Gd B	4
59.23	Gd B	4	20.2	Cu B	3
6958.78	J II	10	6917.28	Lu B	7
58.09	La B	3	16.71	Fe B	4
58.06	Y B	2	16.69	Tb B	2
57.71	Gd B	4	16.58	Gd B	8
55.96	Os B	8	16.56	Pd B	9
55.52	Cs II	4	14.58	Ni I	7
55.29	Sm II	600	14.05	Mo B	5
55.10	Ni I	5	11.46	Ru B	8
53.9	Ir B	6	11.24	Th I	7
53.87	Zr I	20	11.08	K I	10

λ in I. Å.	Element	Intensität	λ in I. Å.	Element	Intensität
6909.82	F I	20	6881.67	Cr I	7
08.32	W B	3	81.23	Pr B	3
08.31	Y B	2			
08.11	Co B	5	6880.86	Sm I	2
07.16	Hg I	10	80.01	Er B	3
05.94	Cu I	6	79.94	Rh I	10
04.68	Kr I	100	79.50	Sm I	8
04.22	Kr I	15	78.32	Sr I	1000
03.71	Eu I	5	75.24	Ta I	25
02.46	F I	30	74.18	Tb B	3
			74.1	Ba II	10
6902.1	J II	10	72.45	Sm B	3
02.08	Tb B	3	72.38	Co I	10
00.70	Gd B	4			
00.45	Nd B	5	6872.11	X I	100
00.13	In I	6	71.55	V B	5
6899.95	Tb B	3	71.51	Yb B	2
99.4	Dy B	4	71.29	Ar I	10
99.07	Ce B	2	70.5	Co I	4
98.49	Ce B	2	70.22	F I	18
97.53	Er B	3	67.85	Ba I	100
			66.84	X I	50
6896.37	Tb B	5	66.23	Ta I	25
95.99	U B	2	65.67	Ba I	200
93.34	Ir B	4			
92.76	Pr B	3	6864.57	Eu I	10
92.68	In II	1	64.20	Ta I	3
		1—4—2—8—6	61.47	Ti I	5
		—4—5—2	61.10	Sm II	800
90.77	In II	2	60.93	Sm I	300
92.56	Sr I LL	200	58.44	Co B	5
92.37	Mo B	3	58.15	Fe B	3
91.16	Em I	10	57.14	Gd B	5
90.9	Cu B	2	56.03	Sm II	400 d
			56.02	F I	40
6889.9	Cu B	2			
89.3	Th B	3	6855.18	Fe I	15
88.81	Sm I	4	54.7	Te I	20 b
88.30	Zr B	5	54.18	Tu B	3
88.17	Ar I	10	53.37	Y B	.3
87.85	Rh B	3	53.00	Dy B	5
87.79	Mn B	6	50.55	Pr B	4
87.63	Gd B	5	48.93	Mo B	3
87.22	Y B	4	48.11	Er B	4
86.37	Mo B	—	47.44	In I	8
			47.21	Eu I	3
6885.77	Fe B	4			
85.3	Sm I	3	6846.98	Zr B	5
83.95	Mo B	4	46.75	Nd B	6
83.03	Cr I	9	46.61	X I	60
82.6	Pb II	2	46.60	Gd B	5
82.40	Cr I	7	46.54	Sm II	100 d
82.16	X I	300	45.79	Tu B	8
81.9	Cu B	2	45.24	Y I	4

λ in I. Å.	Element	Intensität	λ in I. Å.	Element	Intensität
6844.71	Sm II	20 d	6816.09	Eu B	5
44.30	Tu B	8	14.94	Co I	7
44.1	Sn II	2	14.93	W B	3
			13.42	Re I	200
6843.68	Fe B	4			
42.9	Sb B	2	6813.24	Ta I	25
42.60	Pt I	8	13.1	Kr G	3
42.04	Ni I	6	12.5	J II	8
41.90	V B	5	12.42	V B	5
41.75	Sm I	6	10.27	Fe B	4
41.36	Fe B	6	10.04	Cl I	15
41.04	H 2	10	09.01	Co I	5
39.23	Sm I	1	08.6	Bi II	50
38.95	Mo B	3	08.31	Sm I	6
			06.61	Os B	7
6837.6	Te I	20 b			
37.14	Al II	8	6806.55	H 2	12
35.5	Dy B	6	06.3	Sb B	6
35.06	Sc B	2	04.00	Nd B	4
34.92	Th I	6	02.96	Sm I	5
34.26	F I	18	02.79	Eu I	10
33.40	Pd B	8	00.50	C II	3
32.95	Zr B	4	6799.61	Yb I	150
32.59	Y B	3	98.69	Pr B	8
31.15	Tu B	4	96.82	Sm I	4
6831.0	Se G	5			
30.57	Pr B	3	6796.65	Rh B	8
30.54	Sm I	8	95.41	Y II	4
30.04	Ir B	2	94.58	Tb B	5
29.96	Re I	200	94.5	Yb B	5
29.57	Sc B	2	94.20	Sm II	300
29.06	Mo B	3	93.85	H 2	8
28.61	Fe B	4	93.80	Lu B	5
28.25	Gd B	5	93.71	Y I	25
28.14	Nb B	4	91.53	Os B	1
			91.30	C II	3
6827.81	Sm I	4			
27.32	X I	200	6791.00	Sr I	500
28.25	Gd B	5	90.88	Sm I	3
28.14	Gd B	4	90.8	Pb II	10
27.70	Pr B	6	90.43	Nd B	5
26.90	U B	5	90.0	Te I	10 b
25.46	Er B	3	90.00	Sm I	200 d
24.07	Ru B	10	89.32	J I	6
23.79	La B	3	89.27	Hf I	20
23.48	Al II	5	87.09	C II	2
			85.12	Pr B	3
6820.91	Sm I	5			
20.27	W B	4	6785.12	Tb B	4
19.56	Sc B	3	85.02	V B	5
18.94	Hf I	40	84.89	Co I	4
17.16	Sc B	2	84.52	Pd I	10
16.69	Al II	1	83.75	C II	6

λ in I. Å.	Element	Intensität	λ in I. Å.	Element	Intensität
6782.98	Sm B	3	6753.03	V B	—
82.59	Eu B	6	52.83	Ar I	20
82.3	Pd B	5	52.72	Fe B	3
80.27	C II	2	52.69	Zr B	4
80.27	Th I	7	52.67	Gd B	5
			52.38	Rh I	20
6780.15	Th I	7	52.04	Ir II	6
79.77	Tu B	8			6–8–5
79.74	C II	4	51.62	In II	5
79.3	Zn B	5			
79.16	Sm I	10	6751.81	Em I	20
78.34	Sb B	3	51.28	Cr B	2
77.7	Cd I	2	50.15	Fe I	6
77.16	Lu B	3	49.3	Cu B	2
76	Corona	8	49.28	Pr B	3
75.30	Sm I	6	48.79	S I	8
			47.97	Dy B	3
6775.06	Rb II	9	47.17	Pr B	6
74.98	Ru B	6	46.4	Se I	6
74.54	Pd I	12	46.26	Mo B	5
74.28	La II	100			
74.27	Ce B	2	6746.10	Mo B	3
73.97	F I	20	44.96	Eu B	5
72.33	Ni I	6	43.58	S I	6
71.03	Co I	8	43.15	Ti I	5
69.6	Ba II	10	41.42	Cu I	6
69.16	Zr I	5	40.05	Nd B	20
			39.51	Sc B	3
6767.78	Ni I	6	38.99	Sb B	2
67.40	Co B	8	37.95	Sc B	4
66.92	Ru B	8	37.80	Nd B	4
66.6	Ar I	10			
66.32	V B	5	6736.89	Pr B	4
66.33	In II	7	35.99	Y B	4
		7–6–5	34.83	Sm B	4
65.38	In II	5	34.19	Cr B	5
65.9	Dy B	4	34.11	Sm B	5
62.89	F I	4	34.00	Mo I	7
62.43	Cr B	5	33.5	N I	6
			32.10	J I	7
6762.38	Zr I	5	31.84	Sm II	500 d
62.16	Y B	3	30.77	Gd B	5
60.93	Sm I	30			
60.00	Pt I	20	6729.74	Cr B	3
59.88	Er B	4	29.54	Os B	9
57.16	S I	10	28.01	X I	200
56.41	H 2	10	27.9	O I	5
56.4	Th B	3	27.63	Yb B	4
56.1	Ar I	10	27.6	Cd F	5
54.61	Hf II	100	27.5	Th B	3
			26.90	U B	5
6754.06	La B	4	26.81	O I	10
54.02	Mo B	3	26.67	Fe B	3

λ in I. Å.	Element	Intensität	λ in I. Å.	Element	Intensität
6725.88	Sm I	30	6685.27	Eu I	5
24.73	Sm I	15	84.36	Ar II	8
23.66	Nb B	6	81.58	Sm B	4
23.3	Cs I	10 R	81.25	Gd B	4
23.1	N I	9	81.04	X I	20
22.5	Ir B	3	79.5	Se I	5
21.35	O II	.5	79.21	Sm II	20
19.32	Ra II	10	78.97	X I	25
19.2	Ar I	10	78.81	Co I	6
18.3	Ru B	6	78.42	W B	4
6717.75	Ca I	500	6678.28	Ne I	9
17.04	Ne I	5	78.16	Yb B	3
16.17	Hg I	8	78.15	He I	6
15.42	Cr B	3	77.99	Fe I	12
14.3	Tl I	4	77.94	Tb B	6
13.20	Y B	3	77.33	Nb II	100
11.92	Lu B	4	77.28	Ar G	5
11.25	Lu B	4	75.51	Ta B	5
10.40	Pt I	10	75.26	Ba I	500 R
09.49	La I	150	73.70	Ta B	4
6708.1	Li I	10 R	6673.68	Pr B	10
07.88	Zr B	5	72.23	Cu I	5
07.86	Co B	9	71.51	Sm I	80
07.84	Li I abs LL	10 R	71.41	La B	4
04.40	Ce B	3	69.26	Cr B	4
03.61	Sm I	15	68.92	X I	150
02.61	Tb B	3	68.33	Ir B	3
01.95	H 2	8	67.91	Dy B	6
01.8	Corona	3.3	67.85	Yb I	30
00.71	Y I	15	67.71	Ir B	3
6700.67	Ce B	3	6666.89	Ne B	6
6699.6	Se I	6	66.70	X I	60
99.23	Kr I	60	65.65	Ge B	3
98.9	Ar I	10	64.37	Y B	4
98.64	Al I	6	64.0	Ar I	10
97.33	J I	5	63.44	Fe I	8
96.89	H 2	10	63.16	Ru I	9
95.97	Al I	7	62.27	Th I	8
94.32	Ho B	7	61.70	Dy B	4
93.98	Eu B	8	61.41	La B	4
6693.82	Ba I	600 R	6661.09	Cr B	6
93.55	Sm II	200 d	60.84	Nb II	150
93.38	Tb B	3	60.6	Ar I	10
93.12	W B	8	60.2	Te I	8
90.47	F I	9	60.0	Pb II	8
90.47	Mo B	4	59.71	Mo B	3
90.0	Te I	8 b	59.25	Sm I	6
90.00	Ru B	15	58.40	Dy B	4
87.57	Y I	25	57.75	Tu B	5
86.08	Ir B	7	56.91	Pr B	6

λ in I. Å.	Element	Intensität	λ in I. Å.	Element	Intensität
6655.67	Nd B	5	6621.25	Ta I	7
54.1	O I	4	19.88	Th II	10
54.11	Ba B	3	19.69	J I	10
53.46	N I	5	19.15	Mo I	9
52.75	Ce B	3	18.53	Nd B	4
52.6	Au I	7	17.30	Co B	10 d
52.24	Kr I	40	17.26	Sr I	300
52.09	Ne G	7	17.03	Yb B	3
50.81	La B	4	16.78	Pr B	5
50.60	U B	2	16.75	Er B	4
6650.55	Nd B	5	6616.60	La B	4
50.38	Mo B	7	13.75	Y II	5
49.53	Ru B	4	13.4	Te I	8 b
48.56	Te II	6	12.20	Cr B	4
48.31	Pt B	6	11.9	Ta B	7
47.44	Sb II	30	11.7	Lu II	10
47.06	Hf II	100	11.63	W B	3
45.20	Eu B	10	11.45	Sb B	3
44.97	N I	9	10.58	N II	6
44.6	Th B	3	09.94	Pr B	4
6644.60	Hf II	200	6609.12	Fe B	4
43.79	Ar II	10	07.17	Tb B	3
43.64	Ni I	20	06.87	Ce B	3
43.55	Yb B	5	06.43	Em I	10
43.53	Sr I	200	05.98	V I	4
43.41	Dy B	4	05.57	Mn B	4
42.79	La II	100	05.43	Th II	9
40.90	O II	4	05.19	Re I	80
38.24	Ar II	8	04.95	Tu B	8
37.96	Nd B	4	04.94	Ho B	10
6636.48	Y B	3	6604.9	Ar G	4
35.14	Ni B	6	04.65	Sc B	4
34.39	Gd B	5	04.56	Sm II	300
33.75	Fe I	7	03.25	Zr B	5
32.46	X I	50	02.90	Ne G	6
32.44	Co B	6	01.83	Sm II	100
32.30	Sm B	4	01.11	Er B	6
31.64	Br I	15	00.2	Bi II	40
30.14	Nd I	80	6599.7	Cu I	5
30.13	Rh I	15	99.13	Ti I	5
6630.01	Cr I	6	6598.95	Ne I	15
28.99	Ho B	10	98.54	Ni I	6
28.90	Ce B	3	97.6	Cr B	3
27.80	Rh B	8	96.52	Ru B	3
27.23	Em I	15	95.88	Co I	7
24.87	V I	5	95.56	X I	100
24.74	Ir B	5	95.46	Pr B	4
23.75	Co B	6	95.33	Ba I	1000 R
21.69	W B	3	95.0	K II	2
21.63	Cu I	3	94.69	Cr B	4

λ in I. Å.	Element	Intensität	λ in I. Å.	Element	Intensität
6593.96	Th I	6	6565.55	Cu B	3
93.88	Fe I	4	64.83	Gd B	3
93.81	Eu B	8	64.71	Pr B	4
93.76	Ru B	3	63.40	Co I	7
93.49	La B	3	63.22	W B	3
93.34	Ra II	10	62.8	Cs B	5
92.91	Fe I	10	62.79	H I 2–3	—
92.48	Ni I	5	61.00	D I 2–3	—
91.00	Zr B	5	60.16	He II 4–6	—
90.9	Se III	8	59.81	Br I	12
6589.72	Sm II	400	6558.14	Sb B	4
88.91	Sm I	50	58.0	Sc B	3
88.54	Th I	6	57.91	Hf II	100
87.0	Cs I	—	57.49	Em I	10
86.5	Cs I	5	57.40	Y I	10
86.33	Ni I	6	56.07	Ti I	25
85.70	Nd B	3	55.65	Ce B	3
85.24	Sm B	5	55.03	U B	3
84.0	Th B	4	54.23	Ti I	30
83.80	J I	7	54.20	X I	50
6583.6	N II (Nebel)	—	6551.80	Sm I	20
83.47	Er B	5	51.45	Co B	6
82.85	C II	8	50.98	Cu B	2
82.19	Br I	10	50.97	Ho B	10
81.82	Tb B	3	50.22	Sr I	200
80.90	Nd B	5	50	Tl I	6
80.53	Sm I	5	48.1	N II (Nebel)	—
79.40	Dy B	6	46.77	Sr I	50
79.28	Co B	8	46.6	Mg II	5
79.2	Sn F	4	46.5	Mo B	5
6578.51	La I	200	6546.28	Ti I	20
78.03	C II	10	46.24	Fe I	10
77.67	Th B	3	44.95	Sm I	4
76.81	Os B	6	44.66	Sm I	4
76.42	Kr I	20	44.67	Nb B	6
75.03	Fe B	3	44.61	Br I	10
74.8	Ta B	7	43.36	X I	40
73.96	W B	3	43.17	La I	300
72.89	Cr I	4	43.03	U B	3
72.76	Ca I LL	50	42.83	Sm B	4
6572.67	Nd B	4	6541.46	In II	6
					6–7–8
70.83	Mn B	3	40.96	In II	8
70.72	Sm B	4	40.59	Pr B	4
69.66	F G	10	40.23	Ru B	4
69.31	Sm I	1000 d	39.92	Nd B	4
69.22	Fe I	5	39.15	W B	4
67.90	Eu B	8	38.59	Y I	15
67.5	Br III	4	38.57	S I	6
66.8	Pr B	5	38.30	Os B	8
66.53	J I	8	38.2	Ar G	3

λ in I. Å.	Element	Intensität	λ in I. Å.	Element	Intensität
6538.16	Gd B	3	6501.57	Eu B	8
38.16	W B	4	01.47	Hg II	10
37.95	Cr B	3	00.79	Pr B	4
34.5	Se II	8	6499.65	Ca I	30
33.96	Sm I	20	98.76	Ba I	300 R
33.50	Mn B	6	98.72	X I	100
33.16	X I	100	98.67	Sm B	4
32.89	Ni I	5	98.19	La II	250
32.88	Ne I	5	97.6	Bi B	4
32.41	W B	3	96.90	Ba I, II	600 R
6532.25	Sm I	20	6496.46	Fe I	5
31.43	V I	10	96.43	Ru B	6
31.39	Cl I	20	95.80	Fe B	1
31.35	Th I	7	94.98	Fe I	25
29.19	Cr B	4	93.78	Ca I	80
28.73	Ru B	5	94.75	Co B	4
28.02	Sm I	20	91.82	Pr B	4
27.43	Pr B	4	91.71	Mn B	7
27.31	Ba I	200 R	90.83	Sm B	4
26.99	La II	200	90.49	Se I, II	10
6525.6	Sc B	3	6490.32	Co B	7
23.46	Pt I	10	90.25	Sb B	2
23.18	Lu I	80	89.66	Zr B	6
21.51	X I	40	89.10	Yb I	200
19.84	Mo B	4	88.18	J I	7
19.70	Rh I	15	87.77	X I	120
19.61	Eu B	5	87.65	Sm B	4
18.75	Mn B	6	87.32	Ra I	20
18.38	Fe B	3	86.63	Dy B	5
17.10	Sb B	2	86.59	Pr I	60
6516.12	Ta B	10	6485.92	Mo B	3
16.05	Fe II	4	85.69	Nd I	100
16.02	Cr B	3	85.36	Ta I	30
14.4	Ta B	9	85.16	Cu I	3
13.61	Ce B	3	84.88	N I	9
12.8	Sb F	4	84.53	Sm B	4
10.38	Rh I	10	84.32	Ge II	6
08.76	Co B	4	83.62	Dy B	4
08.45	Pd B	5	83.07	Eu B	5
06.53	Ne I	10	82.98	Zn II	15
6506.36	Zr B	5	6482.91	Ba I	200 R
05.5	Ta B	7	82.84	Ni I	7
04.22	Co B	4	82.74	N I	9
04.18	X I	200 d	82.07	N II	8
04.18	V I	4	81.88	Fe B	2
03.99	Sr I	80	81.0	Ar G	2
03.6	U B	2	79.16	Zn I	7
03.57	Th B	3	78.07	Pr B	5
03.26	Zr B	5	77.89	Co B	9
03.03	Sb F	4	77.67	Lu B	3

λ in I. Å.	Element	Intensität	λ in I. Å.	Element	Intensität
6476.24	Bi I	3	6453.99	O I	6
75.73	Bi I	3	52.8	Sn II	15
75.64	Fe B	3			
75.34	Pr B	4	6452.38	V I	5
74.53	Co B	5	51.13	Co I	6
74.20	Cu B	4	50.85	Ba I	125
74.01	Mo B	3	50.36	Ta B	10
73.69	Ce B	3	50.24	Co I	80
72.84	X I	150	49.81	Ca I	50
72.34	Sm II	300 d	49.76	Co B	4
			49.19	U B	10
6471.77	Ho B	5	46.87	Tb B	3
71.66	Ca I	40	46.69	Sr B	3
71.22	Mo B	3			
71.07	Zn I	7	6446.62	La II	200
70.21	Zr B	6	46.43	Fe II	20
69.71	X I	300	46.33	Mo B	3 .
69.56	In II	1	46.20	Ra I	20
		1–3–4–9–7	45.79	Nd B	4
		–3–3–1	45.7	Zr B	6
68.04	In II	1	45.15	W B	4
69.22	Fe B	4	44.83	Lu B	4
67.40	Ce B	3	44.80	Ru I	9
			44.73	Co B	6
6466.9	N III	4			
66.89	Ce B	3	6444.70	Ne G	7
66.5	Ar G	3	44.6	Se II	9
65.79	Sr B	3	44.5	J I	6
65.00	U B	5	43.50	Mn B	6
63.16	Lu B	10	41.70	N I	5
63.00	Co B	4	41.33	Cr B	5
62.73	Fe I	4	41.13	Lu B	4
62.64	Th B	5	40.98	Mn I	7
62.57	Ca I	125 R	39.14	Th B	3
			39.14	O I	3
6462.55	Co B	6			
60.26	Tu B	10	6439.10	Co B	7
58.35	Rb II	6	39.07	Ca I	150
58.05	Ce B	3	38.47	Cd I	10 R
57.96	Eu B	8	38.27	Zn II	5
57.29	Th I	9	38.01	Zn II	8
56.41	Fe II	6	37.63	Eu B	10
56.3	Ga II	3	37.54	In II	2
56.29	Kr I	200			3–2–2
56.07	O I	9	36.41	In II	2
			37.1	Te II	10
6455.99	La I	25 R	36.2	Au I	5
55.57	Ca I	10			
55.50	Pr B	4	6436.12	Lu II	200
55.14	Ir B	3	35.02	Y I	100
55.03	Co I	7	34.79	Cl I	15
54.95	Sb B	2	33.27	Nb B	4
54.55	O I	7	32.70	Yb B	3
54.50	La I	250	32.64	Nd B	4

λ in I. Å.	Element	Intensität	λ in I. Å.	Element	Intensität
6431.9	Pr B	5	6411.91	Th B	4
31.6	Ar G	3	11.66	U B	3
30.85	Fe I	10	11.65	Fe I	12
30.78	Ta I	30	11.35	Cu B	6
			11.30	Pr B	5
6430.50	Nb B	8			
30.34	Co I	5	6410.98	La I	200
30.16	X I	20	10.34	Th B	4
29.89	Co B	7	10.07	Eu B	8
29.70	Pr B	5	09.41	Ne G	4
28.66	Nd B	4	08.48	Sr I	10
28.59	Ta B	5	08.1	S I	3
28.29	Ru B	5	08.02	Fe I	8
28.14	Cr B	4	06.13	Eu B	5
28.11	H 2	10	05.97	Tb B	3
			05.9	Te I	8
6428.0	K II	5			
26.64	Sm II	200 d	6404.64	Ni B	5
25.90	Sm I	200	04.22	W B	4
24.82	Th B	4	03.5	S I	3
24.43	Tb B	3	03.18	Os I	8
24.37	Mo B	8	03.16	Th B	4
21.94	Dy B	5	02.35	Dy B	4
21.72	Co I	5	02.25	Ne I	20
21.69	Ne G	7	02.01	Y I	3
21.47	Ni B	7	01.95	Eu B	7
			01.43	Tu B	4
6421.42	Ir B	3			
21.35	Fe I	10	6401.08	Ne G	6
21.15	Cr B	4	01.06	Mo B	5
21.03	Kr I	100	00.40	Yb I	3
20.18	Kr II	300	00.00	Fe I	25
19.95	Fe I	5	6399.48	H 2	10
19.4	Ga II	5	99.04	La II	400
17.96	Yb B	3	98.63	Cl I	20
17.80	Co B	7	97.9	S II	5
17.57	Ru B	7	97.2	S II	6
			97.18	U B	4
6417.52	Sm B	4			
16.94	Fe II	2	6396.84	Ga B	10
16.32	Ar I	10	96.63	Dy B	5
16.10	Th B	4	96.50	Co I	4
15.5	S I	5	96.40	Th B	4
14.70	Rh B	8	95.46	U B	6
14.63	Ni I	5	95.19	Co B	7
13.95	Mn B	6	94.23	La I	400 R
13.9	S II	5	93.60	Fe I	15
13.75	Ga B	5 R	93.20	Pr B	4
			93.06	Ce B	3
6413.74	Ca B	8			
13.66	F I	23	6392.76	U B	4
13.60	Er B	3	92.3	Ta B	4
13.60	Th B	—	92.25	Th B	4
13.37	Sc I	50	92.18	Sb B	3

λ in I. Å.	Element	Intensität	λ in I. Å.	Element	Intensität
6391.09	Mo B	3	6369.26	Eu B	6
91.0	O I verboten	1	67.41	Sm I	250
90.82	Sm B	4	66.68	O I	6
90.48	La I	200	66.43	Ni I	7
90.20	Ru B	5	66.37	Ti I	5
89.99	Nd B	4	65.97	Lu B	5
			64.97	Ne G	6
6389.88	Sm B	3			
89.81	U B	4	6364.8	Ar G	3
89.44	Ta B	8	64.07	O I verboten	3
88.3	Sb B	2	63.95	Sr I	4
88.27	Sr I	6	⌈62.96	In II	6
88.19	Er B	6			6–6–3–6
86.88	Dy B	5			–4–4
86.85	Sm B	3	⌊61.49	In II	4
86.68	Co I	6	62.86	Cr I	7
86.53	Sr I	7	62.35	Zn I	100
			62.08	Nd B	4
6386.35	Hf B	5	61.45	Nd B	4
85.17	Nd I	150	60.82	Ta B	7
84.9	S II	5			
84.72	Ar I	10	6360.76	Ni I	6
84.69	Ni I	7	59.19	J I	7
84.68	Mn B	3	59.32	U B	4
83.88	Eu B	5	59.07	Pr B	5
82.99	Ne I	12	58.68	Fe I	3
82.70	Eu B	5	58.64	Th B	4
82.19	Mn B	3	58.15	La B	4
			57.27	Sm B	4
6382.08	Nd B	5	57.21	Mo B	5
81.00	Gd B	4	56.14	Ta B	7
80.75	Fe B	3			
80.74	Sr I	5	6356.08	Mn I	6
79.63	N II	5	55.83	Eu B	5
79.62	U B	3	55.04	Fe B	4
78.97	Mn B	3	⌈55.30	In II	1
78.86	Sc I	5			1–1–2–4
78.54	U B	4	⌊54.32	In II	4
78.3	Tl II	10	54.93	Lu B	5
			54.5	Cs I	4
6378.23	Ni I	8	54.35	Ho B	8
76.94	Th B	4	52.9	Br II	4
76.41	Ru B	5	51.8	Ne G	6
74.83	O I	8			
74.5	Corona	28	6351.40	Co B	6
74.3	O I	5	51.02	Pr B	3
72.59	Ho B	10	50.75	Re I	80
72.46	U B	5	50.74	Br I	20
71.36	Si II	8	50.02	Eu B	10
71.13	Ce B	4	49.77	Mn B	6
			49.7	Te I	8 b
6370.9	Si F	10	49.5	Te II	7
69.98	Sr I	4	49.4	Te III	8
69.6	Ar G	3	48.57	Th B	4

λ in I. Å.	Element	Intensität	λ in I. Å.	Element	Intensität
6348.50	F I	28	6325.90	La I	10 R
47.72	Co I	7	25.57	Se I	20
47.19	Er B	4	25.4	Cu B	3
47.09	Gd B	4	25.1	Cd I	5
46.69	Si II	10	25.04	Ta B	7
45.91	Sb B	3	24.79	O I	4
45.8	Sr I	4	23.43	O I	3
45.44	Lu B	7	22.69	Fe I	5
45.20	Zr B	7	21.89	Re I	120
44.16	Fe B	2	20.84	J I	6
6344.12	Mn B	3	6320.8	Si B	3
43.98	Ce B	4	20.39	La II	200
43.32	Dy B	5	20.33	Co B	7
42.86	Th I	8	19.56	Rh B	6
41.68	Ba I	150 R	19.4	Sb B	3
41.48	Nd B	9	18.75	Mg I	2
40.80	Co B	4	18.40	Pt B	7
40.05	Sm B	3	18.23	Mg I	4
39.52	J I	8	18.06	X I	500
39.2	Zn B	4	18.02	Fe I	10
6339.16	Ni I	7	6315.32	Fe B	3
38.00	In II	2	14.67	Ni I	15
		2-3-4	14.49	Co B	7
36.57	In II	4	13.65	Ne G	7
36.90	Ra I	10	13.21	Cr B	1
36.82	Fe I	12	13.06	Co B	6
36.3	Ge II	4	13.01	Zr I	7
35.81	Eu B	8	12.7	S II	6
35.74	Al II	10	11.29	Co B	7
35.33	Fe I	10	10.91	La II	200
34.91	Tb B	3			
6334.46	Ir B	6	6310.48	Nd I	80
34.43	Ne I	10	10.03	Ce B	3
34.2	Ga II	10	09.90	Sc II	6
33.2	Sb B	4	09.56	Ta B ?	8
33.0	Rb B	4	09	Em ?	5
32.21	Th B	4	08.79	Er B	8
32.17	Sb B	4	08.16	Yb B	3
31.68	Tb B	4	07.71	Re I	100
30.89	Ne G	7	07.7	Ar G	3
30.65	Ru B	5	07.3	K II	7
6330.11	Cr I	7	6307.11	Sm B	3
29.94	Cd I	5	05.74	In II	6
28.16	Ne G	8			6-5-5-4
27.60	Ni I	5			-4-3
27.47	Sm II	200 d	03.83	In II	3
27.44	Cr B	4	05.68	Sc I	400
27.06	H 2	10	05.5	S II	6
26.60	Pt B	10	05.36	Ho B	10
26.57	V B	5	05.16	Gd B	5
26.13	Er B	5	04.79	Ne I	5

λ in I. Å.	Element	Intensität	λ in I. Å.	Element	Intensität
6304.23	Th B	4	6283.50	Pt B	5
03.78	Tb B	3	83.24	X III	60
			82.65	Co I	10
6303.77	Ti I	6			
03.42	Eu B	10	6281.34	Pr B	5
03.4	Se III	15	81.29	Ta B	5
03.25	W B	3	80.62	Fe I	2
02.49	Fe I	6	80.17	U B	3
01.50	Fe I	15	79.8	Sc II	4
00.67	Sc II	3	79.18	Th II	7
00.22	Ce B	3	78.6	Ar G	2
00.03	O I verboten	5	78.2	Au I	4
6299.80	Eu B	8	77.5	Rh B	6
			76.63	Co I	6
6299.63	Zr B	7			
99.43	Er B	5	6276.3	Sc I	3
99.42	H 2	10	76.01	Ne G	4
99.22	Rb I	5	75.15	Co B	4
98.56	U B	4	74.96	Eu B	3
98.33	Rb I	9	74.79	Yb II	40
97.79	Fe I	5	74.65	V I	8
96.8	Ar G	4	74.13	Th II	10
96.72	V I	10	73.76	La II	100
96.08	La II	300	73.5	Te I	8 b
			73.29	Sm I	5
6295.58	Ce B	3			
95.23	Ru B	5	6273.05	Co B	7
94.69	Sm B	3	73.00	Ne G	5
94.08	J I	8	72.05	Ge B	4
93.7	Ne G	6	71.40	Co B	10
93.6	Te II	6	71.15	Dy B	7
93.59	La B	4 R	70.23	Fe B	1
93.36	U B	4	69.45	Os B	5
93.1	Sc B	3	68.85	V I	5
92.85	V I	9	68.70	Ta I	25
			68.5	J B	4
6292.65	X I	50			
92.43	Tb B	3	6268.3	Cu I	6
92.05	W B	4	67.32	Sm B	6
91.67	Dy B	4	66.97	Eu I	3
91.34	Eu I	6	66.85	O I	5
90.97	Fe I	3	66.49	Ne I	15
89.78	Gd B	4	66.17	Th I	8
88.54	Pt B	3	66.1	Se I	4
88.28	Ir B	7	66.07	La B	4
87.0	S II	6	65.65	Mn B	2
			65.30	X I	40
6287.0	Sb B	3			
86.01	X I	100	6265.13	Fe I	6
85.90	W B	4	64.57	O I	3
85.39	H 2	10	63.30	Kr I	10
85.18	V I	9	62.56	Er B	4
85.0	Br III	4	62.30	La II	300
84.3	Se I	3	62.26	Eu B	10

λ in I. Å.	Element	Intensität	λ in I. Å.	Element	Intensität
6262.21	Sc B	3	6242.85	V I	10
61.47	O I	10	42.52	N II	5
61.27	Cr B	3	42.34	Lu II	40
61.21	X I	50	40.6	Li I	1
			39.78	Sc I	100
6261.10	Ti I	35			
61.06	Th II	10	6239.64	F I	30
60.40	Dy B	4	39.20	Zn I	5
59.12	Dy B	10	38.41	Fe II	4
58.97	Sc I	100	38.39	H 2	10
58.78	Ne G	6	38.00	Zn I	6
58.72	Nd B	4	37.67	Sm B	3
58.71	Ti I	50	37.4	Mn B	25
58.58	V I	5	36.3	J G	4
58.10	Ti I	40	35.4	Pb B	4
			35.36	Lu II	20
6257.59	Co B	7			
57.4	J G	4	6235.3	Ba B	3
57.24	Zr B	5	34.35	Hg I	4
56.91	V I	5	34.17	Ho B	10
56.69	Sm B	5	33.8	Al	1
56.65	Ta B	8	33.73	Eu B	5
56.62	O I	4 u	33.18	V I	6
56.37	Ni I	15	32.64	Fe I	5
56.36	Fe I	4	32.47	Ce B	3
55.75	Ho B	10	32.44	Co B	5
			31.91	In II	2
6254.26	Fe I	6			2—4—1—1
53.7	Rh B	8			—3—1—3
52.56	Fe I	20			
51.80	V I	9	6229.85	In II	3
51.79	Nb B	3	31.78	Al II	9
49.98	Sc B	3	31.02	Co I	7
49.92	La I	300	30.8	Te II	8
49.50	Co I	7	30.77	V I	10
48.95	Hf II	100	30.73	Mn B	6
48.86	Lu B	4	30.72	Fe I	25
			28.98	Ce B	4
6248.5	Ar G	3	28.18	Lu B	4
47.56	Fe II	4	28.85	In II	3
47.23	Co B	5			3—6—2—5
46.71	Ne G	6			—4—4—4
46.6	K II	6			
46.6	Sb B	3	6227.82	In II	4
46.54	Sm B	3	27.74	Os B	10
46.32	Fe I	15	26.18	Al II	8
45.63	Sc II	4	25.73	Ne G	4
45.6	Te II	7	25.22	Ru B	5
			24.81	H 2	10
6245.1	Al	2	24.50	V I	6
44.04	Nd B	4	24.47	In II	1
43.36	Al II	10			1—8—1
43.10	V I	10	24.03	In II	1
43.1	Cu B	3	24.17	X I	40

λ in I. Å.	Element	Intensität	λ in I. Å.	Element	Intensität
6223.97	Ni I	6	6199.39	H 2	10
23.38	Nd I	50	99.20	O I	8
23.37	Co I	6	99.17	V B	20
22.59	Y I	4	98.26	X I	100
21.94	Nb B	3	97.8	In B	6
21.87	Lu II	200	96.28	Dy B	4
21.45	Sb B	3	95.5	J G	4
21.01	Er B	6	95.16	Lu B	4
20.49	Ti I	6	95.05	Eu B	8
19.55	V B	10 R	94.72	Cl I	15
6219.28	Fe I	6	6194.39	Sm I	200
17.6	Cs I	3	93.58	Co B	6
17.28	Ne I	15	92.9	Sb B	4
16.34	V I	8	91.97	J I	7
16.00	Pt B	5	91.73	Y I	50
15.9	Ar G	4	91.68	Ho B	8
15.37	U B	3	91.56	Fe I	20
15.26	Ti I	7	91.20	Ni I	12
15.15	Fe B	2	89.05	Ne G	5
14.58	Zn II	8	88.99	Co I	7
6214.00	Sb B	2	6188.10	Eu B	10
13.88	Ne G	7	88.09	La II	100
13.86	V I	7	88.05	Pd B	6
13.43	Fe I⁻	5	86.89	Rh B	7
13.07	Nb F	10	86.77	Ni I	7
13.0	Cs I	8	85.13	Hf B	5
12.70	Dy B	4	83.9	Zn B	5
12.51	Ar I	10	⌠83.42	Al II	10
11.68	V B	10			10-7-8-6-5
11.37	Ir B	4	⌡81.57	Al II	5
6211.13	Co B	8	6182.99	H 2	10
10.68	Sc I	100	82.63	Th I	6
09.00	Ce B	3	82.42	X I	300
06.31	Rb I	8	82.15	Ne I	7
06.30	X I	20	81.4	Tl II	2
05.76	Ne G	6	81.01	Co I	5
04.8	J II	7	80.44	Gd B	4
04.7	Mn B	25	80.0	Tl II	10
04.62	Ni I	5	79.67	X I	120
03.62	Sn I	3	78.76	Eu B	6
6203.52	W B	3	6178.55	Nd B	5
02.71	Cr B	4	78.30	X I	150
01.70	Al II	9	76.81	Ni I	12
01.52	Al II	10	76.7	Mn B	25
00.89	X I	60	76.2	Pd B	6
00.32	Fe B	2	75.85	S I	7
00.30	Ra I	30	75.43	Ni I	8
6199.99	Rh B	9	74.45	Sm I	15
99.66	Lu II	20	73.64	S I	7 d
99.42	Ru B	5	73.34	Fe I	2

λ in I. Å.	Element	Intensität	λ in I. Å.	Element	Intensität
6173.3	As F	2	6158.03	Os B	7
73.11	Ar I	10	57.82	Nd B	4
73.03	Eu B	10	57.73	Fe I	4
72.86	U B	4	56.78	O I	8
72.73	La II	5	56.1	Sb B	4
72.57	Pt B	4	55.99	O I	7
72.2	Ar F	4	55.32	Si I	50
71.88	U B	4	55.1	Ar G	3
71.49	Sn B	4	55.05	Lu? Nd?	6
70.95	Pd B	5	54.95	Sb II	20
6170.51	Fe I	4	6154.60	Sn B	5
70.49	Nd B	4	54.23	Na I	3
70.36	V I	5	52.07	X I	20
70.18	Ar I	10	52.0	Th B	4
70.06	Er B	4	51.63	Fe B	2
69.82	Th I	6	51.1	Ra F	4
69.55	Ca I	40	50.27	Ne G	6
69.05	Ca I	25	50.15	V I	6
68.45	Dy B	5	⎰49.99	In II	2
67.2	Ra F	8			2-3-4-5-5
			⎱48.83	In II	5
6166.8	Te II	6			
.66.49	Ca I	15	6149.64	Sn B	5
65.93	Pr B	5	49.50	Hg II	20
65.73	La B	5 R	49.27	Fe II	4
65.59	Dy B	4	49.24	Nd B	4
65.37	Fe B	2	49.12	Sm B	3
65.1	Ar G	3	48.62	Br I	12
64.57	U B	3	48.6	Cu B	25
64.30	Nb B	3	48.12	Nb B	3
63.94	X I	80	⎰48.42	In II	6
					6-4-2-1-1
6163.80	Ca I	10	⎱47.89	In II	1
63.66	X I	90			
63.59	Ne I	12	6147.79	Fe II	6
63.36	Ni B	8	46.55	La II	5
63.3	Cu B	25	46.26	Sc B	3
62.4	Os B	2	45.4	Ar I	10
62.17	Ca I	150 R	44.55	Os B	6
⎰63.01	In II	4	43.23	Zr I	30
		4-4-4-3-4	⎰43.23	In II	9
⎱61.86	In II	4			9—1—1
61.32	Ca I	10	⎱42.20	In II	1
6161.20	Pr B	5	43.06	Ne I	12
61.15	In II	8	42.51	Ne G	6
61.01	In II	1			
60.75	Na I	4	6141.8	Ir B	4
60.6	Bi III	5	41.78	Ba I, II	600 R
59.94	Lu II	60	41.73	Fe I	4
59.62	Rb I	7	⎰41.40	In II	1
59.49	Sm B	4			1-2-4-5
58.33	Dy B	4			-4-3-2-1
58.20	O I	10	⎱39.33	In II	1

λ in I. Å.	Element	Intensität	λ in I. Å.	Element	Intensität
6140.50	Zr I	10	6123.66	Ce B	4
40.4	Bi III	6	23.46	Hg B	5
40.21	Cl I	25	23.3	Br G	3
38.42	Y I	4	22.44	Mn II	40
37.90	In II	1	22.24	Co I	8
			22.22	Ca I	100 R
6137.19	In II	7	21.95	Zr I	12
37.69	Fe I	18	21.79	H 2	10
37.01	Fe B	10	21.7	Ar G	2
36.62	Fe I	20	20.56	Th B	4
35.77	Cr B	5			
35.40	H 2	10	6120.22	K II	8
35.36	V I	15	19.55	Cu B	3
34.85	Bi B	5	19.51	V I	40 R
34.58	Zr I	25	18.78	Eu B	6
34.42	La B	5 R	18.74	Br G	4
			16.98	Co B	8
6133.64	Dy B	4	16.76	Ru B	5
33.60	Ho B	10	16.50	In II	1
32.74	In II	7			1–6–4–4
		7–4–6–4			–4–1
		–6–5	15.31	In II	1
30.95	In II	5	16.16	Ni I	9
30.79	Mn II	15			
30.62	Pd B	4	6116.12	Cd I	3
30.04	Sb II	50	14.92	Ar II	10
29.75	In II	4	14.6	Sm B	3
		4–8–2–1	14.37	Cl I	15
		–6–3	14.07	Gd B	6
28.99	In II	3	13.98	Dy B	4
29.57	La II	5 R	12.84	Th II	10
			11.95	X I	40
6129.34	Ba B	2	11.76	X I	30
29.02	Mn II	10	11.74	La B	4 R
28.73	Mn II	20			
28.72	In II	6	6111.62	V I	25
		6–5–4–2–6	11.55	Zn II	8
27.51	In II	6	11.5	Cd I	5
28.62	Cs II	4	11.01	Ni I	6
28.6	Cd I	2	10.79	Ba I	300 R
28.45	Ne G	6	10.7	As II	10
28.29	W B	3	10.67	Sm B	3
28.10	Bi B	4	10.67	Ir B	8
			10.6	Pb B	3
6128.0	Rh B	5	09.00	In II	8
27.91	Fe B	2			
27.49	Zr I	35			8–7–6
27.4	Ar G	3	6108.33	In II	6
26.22	Ti I	9	08.49	La B	5 R
26.21	Mn II	10	08.40	Nd B	4
26.08	La B	4 R	08.20	Eu B	5
25.86	Mn II	25	08.12	Ni I	8
25.5	J I	6	07.93	Co B	9
24.86	Zr I	10	06.07	Tb B	3

λ in I. Å.	Element	Intensität	λ in I. Å.	Element	Intensität
6105.8	Ar G	4	6083.89	Eu B	10
05.45	Co B	4	83.46	Ba B	4
04.58	Th II	6	82.84	Kr I	10
			82.46	J I	10
6104.54	Lu B	10	82.42	Co I	8
04.30	Tb B	3	81.79	Ho B	8
03.64	Li I	10 R			
03.19	Fe I	3	6081.5	Pb II	8
02.72	Ca I	80 R	81.42	V I	250
02.71	Cr B	3	80.78	H 2	10
02.70	Rh B	10	80.44	Gd B	4
02.53	Zn II	10	79.80	Sb II	30
02.18	Fe I	5	79.58	Mo B	3
01.87	Mo B	3	79.28	U B	4
			79.02	Fe E	1
6101.1	Ar G	3	78.50	Fe I	3
00.74	Co B	5	78.36	Mn B	5
00.36	La II	4			
6099.90	Sm I	4	6077.28	U B	4
99.38	Eu B	6	76.46	Er B	5
99.2	Cd I	5	75.8	Pb II	10
99.08	Th B	4	75.60	Eu B	5
98.70	Ti B	5	74.9	J G	6
98.7	Ar G	4	74.34	Ne I	10
98.35	Ce B	4	73.97	Nd B	4
			73.54	Sn B	4
6098.22	H 2	9	73.23	Al II	10
97.60	Sb I	3	73.11	Th II	10
97.6	X G	7			
96.27	In II	1	6072.64	Hg I	4
		1–4–9–7	71.70	Nd B	4
		–2–2	70.75	Rb I	7
			70.60	Co B	7
95.73	In II	2	70.06	Sm I	30
96.16	Ne I	8	69.48	Ce B	3
95.96	H 2	10	68.9	Sn I	8
94.72	Cl II	6	68.8	J G	4
93.12	Co I	7	68.72	La B	4 R
91.40	Sm B	3	68.53	Al II	5
6091.18	Ti I	7	6068.43	Al II	8
90.8	Ar G	3	67.85	Ir B	7
90.23	Cu B	3	66.44	Al II	2
90.18	V I	50 R	66.32	Al II	3
88.26	Dy B	5	66.07	Nd I	60
88.00	Y B	3	65.48	Fe I	15
87.28	Th B	5	64.7	Ar G	3
86.65	Co B	7	63.48	In II	5
86.34	Ni I	10			5–4–4
85.24	Ti I	7	62.31	In II	4
			63.12	Ba I	200 R
6085.06	Dy B	4			
84.16	Lu B	4	6062.94	Ho B	5
84.12	Sm I	400	61.92	Em I	10

λ in I. Å.	Element	Intensität	λ in I. Å.	Element	Intensität
6061.11	Al II	6	6031.3	Ar G	6
59.4	Pb I	10	31.27	Nd B	4
59.37	Ar I	10	30.66	Mo I	10
58.93	Bi B	3	30.00	Ne I	10
58.11	V I	5	29.00	Eu B	6
57.99	Ce B	3	27.05	Fe I	4
56.69	Nb B	3	26.14	Sc I	4
56.13	Kr I	60	26.12	Ir B	5
6056.00	Fe I	4	6026.04	Pt B	6
55.9	Se II	9	25.50	Mo B	3
55.15	Pr I	100	25.4	Ar G	3
55.03	Lu I	15	24.19	Ce I	100
54.90	Sn B	5	24.13	J I	8
53.70	Ni I	4	24.06	Fe I	15
53.41	Sb II	20	23.75	H 2	10
52.66	S I	10	23.40	Y I	4
52.6	Ar G	4	23.3	As B	2
			23.16	Eu B	5
6051.74	U B	4	6022.56	Er B	4
51.2	X G	7	21.80	Mn I	50
49.55	Eu B	8	21.53	W B	4
49.06	Co B	10	21.43	Ho B	5
47.4	Te II	6	21.25	Zn II	10
47.23	Ta B	4	21.14	Ge II	8
46.66	Pr B	4	20.69	Ta B	5
46.34	O I	7	20.17	Fe I	10
46.0	S I	6	19.47	Ba I	100 R
45.53	Nb B	3	18.29	H 2	10
6045.38	Ta I	30	6018.18	Eu I	8
45.00	Sm I	300	17.81	Pr B	5
44.70	Eu B	5	17.40	Sm B	3
44.44	Th II	9	16.64	Mn I	40
43.39	Ce B	5	16.52	Pr B	4
43.23	Ar I	10	15.76	Os B	6
42.09	Fe I	2	15.76	Er B	3
42.0	S I	5	15.40	Th B	4
41.66	Lu B	4	14.82	Er B	4
39.69	V I	25	14.5	Te II	6
6038.97	Tb B	4	6014.08	Gd B	6
38.60	La B	4 R	13.6	Ar G	3
37.70	Sn B	5	13.49	Mn I	30
36.68	Ir B	3	13.41	Ce B	5
36.2	X G	6	12.80	W B	4
35.82	Kr I	15	12.59	Eu B	5
34.22	Nd B	4	12.25	Ni I	3
34.2	Cs I	3	12.11	Kr I	50
33.27	Nd B	4	11.76	Pb I	4
32.12	Ar I	30	10.83	Dy B	5
6031.90	H 2	10	6010.5	Cs I	4
31.4	Cd I	3	09.20	Y B	3

λ in I. Å.	Element	Intensität	λ in I. Å.	Element	Intensität
6008.94	Dy B	4	5992.87	Eu B	8
08.56	Fe I	9	92.22	Kr II	200
08.5	N I	10	91.89	Co I	20
07.96	Fe I	3	91.68	Ne G	7
07.91	X I	15	91.51	Yb II	150
07.73	Y B	3	91.17	Rh B	4
07.67	Nd I	80	89.01	Th B	7
07.63	Co B	8	88.40	Sc B	4
6007.37	La B	4	5988.12	Mo B	3
07.32	Ni I	3	87.91	Ne I	8
06.80	Er B	5	87.4	Ar G	3
06.42	Al II	10	87.07	Fe I	6
06.37	Pr B	4	86.2	U B	4
06.30	Co B	8	85.6	Te III	6
05.21	Sb II	100	84.9	Dy B	4
04.61	Gd B	4	84.82	Fe I	8
04.52	Lu I	100	84.19	Co I	20
04.40	Eu B	5			
6004.18	Sm I	300	5983.90	Lu II	100
03.01	Fe I	8	83.69	Fe I	6
02.60	V I	4	83.66	Ir B	3
02.04	Ho B	8	83.65	Lu B	10
02.0	Pb B	8	83.56	Rh I	10
01.88	Al II	7	83.26	Nb B	7
01.76	Al II	8	82.90	Ho B	10
00.95	Ne G	6	81.98	Co B	4
00.71	Co B	8	81.3	Ba II	8
5999.83	Al II	2	81	Sb B	3
5999.70	Al II	3	5979.38	Sm I	200
99.67	Ti I	6	78.97	Si F	7
99.5	N I	6	78.54	Ti I	25
99.2	Ar G	3	77	Em G	3
98.12	X I	30	76.78	Fe I	5
98.05	Th II	15	76.5	X G	7
97.9	Nb B	5	76.32	U B	5
97.32	U B	5	75.97	Ce I	15
97.24	Ta I	35	75.53	Ne I	12
97.15	Lu B	4	75.44	H 2	10
5997.09	Ba I	100 R	5975.35	Fe B	2
96.78	Ni I	4	75.04	Th B	3
96.45	Nd B	4	75.01	Tu B	5
96.1	S II	5	74.7	Te II	10
95.99	Os B	10	74.63	Ne I	10
95.4	O I	4	74.60	Te F	4
94.74	Nd B	4	74.51	Dy B	5
94.06	H 2	10	74.15	X L	40
93.9	Te II	7	73.72	Ho B	9
93.85	Kr I	2	73.66	Th B	3
5993.64	Ru B	6	5973.52	La II	120
93.1	Te II	6	73.42	Ru I	9

λ in I. Å.	Element	Intensität	λ in I. Å.	Element	Intensität
5972.78	Eu B	8	5945.72	Y B	3
72.76	Ho B	8	45	Em G	2
71.94	Al II	7	44.83	Ne I	9
71.70	Ba I	100	44.01	Ta I	30 d
71.7	Ar G	3	43.0	Ar G	3
71.53	U B	4	41.75	Ti I	7
70.30	Sn B	5	41.67	N II	8
70.2	Sr I	4	41.52	Rh B	4
5969.17	Sc B	4	5940.84	Ce I	125
68.25	Sc B	4	40.6	Br G	4
67.35	Tb B	5	40.25	N II	2
67.09	Eu B	10	39.94	Pr B	5
66.17	Ne G	5	39.75	Ta B	4
66.09	Eu B	9	39.32	Ne G	6
65.88	W B	4	38.84	Th I	6
65.83	Ti I	30	38.62	H 2	10
65.70	Sm B	6	36.22	La II	3
65.47	Ne I	10	35.37	Co I	5
5964.79	Ba B	3	5935.23	Zr I	3
61.93	N II	1	34.66	Fe I	5
61.9	Se I	5	34.46	Ne G	7
61.63	Ne G	7	34.40	Ce B	4
61.00	Tb B	4	34.17	X I	100
58.69	Er B	4	34.16	Nb B	5
58.53	O I	6 d	33.71	Ho B	10
58.4	Ra F	10	32.38	Ru B	6
57.61	Si I	5	32.31	Ru B	5
57.02	Au I	5	32.22	Sm B	4
5956.67	Fe I	3	5931.79	N II	7
56.64	Pr B	4	31.37	H 2	10
55.98	Ho B	8	31.24	X I	80
53.16	Ti I	50	30.68	La I	100
52.75	Fe B	4	30.61	La I	200
52.39	N II	3	30.58	Pr B	4
51.31	Pr B	4	30.18	Fe I	8
50.8	Tl II	4	28.82	Mo I	10
50.6	O I	5	28.5	Ar G	5
50.2	J II	10	28.34	Ce B	5
5950.03	Y B	3	5927.82	N II	4
49.90	H 2	10	27.8	Tl III	5
49.5	Tl II	9	26.33	Mo I	8
49.3	Ar G	3	25.86	Th B	4
49.0	Tl II	7	25.7	Cs F	5
48.58	Si I	100	25.48	Sn B	4
48.03	Ho B	10	24.9	Se I	4
48	Ra F	10	24.83	H 2	9
47.58	W B	4	22.55	X I	20
46.51	Co B	8	22.10	Ti I	7
5945.82	Dy B	4	5922.77	Ho B	10
45.80	Ir B	3	21.17	Ru I	12

λ in I. Å.	Element	Intensität	λ in I. Å.	Element	Intensität
5921.09	Ar I	10	5903.52	Sm B	5
21.01	Sm B	3	02.97	Y B	3
20.82	Pr B	4	02.94	Hf I	15
20.7	J G	4	02.61	Sm B	3
19.34	Sm B	3			
19.32	Ru B	9	5902.48	Ne G	6
18.93	Ta B	4	02.10	Er B	5
18.91	Ne I	9	01.9	Ta B	4
			01.59	Tu B	4
5918.90	In II	3	00.59	Nb II	200
		3–4–5	00.5	Ar G	1
18.65	In II	5	5899.48	Tu B	4
18.54	Ti B	6	99.30	Ti I	25
18.48	Rh B	4	98.87	Sm B	4
17.65	La B	3	98.84	Tb B	4
16.25	Fe B	3			
15.97	In II	6	5898.0	Se B	5
		6–4–4–4	97.39	Sm B	3
		–5–3	95.92	Na I abs LL	10 R
14.40	In II	3	95.85	Mo I	5
15.53	Co B	8	95.68	Pb I	8
15.39	U B	8	95.63	Tu B	6
			95.00	X I	100
			95.0	Sb F	3
5915.16	Dy B	3	94.83	La B	4 R
14.83	Ne I	10	94.37	Zn II	8
14.40	Th II	15			
14.16	Fe B	6	5894.08	Ir B	15
13.63	Ne I	5	94.10	J I	8
13.57	Gd B	4	93.46	Ge II	10
12.63	Sm B	3	93.4	Nb B	4
12.2	Sb B	3	93.39	Mo I	4
12.1	Ar G	3	92.88	Ni I	12
10.6	Sb F	7	92.56	Ho B	6
			92.26	Pr B	4
5909.88	Ce I	30	90.48	Co B	4
09.88	Nd B	4	89.97	C II	3
09.25	Er B	4			
08.35	Yb B	3	5889.95	Na I abs LL	20 R
07.6	Ba I	6	88.7	Ar G	4
07.25	Rh B	4	88.32	Mo I	10
06.76	Nd B	5	88.17	H 2	10
06.44	Ne G	6	87.37	Ir B	6
05.67	Fe I	3	86.50	Er B	5
06.07	Er B	4	85.61	Zr I	2
			84.44	Cr B	3
5904.58	Gd B	5	83.42	Fe I	4
04.46	X I	20	82.99	Ho B	10
04.07	Gd B	4			
03.97	Os B	5	5882.7	Ar G	3
03.87	In II	2	82.29	Ir B	9
		2–7–10–5	82.29	Ta B	5
		6–6–6–5–3	81.90	Ne I	20
02.97	In II	3	81.14	Er B	5

λ in I. Å.	Element	Intensität	λ in I. Å.	Element	Intensität
5880.64	La B	5 R	5861.14	Bi F	4
80.1	Ar G	6	60.83	Pt B	4
79.97	Y B	2	60.8	Ra F	5
79.90	Kr I	50	60.78	Lu B	4
79.79	Zr I	25	60.4	Ar G	3
			60.37	Sm B	4
79.2	Pr B	6			
78.50	H 2	10	5860.28	Ho B	10
77.8	Nb B	4	59.68	Pr B	5
77.39	Ta B	5	59.59	Fe I	5
77.28	Gd B	4	59.58	Th B	3
76.7	Pb II	10	59.35	Hg I	3
75.96	He I	1	58.90	Nd B	4
75.61	He I	10	58.28	Mo I	8
75.1	J G	4	57.79	Os B	15
75.02	X I	100	57.76	Ni I	10
			57.7	Pb III; II	6
5874.7	Nb I	4			
74.21	Sm I	200	5857.45	Ca I	100
73.49	Ir B	6	56.92	Pr B	4
73.02	Eu B	5	56.51	X I	15
72.83	Ne I	10	56.22	Gd B	4
72.49	Ir B	3	55.59	La B	4 R
72.35	Er B	4	55.33	Er B	4
72.15	Ne I	7	54.49	Yb B	3
71.7	Br G	3	53.92	U B	4
71.58	Ce B	3	53.69	Ba I, II	200 R
			53.43	In II	8
5871.08	Sm B	3			8–7–6
70.92	Kr I	10			
70.2	Tb B	4	5852.83	In II	6
70.50	Th B	4	52.49	Ne I	50
70.28	Gd B	3	52.2	Br G	5
69.32	Mo B	4	51.63	Gd B	4
68.89	Nd B	4	51.53	Mo B	7
68.81	Pr B	3	51.07	Tb B	5
68.61	Sm I	200	50.65	Pr B	4
68.39	Ne G	7	50.05	Er B	4
			49.73	Mo B	8
5868.14	Dy B	3	49.32	H 2	8
67.79	Sm I	250			
67.62	Ca B	4	5848.97	Mn B	3
66.75	Kr I	8	48.82	Mo B	5
66.5	Nb B	6	48.36	La B	4 R
66.45	Ti I	35	47.6	Cs I	—
66.2	Se II	8	46.37	V B	7
64.3	Br G	4	46.03	Ir B	6
63.69	La II	5 R	45.25	U B	4
62.97	Au B	4	45.03	La B	4 R
			45.0	Cs I	—
5862.36	Fe I	8	44.9	Pr B	5
62.49	Ce B	4			
61.53	Al II	7	5844.82	Pt I	10
61.22	Tb B	4	44.7	Os B	4 R

λ in I. Å.	Element	Intensität	λ in I. Å.	Element	Intensität
5844.6	Sb B	2	5821.78	Rh B	4
42.6	Se B	6	21.2	Br G	3
42.23	Hf II	15	20.16	Ne I	10
41.44	Kr I	4	19.9	In F	10
40.13	Pt B	15	19.1	S II	5
39.0	Cs I	—	18.93	Ba I	3
38.66	Nb B	8	16.84	Mn B	3
38.12	Ce B	4	16.78	Sr B	3
5837.9	As B	6	5816.61	Ne G	5
37.7	U B	4	16.35	Fe B	3
37.41	Au I	4	15.24	Pr B	8
37.15	Yb II	30	14.97	Ru B	10
36.13	H 2	8	14.51	X I	60
34.91	Nb B	7	13.63	Ra II	20
34.31	Re I	500	12.9	Ce B	5
33.5	Br G	3	12.59	H 2	10
33.19	Ru B	5	12.15	K I	2
32.86	Kr I	100	11.42	Ne G	7
5832.1	Ar G	2	5811.08	Ta B	8
31.89	K I	5	08.33	La B	5 R
31.72	K I	1	07.31	X I	15
31.60	Ni B	8	07.18	V B	5
31.59	Rh I	10	06.95	Ir B	5
31.59	K I	6 R	06.86	Rh I	15
31.2	Cs F	5	05.77	La II	120
30.89	Eu B	10	05.71	Ba B	5 R
30.7	Br II	6	05.20	Ni I	10
30.75	V B	6	04.86	W B	7
			5804.45	Ne I	10
5830.1	Se G	4	04.3	Ti B	8
30.06	Co B	7	04.3	Ra B	6
30.0	J G	6	04.12	Th I	6
29.72	La B	4 R	04.10	Ne I	7
29.5	N I	6	04.01	Nd B	60
28.91	Ne G	6	03.6	Hg I	3
28.54	Ir B	9	03.26	Rh B	4
28.02	Ru B	4	02.84	Sm B	300
27.0	Se G	6	02.2	Ar G	1
5826.78	Er B	6	5801.74	K I	6 R
26.30	Ba I	150	00.60	Lu B	4
25.8	As B	5	00.58	Os B	7
25.29	La F	8	00.3	Ba I	7
24.80	X I	150	5799.88	Cl I	12
24.49	Kr I	8	99.4	Sn II	30
23.89	X I	5	98.54	U B	4
23.83	La B	4 R	98.38	Sm I	200
23.71	Pr B	6	97.91	Si I	40
23.7	Ra F	5	97.76	Zr I	7
5822.76	H 2	10	5797.57	La II	120
21.99	La B	6 R	96.52	W B	4

λ in I. Å.	Element	Intensität	λ in I. Å.	Element	Intensität
5796.26	Cl I	15	5773.12	Ce I	50
96.0	Ra F	5	72.3	K II	4
95.71	Rh B	4	72.26	Si I	50
93.13	Si I	30	72.2	Zn I	8
92.64	Rh B	8	70.41	Co B	6
91.84	Mo I	10	70.31	Ne G	5
91.32	La I	200	69.98	La B	5 R
91.02	Cr B	10	69.60	Hg I	10 R
5790.66	Hg I	10	5769.35	La B	7 R
90.2	Se G	5	69.2	Se G	5
89.22	La I	150	69.07	La II	7 R
89.1	Te I	8	68.89	Ir B	4
88.57	U B	4	67.43	N II	2
87.98	Cr B	9	67.07	Sr B	3
87.1	J G	6	66.33	Ti B	7
86.20	V B	5	65.05	Os B	5
86.02	Ti B	8	64.42	Ne I	15
85.81	Cr B	8	64.42	J I	9
5785.02	Cr B	8	5763.58	Pt B	6
85.0	Se G	5	63.1	As F	5
84.2	Ba II	8	62.99	Fe I	10
84.0	Cd B	2	62.28	Ti B	7
83.93	Cr B	9	61.84	La B	5 R
83.89	Kr I	10	60.84	Ni I	6
83.3	As F	6	60.73	J I	5
83.13	Cr B	9	60.58	Ne G	5
82.37	K I	5 R	60.55	Th I	9
82.54	Ru B	5	59.9	Au F	3
5782.13	Cu I	200 R	5759.90	Pd B	4
81.81	Cr B	8	58.18	U B	6
81.17	Cr B	8	55.8	Te F	8
80.81	Os B	10	55.6	Ra F	5
80.66	Ta B	4	54.66	Ni I	10
80.56	U B	4	53.61	Sn B	3
80.45	Si I	25	53.3	Se I	7
80.17	Mn B	5	53.12	Fe I	5
79.24	Sm I	200	52.92	Re I	100
78.3	Ra F	5	52.04	Fe B	1
5778.28	Ir B	4	5751.42	Mo I	10
77.70	Ba I	400 R	51.0	X G	5
77.0	Zn I	5	50.8	Ar G	6
76.81	Re I	200	50.4	O I	5
76.71	Ta B	7	49.32	Th B	4
76.68	V B	5	49.22	W B	4
75.6	Zn I	6	48.65	Ne I	6
75.08	Fe I	5	48.30	Ne I	10
75.05	H 2	9	47.6	Se G	7
74.8	J G	10	47.44	Ru B	6
5774.5	Sb B	3	5747.29	N II	3
74.03	Ti B	7	45.95	Ru B	5

λ in I. Å.	Element	Intensität	λ in I. Å.	Element	Intensität
5744.41	La B	5 R	5722.77	Mo I	10
43.54	Ce B	5	22.65	Al III	6
43.44	V I	10	22.04	In II	5
43.34	Sm B	5			5—3—2
42.55	Bi B	6	21.52	In II	2
41.86	Fe B	2	21.95	Os B	3
40.64	La B	6 R	20.46	Ti I	6
			20.22	Mn B	3
5739.99	Ti B	6	20.01	Yb I	40
39.76	Si III	8			
39.67	Pd B	6	5719.6	X G	6
39.52	Ar I	10	19.53	Ne I	7
39.67	Pd B	6	19.22	Ne I	10
39.5	J G	10	19.2	Bi II	40
39.48	Ti I	7	19.18	Hf I	40
38.5	J G	10	19.09	Ce I	100
38.28	Mn B	4	18.9	Br II	4
37.04	V I	15	18.90	Ne I	8
			18.6	Bi II	18
5736.88	H 2	10	18.20	Mn B	3
36.55	Lu I	25			
36.52	Pd I	12	5718.1	Se I	7
36.23	Ir B	6	17.85	Fe B	3
35.10	W B, F	8	17.30	Sc I	15
34.02	V B	4	16.48	Ti I	6
33.1	Se G	5	16.25	X I	80
32.94	Sm I	300	16	Em G	6
32.34	Cu I	3	15.72	X I	70
31.93	H 2	8	15.2	Ta B	5
			15.12	Ti I	8
5731.8	As F	6	15.09	Ni I	8
31.77	Fe B	3			
31.70	Sn B	7			
31.28	V B	8	5713.53	Ba B	2
30.9	Se G	5	12.84	Ru B	5
30.5	N II	1	12.77	Cr B	4
30.4	Sb B	4	12.77	Sc I	7
29.30	Nd I	60	12.42	La B	5
28.55	H 2	10	11.91	Ti I	6
27.68	In I	4	11.90	Ni I	6
			11.75	Sc I	100
5727.66	V I	12 R	11.08	Mg I	5
27.02	V I	60 R	11.0	Br G	4
26.9	X G	5			
25.78	Ru B	4	5710.9	Au F	4
25.7	Se G	5	10.76	N II	5
25.63	V B	6	10.53	J II	8
25.29	Ir B	4	10.3	Se G	5
24.95	Rb I	5	09.91	In I	5
24.76	Ru B	4	09.56	Ni I	12
24.45	Rb I	8	09.41	Sr B	3
			09.38	Fe I	10
5724.09	Sc I	15	09.33	Ir B	8
23.63	U B	5	08.62	Sc I	15

λ in I. Å.	Element	Intensität	λ in I. Å.	Element	Intensität
5708.44	Si I	75	5690.92	J II	8
08.23	Ti I	5	90.47	Si I	40
08.1	Te F	10	90.35	Kr II	200
07.48	Sb B	3	90.13	Pd B	8
07.10	Th II	9	90.1	Ra F	5
06.97	V I	30	90.0	Ar G	2
06.73	Y B	4 R	89.82	Ne I	8
06.43	Nb B	5	89.48	Ti I	8
06.20	Sm I	300	89.20	H 2	10
06.11	S I	5	89.15	Mo I	9
5705.99	Fe B	1	5688.50	Nd B	150
05.72	Mo B	5	88.37	X I	4
03.6	Se I	4	88.20	Na I LL	7
03.56	V I	40	88.19	Na I	1
02.68	Ti I	6	88.0	Cd F	4
02.31	Cr B	4	87.35	Ir B	4
02.30	Ru B	4	86.84	Sc I	150
01.55	Fe I	7	86.53	Fe B	4
01.14	Si I	25	86.35	Rh I·	4
01.1	Ar G	1	86.21	N II	6
5700.92	Th II	10	5685.5	As F	5
00.8	Kr G	2	84.8	As F	7
00.41	Rh B	4	84.52	Si I	50
00.4	S I	7	84.21	Sc II	4
00.24	Cu I	30 R	82.63	Na I LL	6
00.14	Sc I	100	82.45	Cr B	3
5699.24	Ce I	100	82.19	Ni I	8
99.16	Rb F	6	81.90	Ar I	10
99.06	Ru I	20	81.9	Kr II	4
			80.93	Zr I	6
5698.51	V I	60 R	5680.17	Ba B	5
98.33	Cr B	5	79.57	Ru B	4
97.9	Se G	8	79.56	N II	10
97.83	W B	4	79.02	Fe B	2
97.02	Ce I	100	78.06	J II	8
96.8	S I	6	77.17	Hg II	15
96.48	X I	5	76.9	P G	5
96.47	Al III	8	76.02	N II	6
95.8	C III	4	75.92	Nd I	250
95.75	X I	100	75.9	Hg I	5
5695.08	Pd I	20	5675.8	Na I	3
94.97	Ni B	7	75.43	Ti I	7
94.73	Cr B	5	74.43	W B	5
93.0	Sr B	3	73.7	J G	4
92.2	Pb I	4	72.6	Ar G	5
91.9	Ge G	6	72.45	Kr I	50
91.7	Ar G	1	71.80	Sc I	200
91.47	Ho B	10	71.54	La II	100
91.39	U B	4	70.87	V B, F	10
91.2	Sb B	3	70.06	Pd I	30

λ in I. Å.	Element	Intensität	λ in I. Å.	Element	Intensität
5669.45	U B	4	5649.56	Kr I	100
69.06	Sc II	4	49.3	Te II	10
68.38	V I	4	48.39	W F	10
67.88	Re I	40	48.25	La B	5
67.6	X G	6	48.10	Rb I	8
66.6	N II	10	48.08	C II	3
66.59	In F	5	47.22	Co B	8
66.4	Ag B	4	46.98	S II	6
65.60	Si I	25	46.12	V B, F	5
65.15	Ru B	4	45.87	Ta B	4
5664.89	Ta B	6	5645.67	Si I	25
64.7	Nb I	150	44.87	In F	10
64.6	S II	6	44.14	Ti I	7
64.50	Zr B	—	43.4	J G	4
64.05	Cr B	25	42.70	Pd B	8
63.9	Cs I	5 R	42.67	K II	5
63.0	Y II	200	41.46	Fe B	1
62.92	Ti I	7	40.98	Sc II	4
62.55	Ne G	6	40.50	C II	2
62.52	Fe I	6	39.96	S II	8
5662.51	C II	4	5639.75	Sb II	30
62.16	Ti I	7	39.75	Th II	10
60.81	Ra I	50	38.27	Fe B	3
60.78	Sb B	2	37.71	Co B	5
60.73	W B	6	37.5	Ar G	1
60.1	Kr G	3	37.3	Cd B	5
59.8	S II	6	37.12	Ni B	5
59.86	Sm I	400	37.18	In II	1
59.59	Rh B	3			1—3—8—7
59.5	X G	5			—2—0
			36.05	In II	0
5659.13	Ar I	10	36.24	Ru I	5
59.11	Co B	4			
58.82	Fe I	10	5636.10	Co B	6
57.90	Sc II	6	35.99	Rb II	6
57.6	Br G	4	35.0	Cs I	2
57.46	V B, F	5	34.9	Cl G	1
57.2	As II	8	34.81	H 2	8
56.66	Ne I	10	34.36	U B	4
56.03	Ne I	7	33.97	Fe B	1
55.8	Au I	5	33.0	Kr G	6
			32.47	Mo I	9
5655.75	H 2	9	31.99	Sb B	5
55.51	Fe B	1			
55.42	Pd I	10	5631.96	W B	5
55.2	Bi II	20	31.69	Sn I abs	5
53.74	Rb I	6	30.14	Y I	10 R
52.57	Ne G	5	28.65	Cr B	3
52.4	Se G	5	27.66	V I	8
51.3	As F	10	26.05	V I	6
50.70	Ar I	30	26.01	Sm I	250
50.13	Mo I	8	25.70	J II	9

λ in I. Å.	Element	Intensität	λ in I. Å.	Element	Intensität
5625.55	Ir B	20	5601.28	Ca I	30
25.28	Ni B	7	00.7	Br G	4
			00.2	J G	6
5624.65	V I	6			
24.54	Fe I	10	5600.10	Ni I	4
23.56	Zr I	5	5599.8	Sb B	3
23.12	Se II	12	99.43	Rh I	40
23	Ag F	4	99.41	Bi B	3
21.80	Sm I	200	98.8	Cd I	5
21.50	U B	4	98.5	Ra F	8
21.1	Ar G	2	98.30	Fe I	4
20.6	As F	10	98.3	Au F	3
20.51	Nd I	500	97.5	Ar I	10
			97.36	U B	4
5620.13	Zr B	6	97.34	H 2	10
20.05	Ir B	8		Pd B	
19.46	Pd I	12	5594.90		4
18.88	X I	80	94.66	Fe B	1
17.90	Gd B	5	94.46	Ca I	60
17.8	Se I	5	94.43	Nd B	150
17.62	S G	4	93.74	Ni I	6
16.66	Ra I	10	93.28	Ba B	3
16.5	N I	5	93.23	Al II	10
15.64	Fe I	50	93.1	J G	4
			93.0	Ag F	3
5614.79	Ni I	6	92.46	V I	5
14.3	S I	5			
13.27	Hf I	10	5592.37	O III	6
12.8	J G	6	92.25	Ni I	8
12.54	H 2	10	91.2	Se II	15
11.95	Mo B	5	90.73	Co I	8
11.6	Se G	5	90.11	Ca I	20
10.94	Mo B	5	89.9	Br II	9
10.88	U B	5	89.4	Sn II	30
09.0	Ag I	4 d	88.75	Ca I	80
			88.7	Ar I	10
5608.8	Pb II	10	88.4	Sn F	10
08.34	Rh B	8			
08.02	Pd B	7	5588.33	La I	100
07.0	Ge F	6	88.2	P II	5
06.73	Ar I	10	88.18	Sm B	4
06.11	S II	6	87.88	Ni I	5
04.96	V I	5	86.76	Fe I	40
04.7	Cd I	2	86.75	J I	7
04.48	Th B	4	86.5	Se F	5
			84.54	V I	7
5603.2	J G	4	84.43	Os B	10
02.94	Fe I	10	83.3	P II	5
02.83	Ca I	20			
02.2	Sb B	3	5582.73	Ce I	20
01.65	Pd B	8	82.4	Em G	8
01.5	Ra F	8	81.97	Ca I	25
01.29	Ce I	100	81.87	Y I	30 R
			81.78	X I	50
			81.65	U B	4

λ in I. Å.	Element	Intensität	λ in I. Å.	Element	Intensität
5581.6	Ar G	2	5558.71	Ar I	10
80.66	Os B	5	58.1	As F	10
80.39	Kr I	80	58	Ag F	3
79.10	S G	6	57.59	Al I	5
			57.07	Al I	7
5578.78	Rb I	5	56.48	Yb I	100 R
78.71	Ni I	5	56.28	Mo B	3
78.5	Au F	5			
78.37	Ru B	8	5556.2	Sb B	2
77.34	O I verboten	—	56.05	In II	6
(grüne Nordlichtl.)					6-2-5-3-3
77.04	In II	6	54.95	In II	3
		6-7-8	55.92	S G	4
76.75	In II	8	55.85	Ra I	20
76.4	Te II	8	54.94	Cu B	3
76.09	Fe I	10	54.9	O I	6 d
73.70	Mn B	3	54.88	Fe B	5
			53.57	Ra I	.0
5572.84	Fe I	30	53.17	Sr B	3
72.55	Ar I	10			
70.66	U B	4	5552.53	H 2	8
70.46	Mo I	25 R	52.39	X I	80
70.31	Eu B	10	52.24	Bi B	8
70.29	Kr I	10	52.12	Hf I	40
69.62	Fe I	20	51.99	Mn B	5
69.01	Ru B	4	51.95	N II	3
68.6	Kr G	2	50.60	Hf I	50
68.47	La B	4	50.40	Sm I	300
			48.96	Sm B	4
5568.4	Cs I	—	47.44	Eu B	10
68.0	Sb B, F	3			
67.77	Mn B	4	5547.07	V B	5
66.94	Se II	15	47.02	Pd I	20
66.62	X I	100	46.03	Y II	4
65.71	Fe I	3	45.9	Ag I	25
65.47	Ti I	7	44.8	Pb F	2
64.94	S II	4	44.60	Y I	5
64.4	N I	9	44.60	Rh B	15
64.21	Th B	4	43.95	Fe B	1
			43.7	Au F	3
5564.16	U B	5	43.49	N II	3
63.61	Fe B	3			
63.25	Re I	50	5543.29	Sr I	5
63.05	Ne G	5	43.18	Fe B	1
63.02	Cs II	7	42.80	Pd I	30
62.9	Sn II	30	41.27	La B	4 R
62.80	Ne I	10	41.2	P II	6
62.44	Ne I	8	40.04	Sr I	5
62.23	Kr I	9	39.89	Th B	5
61.16	Nd I	50	39.05	Yb B	10
			38.64	Ne G	5
5560.4	N I	9	37.84	Mn I	7
59.75	Ru I	12	5537.47	H 2	10
58.81	Co B	4	36.3	Br G	4

λ in I. Å.	Element	Intensität	λ in I. Å.	Element	Intensität
5536.01	K II	3	5519.11	Ba I	200
37.03	In II	4	18.91	Ta I	30
		4–5–5	18.47	H 2	8
35.94	In II	5	16.77	Mn I	8
36	Corona	2	16.09	Sm I	500 d
35.79	Cu B	3	14.71	W B	500
35.66	La B	3	14.54	Ti I	25
35.53	Ba I LL	1000 R	14.36	Ti I	20
35.43	Fe B	2	14.21	Sc I	5
5535.39	N II	5	14.10	Pt B	4
35.02	Rh B	15	5513.39	In II	1
34.85	Fe II	40			1–1–1–1
34.80	Sr I	5			–2–3–4–5
34.5	Ar G	1			–5–6–7
33.68	Ne G	4	12.82	In II	7
33.01	Mo I	30 R	12.98	Ca I	20
31.1	X G	7	12.7	O I	5 d
30.77	Co I	8	12.53	Ti I	25
30.27	N II	4	12.10	Sm I	200
5529.45	Pd B	9	12.08	Ce I	150
28.40	Mg I	10	11.6	Se G	4
28.4	Se I	4	11.50	U B	4
28.39	Zr B	5	11.12	In II	0
28.2	Tl I	3			0–1–2–5
27.84	U B	10			–3–2–1
27.54	Y I	40	5510.68	In II	1
26.81	Sc II	8	10.72	Ru B	15
26.26	N II	2	10.51	Eu B	7
26.24	S II	5	09.98	Ni I	5
5525.85	Pt B	4	09.90	Y II	8
25.74	Nd I	60	09.67	S II	5
25.55	Fe B	1	09.33	Os B	5
25.2	Ar G	2	09.14	Pr B	4
24.93	Co B	7	08.3	Br G	3
23.92	In II	6	08.26	In II	1
		6-5-4-4-4-2			1–1–1–1–1
22.58	In II	2			–1–5–1–3
23.7	Ag B	3			–1–1–2–3
23.55	Os B	30	5506.71	In II	3
23.29	Co B	8	07.75	V F	8
5523.5	Pb III	5	07.1	P II	5
22.79	Rb II	6	07.0	S I	5
22.5	Se II	20 d	06.8	Br II	7
21.75	Sr I	25	06.78	Fe I	18
21.62	Y II	5	06.51	Mo I	40 R
21.0	Ag F	4	06.11	Ar I	10
20.50	Sc B	6	05.88	Mn I	6
19.44	In II	1	05.65	Ta B	5
		1–10–2			
19.25	In II	2	5505.6	Ra F	4
19.4	Kr G	4	05.6	Se G	5

λ in I. Å.	Element	Intensität	λ in I. Å.	Element	Intensität
5505.52	H 2	10	5488.23	Ti I	6
04.8	J G	8	87.98	V F	6
04.63	Rh B	4	87.75	Fe B	8
04.17	Sr I	30	87.60	Nb II	200
03.91	Ti I	8	86.13	Sr I	5
03.49	W B, F	4	85.72	Nd B	80
03.47	Y I	8	85.43	Sm B	5
02.12	Zr B	6	84.7	Li II	15
			84.60	Sc I	4
5502.8	Cs I	—	84.32	Ru B	10
01.98	Ra I	10			
01.47	Fe I	12	5484.23	Rh B	8
01.34	La I	200	84.2	Se G	6
5499.7	P II	7	83.95	Co I	5
99.58	H 2	9	83.5	P II	5
99.4	Tl III	2	83.34	Co I	40
98.22	Sm I	200	83.27	La B	4
98.0	Kr G	3	82.23	La II	50
97.8	As F	10	82.0	Ra F	6
			81.98	Sc I	6
5497.52	Fe I	15			
97.65	In II	4	5481.95	Yb B	8
		4–5–1–3	81.87	Ti I	5
97.38	In II	3	81.45	Ti I	6
97.41	Y II	8	81.40	Mn I	6
97.0	J II	8	81.25	Fe B	1
96.92	J II	20	81.20	U B	5
96.9	As F	5	81.08	H 2	10
96.85	Pd B	6	80.84	Sr I	7
96.90	In II	3 u	80.87	Fe B	1
		3u–3u–1–1	80.71	Y II	1
96.44	In II	1			
			5480.31	Ru B	8
5496.69	Ru B	4	80.27	U B	5
96.6	J II	8	80.10	N II	3
95.87	Ar I	20	80.0	Br G	3
95.70	N II	5	79.6	J G	6
95.1	Br II	7	79.40	Ru B	9
94.41	Ne G	5	78.50	Pt I	12
93.85	Mo B	6	78.13	N II	2
93.72	Sm I	300	77.81	W B	4
93.42	La II	20	77.23	Ti I	9
92.94	U B	9			
			5477.08	Co I	3
5492.34	W B, F	10	76.91	Ni I	50
91.57	J II	8	76.69	Lu II	200
90.32	Sb B	2	76.57	Fe I	10
90.16	Ti B	7	75.78	Pt I	15
90.0	Cd B	5	75.71	U B	5
89.63	Co B	5	75.3	Kr G	2
89	Ag F	3	74.0	Se G	6
88.8	Br II	5	73.91	Fe B	3
88.6	Ra F	6	73.69	Ba B	2
88.56	X I	70			

λ in I. Å.	Element	Intensität	λ in I. Å.	Element	Intensität
5473·59	S II	5	5452.95	Eu B	8
73.4	Ar I	10	52.12	N II	2
73.38	Y II	5	51.65	Ar I	10
73.35	Mo B	6	51.52	Eu B	8
72.7	X G	7	51.13	Nd B	100
72.27	Ce B	5	50.83	Sr I	5
71.7	As G	6	50.7	P II	6
71.51	Ag I	6	50.5	X G	5
71.20	Ti I	6	50.1	Br G	3
70.84	Rh B	5	49.8	Te II	7
5470.64	Mn I	8	5449.50	Ir I	30
70.07	K II	6	48.78	Mo F	5
68.47	Y I	10	48.51	Ne I	8
68.17	Kr II	200	47.0	Th F	5
66.72	Sm I	250	46.92	Fe I	40
66.45	Y I	50	46.18	Sc B	4
66.41	Fe B	3	45.21	Rh B	12
66.2	Br G	5	45.04	Fe I	15
66.0	Cs I	—	45.0	Se B	6
65.50	Ag I	10	44.55	Co I	20
5465.35	Mo B, F	6	5444.2	Cl II	20
64.6	J II	20	43.3	Cl II	25
64.39	La II	25	43.31	Os B	7
64.3	Sb F	3	42.3	Br G	4
63.33	Hf B	5	42.2	Ar I	10
63.27	Fe I	10	41.34	Rh B	8
62.96	Fe B	3	40.0	Ar I	10
62.62	N II	3	39.92	X I	30
62.58	Th B	4	38.24	Y I	20
62.48	Ni B	5	37.9	J II	8
5461.29	Ta B	4	5437.72	Mo B	4
60.9	P G	6	37.40	In II	4
60.74	Hg I	10 R			4·1·7·1·6·4
60.04	X I	15	36.01	In II	4
59.60	H 2	8	37.3	P G	5
57.49	Cl II	2	36.8	O I	6
57.46	Mn I	3	35.87	Ni I	7
57.07	Cl II	20	35.86	Th B	4
56.18	Cl II	10	35.84	J II	8
56.13	Ru B	8	35.76	O I	6
			35.27	Ta I	30
5455.8	Se G	7	5435.16	O I	5
55.61	Fe I	40	35.16	Pd B	7
55.45	Fe I	5	35.1	Br G	5
55.14	La I	200	35.07	W B	5
54.81	Ru B	10	34.82	H 2	10
54.55	Co I	20	34.52	Fe I	30
54.51	Ir B	10	33.65	Ne I	9
54.26	N II	2	32.77	S II	9
53.81	S II	10	32.56	Mn I abs	4
53.00	Sm I	300	31.53	Rb I	3

λ in I. Å.	Element	Intensität	λ in I. Å.	Element	Intensität
5429.70	Fe I	40	5407.36	J G	10
29.15	Ti B	7	07.3	Cs I	—
28.70	S II	9	06.81	Ra II	20
27.61	Ru B	10	05.78	Fe I	40
27.09	J I	6	05.6	J II	9
26.26	Ti B	5	05.22	Sm I	200
25.9	P II	7	05.1	J II	9
25.89	H 2	8	04.95	Ta I	35
25.67	Th B	4	04.69	Rh B	15
25.43	Rb B	10	04.14	Fe F. B	30
5425.25	Hg II	12	5403.70	Sm I	200
25.0	Br G	5	02.8	Cs F	4
24.70	Rh B	8	02.77	Y II	2
24.65	Ni I	5	02.57	Lu I	150
24.62	Ba I	100	02.51	Ta I	40 b
24.07	V B, F	5	01.39	Ru B	7
24.07	Fe B	45	01.04	X III	50
24.05	Rh B	18	00.99	Se II	10
23.23	Cl II	7	00.56	Ne I	40
22.8	Br G	7	00.50	Fe I	5
5421.35	Ar I	10	5400.23	Ra I	20
20.37	Mn I	10	5399.80	Ra I	10
20.16	Ne G	5	99.51	Mn B	8
19.89	H 2	10	98.29	Fe B	1
19.7	Cs F	5	97.13	Fe I	40
19.2	X G	10	97.08	Ti B	7
19.19	Ta I	30	96.5	Br G	5
18.84	Ru B	4	95.26	Pd I	25
18.73	In II	7 u	94.76	Pd B	6
		7u-4-3-1u	94.74	X I	20
17.09	In II	1 u			
5418.56	Ne G	6	5394.67	Mn I abs	10
17.1	Se G	5	94.4	Em G	3
16.67	Os B	5	94.0	Ar G	1
16.33	Os B	10	93.64	Gd B	8
15.43	Th II	6	93.42	Ce II	100
15.28	V B	10	93.17	Fe I	10
15.20	Fe I	35	93	Em G	3
13.70	Mn B	7	92.80	X I	100
12.66	Ne G	7	92.1	Cl II	20
11.95	In II	1	92.09	Sc I	5
5411.57	He II 4—7	—	5391.65	Cu B	3
11.41	In II	8	91.64	Fe B	1
10.91	Fe I	15	91.6	Ba II	10
10.47	Ar I	10	91.6	Ir B	7
09.80	Cr I	100	90.98	Se G	5
09.7	P II	7	90.8	Pt I	10
08.6	O I	4	90.79	Rb I	4
07.60	Zr B	4	90.56	Rh I	20
07.52	Co B	4	90.43	Ti B	6
07.43	Mn I	7	90.00	Fe I	5
			89.48		

λ in I. Å.	Element	Intensität	λ in I. Å.	Element	Intensität
5389.29	Ta B	4	5364.2	Mo I	6
88.53	Mn B	3	62.87	Fe II	60
88.17	H 2	10	62.76	Co B	10
87.57	Cr B	3	62.69	Pd I	15
86.97	Cr B	4	62.60	Rb I	6
86.9	P II	7	62.53	Zr B	4
85.88	Ru B	7	62.4	Tl III	4
85.3	As G	6	62.24	X I	15
85.14	Zr I	15	67.76	Ru B	20
84.9	Tl II	15	61.47	Nd B	60
5383.37	Fe F	35	5361.4	Ba II	8
83.0	Se G	6	60.59	Mo I	10
81.91	La II	100	60.01	Ne I	8
81.0	S I	3	59.66	K I	5 R
80.97	La II	100	59.58	K I	5 R
80.24	C I	8	59.18	Co I	6
80.2	Se G	6	58.53	Cs II	10
79.08	Rh I	30	58.02	Ne G	10
78.9	Cd II	8	57.88	La B	3
78.1	P II	4	56.8	N I	5
5377.83	Ru B	10	5356.45	Rh I	8
77.63	Mn B	8	56.09	Sc I	40
77.22	Mn B	3	55.42	Ne I	8
77.08	La II	200	55.18	Ne I	8
77.08	Re I	100	54.67	Ta I	30
76.80	Os B	7	54.38	Rh I	50
75.34	Sc I	4	53.52	Ce B	6
74.98	Ne G	5	53.48	Co B	10
74.1	Se I	10	53.40	V F	5
73.86	Hf I	20	53.39	Fe B	1
5373.49	Ar I	10	5352.96	Yb II	150
72.4	X G	8	52.05	Co I	10
72.31	Ne G	5	51.10	Ti B	6
72.1	Pb II	10	50.72	Nb B	7
71.49	Fe I	50	50.46	Tl I abs	10 R
71.4	Ni B	6	49.87	Mn B	3
70.98	Cs II	6	49.47	Ca I	25
69.96	Fe B	25	49.28	Sc I	4
69.9	Se I	10	49.21	Ne G	6
69.7	J G	10	48.95	W B	4
5369.65	Ti B	6	5348.31	Cr I	10
69.58	Co I	20	47.21	Yb II	40
68.99	Pt B	15	45.80	Cr I	70
67.47	Fe I	20	45.64	S II	8
67.3	Pb II	4	45.3	Br G	4
65.4	Se I	8	45.15	J II	10
65.40	Fe B	1	45.10	Pd I	4
64.87	Fe B	15	44.7	P II	7
64.63	X I	30	44.16	Nb I	200
64.32	Ir B	20	43.38	Co I	20

λ in I. Å.	Element	Intensität	λ in I. Å.	Element	Intensität
5343.28	Ne I	12	5324.2	As G	5
43.08	K I	4 R	24.18	Fe I	30
42.68	Co I	50	23.7	Ag B	4
42.4	Se G	8	23.38	K I	4 R
41.32	Co B	4	22.7	J G	6
41.09	Ne I	20	22.37	Rb I	2
41.07	Mn I	20	21.3	Cr F	4
41.06	Ta I	35	20.70	S II	7
41.02	Fe I	20	20.29	Ra I	10
40.9	Cs I	—	19.80	Nd B	125
5340.73	Ir B	8	5317.8	Cl G	3
40.66	La II	100	16.65	Fe II	8
39.93	Fe I	12	16.1	P II	8
39.79	K I	4 R	16.07	Al II	7
39.4	X G	9	15.4	Se G	5
39.1	Se G	9	14.76	Rh B	9
38.5	Cd F	10	14.0	X G	8
38.19	J II	10	12.63	Co B	4
37.4	Cd II	3	12.57	Pd I	10
36.80	Ti F	10	12.32	Al II	5
5335.92	Ru B	10	5311.60	Hf II	150
35.15	Yb II	200	11.39	Zr B	5
34.69	Ru B	9	10.9	Zn I	4
33.41	Kr II	500	10.76	Al II	2
33.32	Ne G	5	10.21	K II	5
33.2	Sn II	30	10.2	Zn I	6
32.90	Fe I	4	09.7	X G	4
32.0	Br II	6	09.83	In II	6
31.45	Co I	15			6–5–5
31.3	As F	7	09.04	In II	5
			09.27	Ru I	20
5330.9	Se G	10	5309.0	J G	8
30.78	Ne I	12	08.66	Kr II	200
30.7	O I	10	08.5	Zn I	8
30.53	Ce B	5	05.8	Ar G	8
29.83	Sr I	5	05.4	Se II	15
29.75	Ag B	4	04.85	Ru B	7
29.74	Cr I	4	04.1	Br G	7
29.72	Rh I	15	03.54	La II	100
29.6	O I	7	03.10	H 2	9
29.2	Cr I	20	02.9	Corona	120
5329.0	O I	6	5302.81	Ba B	3
28.7	N I	5	02.62	La II	150
28.60	Pt I	2	02.53	Ta B	5
28.53	Fe I	15	02.32	Mn II	30
28.35	Cr I	50	02.30	Fe I	10
28.04	Fe I	50	01.97	La II	200
26.41	Ne G	5	01.77	Ne G	5
25.56	Fe II	3	01.04	Co I	15
25.26	Co B	4	01.02	Pt I	20
25.10	Th B	4	01.0	Se G	5

λ in I. Å.	Element	Intensität	λ in I. Å.	Element	Intensität
5300.74	Cr I	25	5279.0	S I	6
5299.7	J G	6	78.62	Al II	2
99.28	Mn II	25	78.6	S I	5
99.0	O I	5	78.1	S I	3
98.78	Os B	5	77.45	Th B	5
98.43	Ti B	6	77.08	Yb I	60
98.28	Cr I	60	76.17	Co B	4
98.19	Ne I	8	76.03	Cr I	20
98.06	Hf II	100	76.01	Fe II	6
97.93	Cr I	15	75.66	Cr I	15
5297.7	Cd I	3	5275.54	Re I	1000
97.33	Cr I	5	75.16	Cr I	20
97.25	Ti I	7	75.1	O I	4
96.97	Mn II	20	74.0	Cs F	4
96.78	Zr B	4	73.77	Ir B	6
96.69	Cr I	50	73.39	Nd B	50
96.5	J I	8	73.37	Fe I	4
96.1	P II	8	73.16	Fe I	5
95.78	Ti I	6	72.7	Br G	4
95.61	Pd I	50	72.7	Be B	2
5295.29	Mn II	15	5272.30	H 2	10
94.87	Hf I	12	71.93	Eu I	8
94.22	Mn II	10	71.53	Nb B	9
94.13	Pd B	7	71.39	Sm I	200
93.18	Nd B	100	71.24	Se II	10
92.52	Cu I	15	71.18	La I	100
92.2	X G	10	71.07	Bi II	18
92.14	Rh I	10	70.96	Re I	500
91.60	H 2	9	70.84	Be II	12
91.16	Ru B	6	70.36	Fe I	30
5287.0	Ar G	3	5270.32	Be II	10
85.73	Sc B	4	70.3	Bi II	40
85.55	Al II	6	70.27	Ca I	60
85.25	Nb B	6	69.54	Fe I	60
85.12	Zr B	6	69.4	J G	10
84.50	H 2	9	69.28	Rh I	10
84.08	Ru B	10	68.49	Co I	4
83.95	X III	60	67.03	Ba I	4
83.77	Al II	8	66.56	Fe I	30
83.62	Fe I	18	66.49	Co I	6
5283.45	Ti I	7	5266.29	Co B	4
83.28	Ra I	10	66.05	H 2	10
82.38	Ti I	5	65.97	Ti I	5
81.79	Fe I	10	65.73	Cr I	25 R
80.63	Co I	5	65.56	Ca I	40
80.38	U B	4	65.2	J G	10
80.30	Cr F	5	65.13	Os B	5
80.21	Al II	6	64.8	Ar G	1
80.07	Ne G	5	64.4	Ra F	6
79.63	Mo B	4	64.24	Ca I	20

λ in I. Å.	Element	Intensität	λ in I. Å.	Element	Intensität
5264.22	Co I	25	5238.92	Ir B	10
64.2	Cr I	50 R	38.82	Sc B	5
63.5	Br G	4	38.58	Ti B	5
62.74	In I	—	38.54	Sr I	30
63.31	Fe I	8	38.2	Br II	6
62.23	Ca I	25	38.20	Mo I	7
61.99	X G	5	37.91	Co I	15
61.70	Ca I	20	37.6	Se G	4
61.18	H 2	7	37.14	Rh B	12
60.77	Mn B	3	35.5	P G	5
5260.48	X G	5	5235.2	Se G	4
60.39	Ca I	4	35.17	Co B	5
60.22	Rb I	2	34.85	Pd I	20
60.03	Rb I	5	34.63	Fe II	4
59.38	La II	40	34.63	J I	7
59.03	Mo B	5	34.27	La I	300
58.33	Sc B	4	34.15	Nd B	50
57.60	Co B	5	34.08	V B, F	5
57.06	Ru B	8	34.02	Ne G	5
56.90	Sr I	50	33.96	Rb I	3
5256.61	H 2	7	5233.22	Th B	4
56.6	Ge III	3	32.94	Fe I	40
56.16	Pd B	10	32.8	Se G	5
55.83	Ti B	5	31.4	As F	7
55.47	Nd B	50	30.61	Rh B	9
55.33	Mn B	5	30.30	Au I	8
55.14	Cr B	5	30.20	Co I	25
54.4	Ar G	2	29.85	Fe I	5
54.32	In I	3	29.3	Ge III	6
53.7	Se G	7	29.28	Sr B	5
5253.5	P G	8	5228.9	J F	8
53.45	La I	100	27.64	Pt B	20
53.1	Se G	6	27.53	Se II	15
52.9	Ar G	3	27.19	Fe I	40
52.10	Ti I	6	27.00	Cs II	8
51.63	Ru B	8	26.87	Fe I	5
50.65	Fe I	6	36.54	Ti II	3
49.54	Nd B	100	25.11	Sr I	20
49.37	Cs II	6	24.96	Ti I	7
48.6	In F	10	24.95	Cr B	3
5247.91	Co I	5	5224.68	W B, F	10
47.65	Th B	5	24.56	Ti I	7
47.56	Cr I	40 R	23.9	Se G	5
47.14	Hf II	30	23.54	Ru B	7
45.6	J F	10	23.1	As G	6
45.2	Se G	6	22.81	Hg II	8
42.49	Fe I	4	22.34	Ne G	5
42.37	Ru B	7	22.23	Sr B	5
40.94	Mo I	6	21.34	Cl II	7
38.94	Sb II	20	21.27	Ar I	10

λ in I. Å.	Element	Intensität	λ in I. Å.	Element	Intensität
5220.2	Ni I	5	5200.59	Sm I	200
20.07	Cu I	25	00.41	Y II	10
19.70	Ti I	6	5198.9	J G	8
19.4	S II	6	98.71	Fe I	4
18.20	Cu I	80	97.59	Fe II	4
17.92	Cl II	10	97.23	Mn B	3
17.39	Fe I	5	96.60	Mn B	5
16.9	Hg II	9	96.45	Cr F	4
16.27	Fe I	10	96.38	H 2	8
16.2	J G	10	95.47	Fe I	8
5215.4	As G	5	5195.27	Rb I	5
15.18	Fe I	6	95.00	Ru B	10
14.12	Cr B	3	94.94	Fe I	10
13.00	Sr B	4	94.85	V F	8
12.75	Ta I	35	93.65	V F	5
12.70	Co I	5	93.22	Ne I	8
12.70	Rh B	4	93.13	Rh B	30
12.5	S II	6	93.13	Ne I	8
11.85	La I	150	93.02	V F	5
11.49	Rh B	4	92.98	Ti I	35
5211.39	Zr B	4	5192.72	W B	4
10.79	Hg II	30	92.64	Nd B	80
10.57	Ne G	5	92.34	Fe I	30
10.52	Sc B	4	91.60	Zr II	7
10.39	Ti I	25	91.46	Nd B	100
10.2	Ge III	4	91.45	Fe I	20
09.2	Bi II	75	91.4	P II	6
09.08	Ag I	12 R	91.4	X G	5
08.90	Pd B	10	90.56	O II	3
08.87	Ne G	5	90.42	N II	2
5208.8	Bi II	35	5188.84	Ca I	6
08.59	Fe I	7	88.69	Ti II	10
08.42	Cr I	300	88.61	Ne I	8
08.32	Kr II	500	88.21	La II	500
06.73	O II	5	87.75	Ar I	15
06.05	Cr I	200	88.1	X G	4
05.93	Ra I	10	87.7	Se G	5
05.71	Y II	10	87.4	Ce B	6
05.3	As G	6	87.3	Ar G	—
04.78	Hg II	15	85.9	Ti II	5
5204.54	Cr I	150	5185.1	J G	8
04.20	J I	6	84.97	N II	2
04.14	La II	300	84.83	In II	1
03.90	Ne I	8			1–5–8–1
03.8	P G	5	84.16	In II	1
02.63	Os E	9	84.57	Cr B	3
02.34	Fe I	8	84.19	Rh B	9
01.5	Bi II	20	83.9	Br G	4
01.47	Pb I	3	83.60	Mg I LL	125 R
00.96	S II	6			

λ in I. Å.	Element	Intensität	λ in I. Å.	Element	Intensität
5183.42	La II	400	5162.29	Ar I	10
83.21	N II	2	62.27	Fe I	10
			61.19	J II	10
5183.0	Se G	5			
82.4	Br II	6	5161.1	As F	7
82.2	As G	7	60.02	O II	4
82.00	Zn I	50	59.93	Ba B	4
81.86	Hf I	40	58.89	Ne G	5
80.58	H 2	7	58.69	Rh B	9
79.50	N II	5	58.00	Zr B	4
79.4	Sb F ?	4	57.09	Rh B	8
78.58	Ge II	10	56.74	La II	30
78.1	J G	8	56.66	Ne G	5
			56.4	J G	8
5177.30	La I	150			
76.93	Ir B	8	5156.08	Sr I	5
76.55	Ni B	6	55.76	Ni I	9
76.4	Ar G	3	55.54	Rh I	10
76.4	P G	5	55.44	Zr B	4
76.07	Co B	6	55.12	Ru I	12
76.00	O II	2	54.8	Cd I	5
75.97	Se II	20	54.42	Ne G	5
75.96	Rh B	12	53.6	Tl B	10
75.89	N II	4	53.40	Na I	2
			53.24	Cu I	100
5175.6	Ba B	3			
75.56	In II	7	5152.5	Ar G	3
		7–8–9	52.2	P II	4
75.29	In II	9	52.1	Tl II	20
74.15	Mo I	9	52.09	Rb II	6
73.92	Pr B	6	51.96	Ne G	5
73.74	Ti I	30 R	51.91	Fe I	4
73.37	N II	2	51.64	Th B	4
73.15	Mo B	9	51.08	C II	3
72.94	Mo B	9	51.06	Ru B	8
72.68	Mg I LL	80 R	50.84	Fe I	6
5171.60	Fe I	20			
71.6	Se G	5	5150.8	Al III	6
71.02	Ru I	40	50.1	Se G	4
69.65	Rb I	2	49.73	Os B	7
69.03	Fe II	8	49.7	J G	6
68.90	Fe I	4	48.84	Na I	5
68.66	Ni I	8	48.72	V B	5
67.49	Fe I	40	48.18	Th B	4
67.32	Mg I	40	47.49	Ti I	7
66.28	Fe I	4	47.4	J G	6
			47.24	Ru B	10
5166.24	Cr B	3			
65.41	Fe I	4	5146.76	Co I	6
64.4	Br G	5	46.48	Ni I	10
63.9	Al III	7	46.26	Hg II	8
63.83	Pd I	40	46.1	O I	5
63.61	La II	20	45.46	Ti I	7
62.71	X I	10	45.42	La I	200

λ in I. Å.	Element	Intensität	λ in I. Å.	Element	Intensität
5145.4	Ar II	8	5123.21	Y II	4
45.38	Mo I	4	22.99	La II	200
45.16	C II	5	22.76	Co I	6
45.12	Ne I	5	22.34	Ne I	8
			22.26	Ne I	8
5145.01	Ne I	10			
44.94	Ne I	10	5122.08	In II	1
44.3	Bi II	60			1–1–3–3
43.49	C II	2			–4–9
42.93	Fe I	3	21.10	In II	9
42.77	Ru B	8	21.15	In II	2
42.77	Ni I	10			2–9–7–6–3
42.54	Fe I	3	20.53	In II	3
42.15	Se II	12	20.42	Ti B	6
41.8	Ar G	4	19.35	J I	12
			19.10	Y II	5
5141.65	Ca B	8	17.94	Mn B	3
41.63	Ta I	30	17.7	Se G	6
41.2	Sb F	3	17.46	In II	2
39.46	Fe I	20			2–8–4
39.25	Fe I	10			
38.44	V F	10	5117.37	In II	4
37.38	Fe I	6	17.14	Ce B	4
37.10	Ni I	8	17.01	Pd I	20
36.55	Ru I	25	17	Corona	2
36.47	Ta I	30	16.91	In II	6
					6–5–1–3–3
5135.09	Lu I	50			–2–2–1
34.75	Ge III	18	14.77	In II	1
34.3	Se G	7	16.50	Ne I	8
34.28	La B	6	16.0	Corona	3
33.70	Fe I	20	15.84	Ta I	35
33.45	Co B	5	15.43	Ni I	8
33.29	C II	2			
32.96	C II	3	5115.27	Zr I	15
31.7	Ge II	10	14.55	La II	200
30.5	O I	3	14.4	J G	8
			14.37	Pd B	8
5129.94	In II	5	13.8	Sb F	2
29.76	In II	3	13.66	Ne G	5
29.38	Ni I	8	13.45	Ti I	6
29.15	Ti II	9	13.13	H 2	7
28.54	V F	9	12.28	Zr II	12
28.45	Hg II	10	12.17	K I	5 R
27.36	Fe I	5			
26.19	Co I	5	5111.91	Cu I	5
25.73	Kr II	400	10.81	Pd I	15
25.20	Ni I	7	10.41	Fe I	10
			09.6	Se G	6
5125.12	Fe I	6	09.36	In II	8
25.0	As G	5	09.1	Se G	6
24.3	Bi II	50	07.8	As II	8
23.72	Fe I	6	07.64	Fe I	8
23.66	In B	8	07.45	Fe I	6
			07.3	Pb I	5

λ in I. Å.	Element	Intensität	λ in I. Å.	Element	Intensität
5107.06	Ru B	8	5079.68	Ce B	5
06.23	La I	100	79.3	Bi III	45
05.7	As II	8	79.23	Fe I	6
05.54	Cu I	300 R	78.9	Nb I	200
03.49	As B	7	78.5	Tl II	20
03.09	Sm II	200 d	78.28	Zr I	20
01.12	Sc I	20	78.1	Cl G	4
00.30	Sm B	4	76.34	Ru B	7
5099.98	Ni I	10	76.28	Cu B	3
99.4	K I	3 R	76.0	Ar F	1
5099.36	Ni I	5	5075.81	Sc I	10
99.22	Sc I	40	75.32	Ce B	5
98.70	Fe I	8	74.75	Fe I	10
97.56	Ra I	10	74.6	Pb II	6
97.12	K I	2 R	74.33	Yb I	30
97.00	Fe I	6	73.5	N II	1
96.73	Sc I	30	72.97	Ru B	7
96.57	Se II	10	71.74	W B	10
96.48	Re I	30	71.73	Ce I	20
95.29	Rb B	10	70.7	Pb II	7
5095.0	Th B	4	5070.21	Sc I	40
93.82	Ru B	10	69.16	W B	7
93.2	Se G	7	68.77	Fe I	10
90.78	Fe I	6	68.67	Se II	12
90.63	Rh I	10	68.6	In I	4
90.0	Pb I	4	68.12	H 2	7
87.42	Y II	10	67.97	Th B	5
87.12	Sc I	30	66.5	Hg II	9
87.0	Tl III	4	65.02	Fe I	6
86.95	Sc I	50	65.5	J G	6
5086.52	Kr II	250	5065.20	Zr B	4
85.82	Cd I	10 R	65.02	Fe B	3
85.54	Sc I	50	64.92	Zr I	35
85.50	Rh B	4	64.65	Ti I	25
84.84	H 2	9	64.62	Au I	7
84.5	Em G	10	64.31	Sc I	10
84.3	K I	2 R	64.31	Rh B	4
84.07	Ni I	6	63.39	Pd B	10
83.72	Sc I	90	62.02	Ar II	8
83.34	Fe I	7	60.42	Zr I	12
5083.0	Te I	8	5060.08	Ar I	10
81.56	Sc I	125	59.89	Mo B	5
81.12	Ni B	9	59.49	Pt I	15
81.05	Ra F	6	58.58	Re I	25
80.7	X G	7	58.55	Th B	4
80.53	Ni I	8	57.32	Ru I	6
80.49	H 2	7	56.18	K II	7
80.38	Ne I	6	56.34	Si II	1
80.03	Mo B	4	56.00	Si II	10
79.74	Fe I	3	55.33	Th B	4

λ in I. Å.	Element	Intensität	λ in I. Å.	Element	Intensität
5055.09	H 2	9	5031.03	Sc II	7
54.7	Br II	8	30.37	H 2	9
54.62	W B	6	29.54	Eu I	5
54.3	Ar G	2	28.59	Th B	5
53.30	W B	500	28.28	X I	7
52.12	C I	6	28.13	Fe I	4
51.63	Fe I	10	27.38	U B	5
49.82	Fe I	15	27.12	Fe I	5
49.81	Th II	7	25.67	N II	6
48.82	Ni I	5	25.6	Se G	5
5048.81	Ar I	10	5025.58	Ti I	8
47.73	He I	2	24.85	Ti I	9
46.61	Zr I	25	23.15	In I	—
46.06	Ir B	8	22.91	Eu I	6
45.2	Te G	4	22.87	Ti I	9
45.10	N II	5	22.85	Ce B	4
45.0	Em G	4 d	22.40	Kr II	200
44.14	In II	4	22.24	Fe I	6
		4–3–4	20.1	O I	5
43.55	In II	4	20.03	Ti I	8
44.04	Pt I	10			
5044.02	Ce B	4	5019.4	Se G	6
43.80	Cs II	6	19.3	O I	4
42.5	Pb II	10	18.8	O I	3
42.19	Ni I	5	18.44	Fe II	8
41.76	Fe I	10	18.37	In I	—
41.66	C I	3	18.30	Ni I	5
41.63	H 2	8	18.14	Hf B	6
41.61	Ca I	40	17.61	Ni I	10
41.4	Ra F	6	17.25	Th II	8
41.04	Si II	9	17.2	Ar F	5
5041.07	Fe I	7	5016.88	Ge III	10
40.82	Hf II	150	16.61	Cu I	15
39.96	Ti I	20	16.17	Ti I	8
39.82	H 2	9	16.0	N F	3
39.05	C I	3	15.90	Th B	4
38.41	Ti I	25	15.68	He I	6
37.75	Ne I	10	15.33	W B	300
37.65	Ta I	30	15.07	H 2	8
37.33	Ta I	30	15.00	Ir B	10
36.5	J G	6	14.95	Ru B	8
5036.47	Ti I	25	5014.94	Fe I	10
35.91	Ti I	25	14.25	Ti I	10
35.75	C I	1	14.07	S II	8
35.36	Ni I	10	13.31	Cr B	3
34.3	Cu B	2	13.2	Kr G	3
33.53	Pt I	5	13.19	Eu I	6
32.4	S II	7	13.04	H 2	10
31.84	Os B	6	13.0	Ba II	10
31.35	Ne I	9	12.07	Fe I	12
31.3	Se G	8	11.8	N G	2

λ in I. Å.	Element	Intensität	λ in I. Å.	Element	Intensität
5011.22	Ru B	9	4987.3	N F	3
11.19	H 2	8	87.16	Th B	5
10.62	N II	4	86.93	J II	10
09.58	S G	6	86.82	La II	100
09.25	Ar II	8	85.99	Re I	40
09.16	Ir B	7	85.76	Mn B	3
08.00	H 2	8	85.6	As II	9
07.32	N II	7	85.54	Fe I	7
07.27	Fe B	3	85.25	Fe I	7
07.21	Ti I	40	84.12	Ni I	9
5006.85	O III (Nebel)	—	4983.85	Fe I	.6
06.17	W B	400	82.81	Na I LL	4
06.12	Fe I	20	83.25	Fe I	5
05.71	Fe I	10	82.61	W B	200
05.59	K II	8	82.50	Fe B	8
05.5	Pb I	3	82.12	Y II	5
05.45	Pb I	4	82.0	Ra F	6
05.33	Ne G	5	81.85	Ir B	7
05.16	Ne I	10	81.73	Ti I	60
05.14	N II	10	81.3	Tl II	18
5004.91	Mn B	3	4980.57	Hg II	10
04.38	Ir B	6	80.35	Ru B	9
03.40	H 2	9	80.17	Ni B	9
02.79	Fe I	6	79.76	Br I	15
02.73	Ir B	10	79.15	Rh B	9
02.69	N II	2	79.12	Mo B	5
01.86	Fe I	12	78.9	Em G	10
01.47	N II	8	78.8	Kr G	3
01.2	Hg II	10	78.54	Na I LL	3
01.14	Lu I	50	77.72	Rh I	10
5001.13	N II	7	4976.18	Ru B	9
01.01	Ti I	4	75.76	Se II	12
00.34	Ni I	6	75.35	Ti B	4
4999.72	Ir B	12	75.34	Ne G	5
99.50	Ti I	45	75.25	Hf I	25
99.46	La II	200	⎰73.99	In II	1
94.92	Ne G	5	⎱		1-3-3-4-4
94.74	Zr B	4	73.61	In II	4
94.36	N II	6	73.7	Hg II	9
94.13	Fe I	8	73.31	H 2	8
			72.6	Cs F	5
4994.13	Lu II	120	4972.20	Ar II	4
93.51	S I	8	71.95	Co I	4
93.6	Bi II	20	71.93	Li I	7
92.88	Se II	15	71.93	Pd B	9
92.0	Se G	5	71.7	Ra F	8
91.97	Ti I	7	71.65	Sr I	3
91.97	S G	5	71.50	Ce B	4
91.26	La II	20	70.47	Ir B	8
91.07	Ti I	50	70.39	La II	100
88.95	Fe I	6	70.05	Th B	4

λ in I. Å.	Element	Intensität	λ in I. Å.	Element	Intensität
4969.6	P II	7	4943.4	P II	7
68.8	O I	6	43.24	K II	6
68.3	J G	6	43.1	J G	6
67.92	Sr I	8	43.06	O II	7
67.9	O I	6	42.49	Cr B	4
67.4	O I	4	41.12	O II	5
66.59	Co I	4	39.73	Pr I	100
66.09	Fe I	8	39.69	Fe I	3
65.86	Mn B	5	39.18	Ir B	6
65.1	Ar G	4	39.03	Ne G	5
4964.94	K I	1 R	4938.81	Fe I	10
64.15	Th B	5	38.6	J G	6
63.68	Rh I	10	38.43	Ru B	10
62.4	Se G	4	38.17	Fe I	2
62.25	Sr I	6 R	38.09	Ir B	15
61.94	Sm II	250	37.28	Ni I	5
60.22	Eu I	5	36.47	Ti I	6
59.41	Zr B	5	36.41	Ta I	30
59.3	Br G	4	36.33	Cr B	4
59.13	Nd B	60	35.84	Ni I	5
4958.90	O III (Nebel)	—	4935.51	Yb I	600
58.25	Ru B	10	35.0	N I	5
57.60	Fe I	60	34.83	La II	100
57.6	J G	6	34.24	H 2	10
57.31	Fe I	7	34.10	Ba II LL	700 R
57.2	Ba II	10	33.23	Ar II	6
57.12	Ne I	7	32.26	H 2	7
57.03	Ne I	10	32.00	C I	5
56.6	K I	1 R	30.7	Br II	8
55.78	O II	3	28.8	Br II	10
4955.38	Ne G	5	4928.80	H 2	8
54.80	Cr B	4	28.64	H 2	9
54.78	Nd I	80	28.29	Co I	4
54.65	Th B	4	27.53	Ra II	10
54.3	P II	5	27.2	P II	4
52.84	Cs II	6	26.02	Ta I	35
51.34	Pr I	150	25.65	V B	5
50.76	K I	1 R	25.31	S II	6
50.60	Mo B	4	24.93	In II	7 u
50.2	Em G	4	24.78	Fe B	3
4949.76	La B	200	4924.60	O II	6
49.3	Ar F	2	24.59	Pr I	100
48.94	Hf I	20	24.53	Nd I	300
48.4	Sb F	2	24.1	Sn III	6
47.32	Ba B	3	24.09	S G	5
46.73	Re I	50	24.0	Zn II	10
46.39	Fe I	4	23.92	Fe II	10
45.59	Kr II	300	23.91	Re I	100
44.98	Ne G	5	23.15	X I	8
44.83	Nd I	100	22.26	Cr B	4

λ in I. Å.	Element	Intensität	λ in I. Å.	Element	Intensität
4921.93	He I	4	4899.91	Ti I	6
21.80	La II	300	99.52	Co I	7
21.95	Th B	5	99.64	Al II	3
21.5	X G	5	99.27	U B	4
21.07	Ru I	12	99.22	Os B	7
21.0	Se G	6	98.76	Al II	5
20.98	La II	300	98.52	Al II	2
20.68	Nd I	60	96.93	Nd I	200
20.50	Fe I	60	96.7	Cl II	18
20.13	Ta I	35	96.7	J G	10
4919.87	Pd B	8	4895.59	Ru I	12
19.81	Th II	9	95.3	N F	3
19.7	X G	4	94.96	Th B	4
18.99	Fe I	30	94.69	Ar I	10
17.01	J I	16	93.12	Zr I	5
16.51	X I	8	92.09	Ne I	9
16.20	S G	5	92.01	Sr I	6
16.04	Hg I	10	91.8	Ba II	50
15.7	Em G	4	91.49	Fe I	50
15.3	As B	7	91.3	Em G	4
4914.9	N I	5	4891.3	J G	6
13.62	Ti I	7	91.07	Nd I	100
13.41	Nd I	80	90.93	O II	4
12.60	Os B	6	90.76	Fe I	25
12.6	Os B	6	90.1	X G	5
12.50	Th B	4	89.2	Ar F	4
11.39	Eu I	8	89.15	Re I	2000
09.75	Zr B	6	88.8	As II	8
07.18	Eu I	6	88.7	Ar F	4
07.15	In II	6	88.6	As G	8
4906.97	In II	3	4887.95	Ar I	15
06.88	O II	5	87.72	Zr I	1
05.07	Zr I	5	87.3	X G	5
04.7	Cl II	15	87.01	Cu B, F	3
04.40	Ni I	10	86.92	W B	400
04.39	V F	8	85.63	Rb F	5
04.17	Co B	5	85.09	Ti I	8
03.71	Al III	4	85.08	Ne G	5
03.31	Fe I	12	84.92	Ne I	10
03.26	Cr B	3	83.97	Sm I	200
4903.1	Ra F	5	4883.81	Nd I	200
03.04	Ru I	15	83.7	J G	8
02.88	Ba I	10	83.69	Y II	10
02.77	Al II	5	83.6	Zr B	4
01.84	Nd I	150	83.5	X G	6
00.86	Eu I	5	82.71	Co I	5
00.64	V F	5	82.29	Ar III	4
00.13	Y II	10	82.04	Cd II	10
00.0	Ba II	35	81.55	V I	50
4899.92	La II	200	81.45	Y II	1

λ in I. Å.	Element	Intensität	λ in I. Å.	Element	Intensität
4880.57	V B	5	4862.05	Mn B	3
79.8	Ar II	8	61.84	Cr B	3
79.8	Os B	4	61.32	H I 2–4	—
79.53	Pt B	8	61.03	O II	3
78.21	Fe I	12	60.88	La II	10
78.13	Ca I	50	60.01	D I 2–4	—
77.65	Ba I	3	59.84	Y I	35
77.24	Sb II	20	59.74	Fe I	15
76.6	Te III	8	59.4	F II	7
76.5	X G	7	59.36	He II 4–8	—
4876.31	Sr I	6	4859.02	Nd B	100
76.26	Ar I	15	58.6	Sn B	4
76.07	Sr I	6	58.31	Th B	4
75.46	V I	40	57.20	Kr II	40
75.43	Pd I	20	56.82	O II	3
75.26	Ar II	8	56.55	H 2	6
74.18	Ag B	4	56.49	O II	2
73.45	Ni I	2	56.4	Em G	4
73.01	H 2	8	56.07	Ra I	10
72.89	Th B	4	56.02	Ti I	7
4872.48	Sr I	6	4855.7	Hg II	8
72.14	Fe I	20	55.42	Ni I	8
71.58	O II	4	55.36	Rb II	3
71.32	Fe I	25	55.07	Sr I	4
70.80	Cr B, F	3	54.87	Y II	10
70.14	Ti I	7	54.7	P G	5
70.0	Cs F	6	54.37	Sm II	150
69.20	Sr B	3	53.92	Pt B	5
69.15	Ru I	25	52.69	Y I	40
68.74	Sr I	4	52.65	Ne G	5
4868.26	Ti I	6	4851.62	Rh B	20
68.03	Mo B	6	51.50	V I	9
67.88	Co I	8	51.36	Zr I	5
67.5	Ar F	4	50.42	Th B	4
67.2	N III	5	50.4	J G	10
66.74	Nd B	60	49.30	H 2	9
66.5	Te F	4	48.8	Br II	10
66.28	Ni I	7	48.26	Cr B	6
65.9	Ar F	4	48.15	Ag B	3
65.75	Rh B	4	47.78	Ar II	8
4865.61	Os B	10	4847.76	Sm II	200
64.95	O II	3	46.60	Kr II	120
64.74	V I	40	46.0	As G	6
64.5	J G	6	45.67	Y I	50
64.4	P II	4	44.98	Se II	20
64.1	Te II	10	44.54	Ru B	9
63.24	Ce I	15	44.33	X G	10
63.17	Th II	8	44.21	Sm II	300
62.5	X G	8	44.00	Rh I	15
62.38	J I	20	43.87	Os B	5

λ in I. Å.	Element	Intensität	λ in I. Å.	Element	Intensität
4843.83	W B	500	4824.13	Cr B	10
43.5	Ba II	8	24.05	La II	100
43.29	X I	8	23.52	Mn I	50
43.03	W B	8	23.31	Y II	10
.42.40	Rh I	8	23.3	X G	6
41.70	Sm I	400	23.17	Ne G	5
41.2	Hg II	8	22.94	H 2	8
40.88	Ti B	9	21.92	Ne I	8
40.61	Se II	12	20.42	Ti I	7
40.28	Co I	8	19.5	Se G	6
4840.00	La II	10	4819.48	U B	4
39.87	Y I	60	19.45	Cl II	6
39.62	Lu II	30	19.26	Mo B	10
38.99	Ru B	8	18.79	Ne G	5
38.24	H 2	8	18.62	Th B	4
37.31	Ne I	9	18.0	X G	4
37.24	Hf I	20	17.64	Ne I	8
36.69	Ar I	10	17.51	Pd I	30
35.1	J G	6	17.02	Pd B	9
33.00	Ru B	10	17.0	Em G	7
4832.78	Th B	5	4816.72	Br II	15
32.82	Sb II	20	15.95	Os B	6
32.43	V I	30	15.81	Sm II	400
32.07	Sr I	6	15.62	Zr I	25
32.07	Kr II	150	15.52	S II	9
31.64	V I	30	15.50	Ru I	15
31.3	Te II	10	14.80	Ge II	200
31.19	Ni I	5	13.60	H 2	7
30.8	Se G	4	13.49	Co I	10
30.52	Mo B	10	12.64	Kr I	40
4830.16	Cs II	6	4812.3	Ac	4
29.57	Sm II	250	11.86	Sr I	6 R
29.71	X I	8	11.8	As G	6
29.7	Kr G	3	11.76	Kr II	50
29.36	Cr B	5	11.61	Au I	5
29.21	K II	9	11.34	Nd B	100
29.04	Ni I	8	11.07	Mo B	6
28.3	J G	6	10.63	Ne G	5
28.12	Be II	7	10.53	Zn I	60 R
28.02	Zr B	5	10.47	Rh I	12
4827.59	Ne I	8	4810.29	N II	2
27.45	V I	30	10.07	Ne G	5
27.34	Ne I	10	10.05	Cl II	8
26.2	Te II	10	09.47	Zr B	5
25.91	Ra I	100	09.00	La II	100
25.62	Hg II	8	07.56	V I	10
25.48	Nd B	150	07.34	H 2	5
25.18	Kr II	80	07.02	X I	9
24.28	Zr I	4	07.0	Kr G	4
24.20	Ge II	10	06.5	J G	8

λ in I. Å.	Element	Intensität	λ in I. Å.	Element	Intensität
4805.99	Ar II	0	4786.58	Y II	5
05.87	Zr I	5	86.54	Ni I	10
05.43	Ti I	5	86.21	H 2	5
04.87	Ru B	8	85.48	Br II	10
04.03	La II	50	85.42	Lu II	60
03.27	N II	6	84.92	Zr B	5
03.0	O I	4	84.48	V I	30
02.36	Br B	4	84.32	Sr I	5
02.1	As G	6	84.03	Sb II	30
02.01	Sb II	20	83.5	Te III	12
4801.04	Cr B	7	4883.43	Mn I	50
00.50	Hf I	25	83.3	Te III	10
4799.92	Cd I	50 R	83.13	Sm I	300
99.5	As G	6	82.87	Rb F	7
99.02	V I	8	81.89	Yb I	200
98.65	Rh B	4	81.3	Cl G	5
98.3	O IV	5	81.17	N II	2
98.2	Pb III	4	80.92	H 2	5
97.6	Se G	4	80.94	Ta B	3
97.4	Bi III	40	80.89	H 2	5
4797.10	H 2	4	4780.34	Ne I	6
97.1	Hg II	50	80.31	Br I	15
97	Em G	2	80.00	Co I	5
96.99	H 2	4	79.71	N II	4
96.94	V I	10	79.46	Nd I	80
96.53	Mo B	4	79.38	Sc I	4
95.64	Ir B	3	79.38	Ir B	4
94.5	Cl II	10	78.15	Se G	5
94.00	Os B	15	78.0	Sm II	200
93.66	N II	2	77.85	V F	8
92.87	Co I	8	76.48		
4792.62	X I	7	4776.43	Br II, III	10
92.60	Au I	8	76.36	V I	60
92.53	Cr B	4	76.32	Co I	4
92.0	P G	5	76.00	Rb II	9
91.58	Sm II	200	75.87	C I	3
91.42	Re I	100	74.27	Th B	5
90.22	Ne I	10	74.22	N II	2
89.65	Fe B	7	73.93	Ce B	4
89.60	Ne G	5	73.83	Br G	4
89.35	Cr B	5	73.8	O I	5
4788.93	Ne I	10	4773.72	Hf I	10
88.76	Fe I	4	73.44	Mo B	4
88.68	Zr I	6	72.9	O I	4
88.5	Li II	2	72.82	Fe I	3
88.18	Pd I	20	72.70	U B	4
88.13	N II	5	72.32	Zr I	30
87.8	X G	4	71.72	C I	4
87.1	As G	6	71.10	Co I	5
86.81	Fe I	5	70.00	C I	2
86.62	Yb II	80	69.30	Co I	5

λ in I. Å.	Element	Intensität	λ in I. Å.	Element	Intensität
4769.0	X G	4	4754.4	Te II	10
68.8	Em G	7	54.37	Co I	4
68.67	Ar I	10	54.04	Mn I	50
68.2	J G	6	53.16	Sc I	4
67.1	Br II	10	52.94	Ar I	10
66.64	V I	50	52.73	Ne I	8
66.62	C I	2	52.50	Tb B	10
66.43	Mn I	20	52.40	Th II	6
66.0	Br II	8	52.27	Br I	12
65.86	Mn I	10	52.11	Cr B	4
4765.74	Kr II	200	4752.0	Kr G	3
65.6	Se G	5	51.82	Na I	4
65.36	Sb II	20	51.58	H 2	6
64.89	Ar II	10	51.57	V I	35
64.31	Cr B	4	51.34	O II	3
64.3	Tl II	10	51.1	Hg II	8
63.84	H 2	9	50.41	Mo B	4
63.66	Se II	20	49.69	Co I	8
63.6	Cs F	5	49.7	Bi II	20
63.38	J I	7	49.57	Ne I	8
4763.09	Os B	5	4748.73	La II	150
62.78	Zr B	5	48.53	V I	38
62.43	Kr II	150	47.94	Na B	3
62.41	C I	4	46.64	V I	35
62.37	Mn I	30	45.81	Fe B	3
61.9	Se G	5	45.68	Sm II	500
61.53	Mn I	10	45.68	Rh I	15
61.10	Th B	5	45.10	Rh I	15
61.0	Pb III	6	44.92	K II	4
60.98	Y I	30	43.88	Os B	5
			43.81	Sc I	7
4760.29	Sm I	300	4743.8	Ge F	2
60.20	Mo B, F	9	43.08	La II	250
59.28	Ti I	8	42.80	Ti I	7
58.72	Ne G	5	42.70	Br II	10
58.60	Cu B	4	42.4	Hg II	9
58.50	Mo B	4	42.25	Se I	8
58.13	Ti I	8	42.03	Ho B	10
57.85	Ru I	20	42.00	Ge II	50
57.85	Rb F	5	41.91	Sr I	5
57.81	Sb II	20	41.71	O II	3
4757.56	W B	200	4741.53	Fe B	3
57.50	V I	50	41.41	Y B, F	3
56.79	U B	5	41.13	Pd B	5
56.52	Ni I	7	41.02	Sc I	30
56.44	Ir B	4	40.95	Se II	10
56.23	Ru B	8	40.47	Th B	6
56.13	Cr F	8	40.7	Cl I	5
55.55	Rh B	4	40.40	Ra B	2
55.33	Rb F	5	40.27	La II	120
54.44	Ne G	5	40.24	Ta B	4

λ in I. Å.	Element	Intensität	λ in I. Å.	Element	Intensität
4739.49	Ce II	2	4725.7	Te III	8
39.48	Zr I	45	25.09	Ce B	4
39.03	Se I	20	24.42	Cr B	3
39.00	Kr II	300	24.42	La II	5
39.00	Mn I	5	23.78	Th B	4
38.39	Os B	5	23.03	H 2	10
37.65	Sc I	18	22.83	Bi I	10
37.05	Tl II	30	22.54	Bi I	10 R
37.34	Cr B	5	22.27	Sr I	6
37.24	Ce B	4	22.19	Bi I	10
4736.77	Fe I	12	4722.16	Zn I	10 R
36.72	Pr I	100	21.76	Em I	30
35.89	Ar II	6	20.99	Rh B	8
35.47	Br G	5	19.93	La II	150
35.35	Sb F	2	19.84	Sm II	200
34.15	X I	10	19.76	Br II	8
34.10	Sc I	15	19.11	Zr B	6
34.1	Kr G	4	19.04	H 2	7
33.78	Bi B	2	19.02	Nd I	100
33.59	Fe I	4	18.45	Cr B	7
4733.47	Ru I	12	4718.3	Se G	4
32.0	Cs F	4	17.92	Mo B	4
32.58	Gd B	5	17.69	V B	5
32.33	Zr F	8	17.61	Zr B	5
31.84	Dy B	10	17.4	N G	3
31.77	Nd I	60	16.65	Si III	5
31.60	U B	5	16.41	La II	25
31.45	Mo B, F	10	16.25	S II	7
31.34	Ru I	10	16.22	Pd B	5
31.17	Ti B	5 R	16.10	Sm I	250
4730.9	As II	8	4715.76	Ni I	8
30.79	Se I	20	15.34	Ne I	15
30.72	Cr B	4	14.42	Ni I	10
30.5	J G	8	13.37	He I	1
30.48	Rb F	5	13.14	He I	3
30.3	Bi II	30	12.90	La II	12
30.03	Mg I	2	12.06	Ne I	10
29.23	Sc I	10	11.91	Zr B	5
28.83	Ir B	4	11.26	Sb II	40
28.76	Sc I	8	11.07	H 2	6
4728.46	Gd B	6	4710.57	V B	5
28.43	Sm I	300	10.28	Fe I	5
28.41	La II	100	10.20	Ti I	6
28.2	Br G	4	10.08	Zr I	10
27.5	P G	6	10.06	Ne I	10
27.46	Mn I	10	10.04	O II	5
27.15	Cr B	3	09.70	Mn I	10
26.85	Ar II	10	09.6	N G	2
26.45	Ba I	8	09.54	H 2	10
26.08	Yb II	60	09.49	Ru I	35

λ in I. Å.	Element	Intensität	λ in I. Å.	Element	Intensität
4708.9	Ba II	8	4693.30	Br G	8
08.85	Ne 1	12	93.3	Ta F	4
08.22	Mo B	6	93.20	Co I	7
08.04	Cr B	7	93.10	Tb B	6
08.0	J G	8	92.50	La II	200
07.8	As II	7	92.91	Sb III	30
07.27	Fe I	8	92.05	Os B	6
07.25	Mo B	10	91.89	Ta B	3
06.58	V B	5	91.63	Ba B	7 R
06.54	Nd B	100	91.53	Cl I	12
4706.17	V B	5	4691.41	Fe I	6
05.36	O II	8	91.34	Ti I	8
05.3	Bi II	60	91.16	La II	30
04.95	Fe I	5	91.28	Kr II	60
04.9	Se G	4	90.97	X I	7
04.9	Br II	10	90.18	H 2	7
06.59	Cu I	60	90.10	Ru I	4
04.40	Sm II	500	89.39	Cr B	4
04.40	Ne I	15	89.07	U B	5
04.06	Rh I	10	88.45	Zr I	25
4703.80	Ni B	5	4687.80	Zr I	50
03.27	La II	150	87.66	Ne G	5
03.18	O II	3	87.18	Sm II	400
02.99	Mg I	40	86.92	V B	5
02.53	Ne G	5	86.22	Ni I	5
02.5	Em G	—	85.84	Ge I	20
02.40	Tb B	8	85.80	He II ⎫	—
02.31	Ar I	100	85.70	He II ⎬ 3–4	—
01.6	Al III	6	85.8	Se G	5
			85.26	Ca I	12
4701.54	Ni B	6	⎧ 4685.22	In II	8
01.15	Mn I	4			8–1–3–3–2
00.45	Ba I	6			–5–1–2–4
00.42	W B	4	⎨		–3–4–2–5
99.62	La II	20			–2–1
4699.27	Ra B, F	5	⎩ 84.25	In II	1
99.21	O II	7	84.1	Au F	4
98.77	Ti I	8	84.09	Pt B	5
98.49	Cr B, F	4	84.02	Ru B	10
98.38	Co I	4	83.82	H 2	7
			83.7	Au F	4
4698.0	X G	5	83.53	X III	60
97.5	Cu B	3	83.45	Nd I	150
97.02	X I	8	83.43	Zr B	5
97.0	Kr G	4			
96.25	S I	6	4683.34	Gd B	5
95.45	S I	8	82.4	Ra B	100
94.6	N F	4	82.36	Co I	6
94.44	Kr II	100	82.34	H 2	6
94.13	S I	10	82.31	Y II	10
93.74	W B	5	82.28	Ra II	100

λ in I. Å.	Element	Intensität	λ in I. Å.	Element	Intensität
4681.91	Ti I	30	4671.82	La II	200
81.25	In II	1	71.69	Mn B	3
		1–3–8–7	71.61	Kr I	10
81.04	In II	7	71.31	H 2	7
81.87	Ta B, F	5	71.23	X I	10
			70.50	V I	7
4681.86	Tb B	8			
81.79	Ru B	10	4670.42	Sc F	10
81.0	Em G	10	70.3	Cs F	4
80.54	W B	400	69.97	Ru B	8
80.41	Kr II	100	69.65	Sm II	500
80.36	Ne G	5	69.40	Sm II	500
80.14	Zn I	10 R	69.34	Cr B	3
79.14	Ne I	7	69.17	Fe I	4
78.9	P II	6	69.14	Ta B	4
78.85	Fe I	7	69.0	Na I	4
			68.91	La II	250
4678.70	Br II	10			
78.30	Sr I	4	4668.56	Na I	3
78.22	Ne I	8	68.48	Ag I	10
78.2	Li II	8	68.13	Fe I	6
78.16	Cd I	40 R	67.59	Ti I	10
77.9	Ag B	4	67.45	Fe I	6
77.7	S III	7	67.36	Ne G	5
77.46	Pd B	8	67.28	N II	2
77.36	Rh B	4	66.8	Al II	11
76.91	Sm II	500	66.54	Cr B	4
			66.5	J II	10
4676.5	J G	8			
76.25	O II	8	4666.5	Se G	4
75.8	P G	5	65.59	H 2	6
75.75	Sb II	20	65.19	Hf I	·30
75.61	Er F	10	64.81	Na I	1
75.5	J G	10	64.81	Cr B	4
75.38	Nb B	10	64.14	Hf II	150
75.12	Ti B	5	63.86	Cr B	3
75.02	Rh I	20	63.83	Nb B	9
74.98	N II	2	63.81	Os B	8
			63.8	J G	6
4674.84	Y I	45			
74.78	Cu I	6	4663.76	La II	300
74.63	Ru B	9	63.41	Co I	7
74.60	Sm II	600	63.05	Al II	10
74.36	Ge III	10	62.81	H 2	8
73.75	O II	3	62.76	Mo I	5
73.7	X G	4	62.51	La II	200
73.61	Ba I	7	62.35	Cd I	6
73.46	Be II	20	61.93	Mo I	5
73.16	Fe I	4	61.89	Eu I	30 R
			61.65	O II	9
4673.1	Au F	4			
72.58	Br G	6	4661.40	H 2	8
72.5	As G	7	61.22	Cl I	18
72.10	Nb I	200	61.10	Ne I	7

λ in I.Å.	Element	Intensität	λ in I.Å.	Element	Intensität
4660.28	Hg II	9	4648.40	Se II	15
59.94	C IV	5	47.7	Sb F	2
59.87	W B	6	47.61	Ru B	15
59.4	K II	7			
58.87	Kr II	300	4647.50	La II	100
58.88	Y B, F	3	47.43	Fe I	6
58.31	Y B	6	47.40	C III	10
			47.32	Sb II	30
4658.1	P G	6	46.68	Sm II	200
58.02	Lu I	40	46.60	U B, F	4
57.95	Pt B	9	46.5	Cs F	5
57.88	Ar II	9	46.40	Nd I	60
57.4	J G	6	46.40	V I	7
57.08	In II	5	46.17	Cr I	7 R
		5–5–1–2–5			
		–2–4–2–3	4645.42	Ne I	8
		–1–3	45.34	H 2	6
56.30	In II	3	45.28	La II	100
56.8	S II	10	45.26	Tb B	50
56.46	Ti I	8	45.20	Ti I	5
56.39	Ne I	8	45.07	Ru B	10
			44.68	In II	3
4656.15	Ir B	4			3–6–6–7
55.82	In II	8	44.53	In II	7
		8–2–6–2	44.4	Em G	9
		–5–4–5–4	43.69	Y I	50
55.37	In II	4			
55.49	La II	400	4643.54	Br G	4
54.73	Nd I	60 R	43.47	Fe B	3
54.62	Fe I	5	43.18	Rh B	10
54.57	N II	2	43.11	N II	8
54.50	Fe I	5	42.81	Mn B	3
54.31	Ru B	10	42.8	Pa	4
53.00	H 2	6	42.42	K I	2
			42.24	Sm II	500
4652.7	C III	1	42.0	Po	—
52.17	Cr I	6 R	41.97	Tb B	30
52.00	Br G	6			
52.0	X G	6	4641.92	K I	1
51.35	C III	8	41.9	N III	3
51.30	Cr I	6	41.83	O II	9
51.12	Cu I	150	41.5	Ra B	5
50.85	O II	6	41.10	Nd I	80 R
50.51	Ce I	15	40.98	Tb B	15
50.16	C III	9	40.9	J I	6
50.02	Ti I	5	40.64	N III	10
			39.95	Ti I	5
4649.77	Ho B	8	39.67	Ti I	5
49.67	Nd I	80 R			
49.2	C II	—	4639.60	Cr B	3
49.15	O II	9	39.37	Ti I	5
48.94	Nb B	7	39.36	Rh B	7
48.66	Ni I	10	38.87	O II	6
48.56	Rb II	8	38.30	O I	10

λ in I. Å.	Element	Intensität	λ in I. Å.	Element	Intensität
⌠4638.28	In II	5	4628.31	Ne I	7
		5–8–6–6	⌠28.31	In II	2
		–7–4–2			2–3–3–2
⌊37.94	In II	2	⌊27.78	In II	2
38.02	Fe B	4	28.2	Se G	4
37.9	Se III	7	28.16	Ce II	500
37.52	Fe I	4	28.0	Pa	9
			27.99	H 2	8
4637.17	Ar F	3	27.6	As G	6
⌠37.20	In II	1	27.48	Mo B	5
		1–2–2–3	27.43	In II	4
		–3–3–1			4–7–6–1
⌊36.86	In II	1			
36.7	Se G	6	⌊4627.22	In II	1
36.65	Gd B	100	27.26	Eu I	40 R
36.63	Ne I	5	26.6	P G	5
36.13	Ne I	5	26.54	Mn B	5
36.0	Li I	3	26.45	Mo I	10
35.67	Ru B	10	26.41	Zr B	6
35.18	V I	15	26.19	Cr I	6 R
			25.7	Em G	10
4634.9	J G	8	25.31	H 2	7
34.71	H 2	2	25.06	Fe I	4
34.60	H 2	5			
34.24	Nd I	200 R	4624.29	Kr G	10
34.16	N III	8	24.28	X I	10
34.11	Cr F	8	24.02	Th B	4
34.03	H 2	10	23.11	Ti I	7
33.90	Zr I	30	23.1	Cs F	4
33.88	Kr II	150	23.1	Sb E	2
33.1	Te III	10	22.79	Br II	8
			22.71	Hf II	100
			22.47	Cr B	4
4632.92	Fe I	3	22.45	Rb F	5
32.5	As G	6			
32.4	J G	10	4622.0	J G	6
32.33	Ce I	40	21.94	Nd I	80 R
31.82	Os B	10	21.9	J G	6
31.75	Th B	.4	21.41	N II	7
30.83	Re I	30	21.35	Mo B	7
30.55	N II	10	20.85	Hf B	6
30.14	Hg II	15	⌠21.06	In II	1
30.13	Fe B	3			1–2–2–3
					–4–4
4630.12	Nb B, F	10	⌊20.27	In II	4
29.9	As G	7	⌠20.27	In II	4
29.81	Zn I	12			4–10–6
29.38	Co I	8			–5–1
29.34	Ti I	5	⌊19.74	In II	1
29.10	Ho B	8			
28.75	Pr II	100	4619.98	Ba I	5
28.7	P II	5	19.90	Rh B	9
28.44	Ar I	90	19.87	La II	300
28.33	Ba I	5	19.77	V I	25

λ in I. Å.	Element	Intensität	λ in I. Å.	Element	Intensität
4619.54	Cr B	4	4608.43	K II	8
19.51	Ta B	4	08.14	Rh I	10
19.50	Th B	7	07.66	Fe I	4
19.4	As G	7	07.40	H 2	7
19.30	Fe B	4	07.4	Au I	4
19.15	Kr II	300	07.33	Sr I LL	600 R
			07.3	As G	5
4618.84	Cr F	10	07.17	N II	7
18.75	Se II	10	06.76	Nb I	200
18.30	H 2	8			
17.53	H 2	10	4606.15	V I	15
17.28	Ti I	9	05.78	La II	50
17.20	In II	6	05.72	Re I	50
		6–7–4	05.37	Mn E	3
17.12	In II	4	04.99	Ni I	9
17.1	As G	6	04.6	Em G	9
16.77	Os B	10	04.32	Se II	12
16.37	Ir B	6	03.76	Cs II	10
			03.4	Te F	4
4616.13	Cr I	6 R	03.03	X G	10
16.23	In II	3			
		3–3–4–4–1	4602.9	Li I	9 R
15.88	In II	1	02.94	Fe I	9
16.1	Cs F	4	02.88	Th B	5
15.9	Ag B	3	02.57	Zr B	6
15.69	Sm II	300	02.5	As G	7
15.7	Cd I	5	02.4	Te II	10
15.5	X G	5	02.0	Li I	10 R
15.43	Sm B	5	02.0	P G	8
15.28	Kr II	300	01.5	Pa	6
			01.49	N II	8
4615.20	Ce I	20			
14.60	Br I	12	4601.4	Br G	5
14.50	Gd B	150	01.03	Gd B	100
14.40	Ne G	5	01.00	Cl I	20
14.2	Cd I	6	00.75	Cr I	6 R
13.88	N II	6	00.36	Ni I	8
13.47	S III	5	00.2	V F	8
13.38	La II	200	00.11	Cr B	4
13.34	Cr I	7	00.0	Se G	5
13.30	W B	5	4599.97	W B	5
			99.9	J G	6
4613.21	Fe I	3			
12.27	Dy B	100	4599.75	Ba B	6 R
11.89	X I	7	99.09	Sb II	20
11.28	Fe I	5	99.09	Ru I	15
11	Kr I	3	98.90	Gd B	100
09.93	W B	5	98.80	Hf I	25
09.91	Ne I	7	97.91	Gd B	100
09.88	Mo I	10	97.14	Os B	6
09.60	Ar II	15	96.90	Sb II	30
09.42	O II	5	96.90	Co B	6
			96.70	Ru B	4
4609.38	Em I	50	4596.6	Br II	6
08.49	Ce I	20	96.19	O II	9

λ in I. Å.	Element	Intensität	λ in I. Å.	Element	Intensität
4596.10	Ar I	90	4585.5	X I	10
95.7	K II	7	85.1	Sn III	6
95.42	Th B	4	84.45	Ru I	30
95.29	Sm II	250	83.84	Fe II	8
95.15	Mo I	7	83.08	Gd B	125
95.03	Os B	7	82.85	Kr II	200
94.62	Co B	6	82.75	X G	5
94.10	V I	60 R	82.59	H 2	8
			82.45	Ne I	7
4594.06	Eu I	30 R	82.36	Tu B	6
93.93	Ce B, F	10			
93.54	Sm II	150	4582.04	Ne I	7
93.20	Cs I abs L L	10 R	81.64	Nb B	10
92.8	Kr G	3	81.62	Co I	8
92.65	Fe I	5	81.54	H 2	8
92.53	Ni I	9	81.47	Ca I	8
92.51	Ru B	7	81.29	Gd I	100
92.07	Cr F	5	80.7	As G	6
92.0	X G	6	80.67	Re I	30
			80.39	V I	40
4591.89	Sb III	30	80.13	Co B	4
91.8	Ba I	3			
91.54	Tb B	5	4580.06	Cr I	7
91.41	Cr I	6	80.05	La II	150
91.23	V F	8	79.99	H 2	10
91.10	Ru B	6	79.9	J G	5
91.0	J G	5	79.66	Ba B	8 R
90.98	O II	9	79.43	Nb B	5
90.8	As G	7	79.35	Ar II	8
89.89	Ar II	9	79.04	Os B	5
			78.73	V B	6
4589.8	P G	8	78.62	Tb B	30
89.75	Al II	4			
89.7	Ba I	3	⌠4578.60	In II	1
89.69	Al II	1			1–2–4–6
89.37	Dy B	150 R			–3–3–2–2
88.73	W B	7			–2–1
88.23	Cr B	7	⌊ 77.89	In II	1
88.19	Al II	5	78.55	Ca I	30
87.90	P II, III	8	78.02	H 2	7
87.9	Au F	4	77.72	Em I	50
			77.69	Sm II	250
⌠4587.14	In II	1	77.42	Pt B	5
		1–8–1	77.20	Kr II	300
⌊ 86.93	In II	1	77.17	V I	8
87.00	Cu I	10	76.6	J G	6
86.62	Nd I	50			
86.36	V I	50	4576.49	Mo I	8
86	Corona	3	76.21	Yb I	10
85.96	Ca I	8	75.88	H 2	6
85.87	Ca I	10	75.86	Ne G	10
85.82	Al II	6	75.85	La B	8
85.6	Sn III	20	75.75	Br I	12
			75.52	Zr I	25

λ in I. Å.	Element	Intensität	λ in I. Å.	Element	Intensität
4575.06	Ne I	8	4563.89	Se II	10
74.97	Tu B	10	63.77	Ti II	10
74.87	La II	200	62.35	Ce II	400
			61.87	S II	3
4574.76	Si II	7	61.5	Bi III	30
74.4	J G	10	60.88	Rh B	8
74.32	Ta B	5			
74.0	As G	6	4560.8	Bi III	30
73.88	Ba B	6 R	60.72	V F	9
73.08	Nb I	200	60.27	Ce B	5
72.71	H 2	10	60.05	Pt B	4
72.67	Be I	15	59.4	Se G	7
72.28	Ce B, F	10	59.28	La II	100
72.20	Cl II	8	58.8	Au F	3
			58.72	Rh B	5
4572.1	Se G	6	58.67	Cr F	10
71.98	Ti II	10	58.46	La II	200
71.79	Rb II	10			
71.79	V F	10	4558.11	Mo I	7
71.71	Cr B	4	58.06	Br G	4
71.7	Pb III	7	58.0	P II	7
71.40	In II	0	57.9	J G	6
		0—2—5—3	57.16	Rh B	4
71.17	In II	3	56.61	Kr II	100
71.29	Rh B	6	56.13	Fe I	3
71.10	Mg I	5	56.0	Ag B	3
			55.90	Fe II	6
4570.98	In II	2	55.49	Ti I	30
		2—5—4—2—1			
70.73	In II	1	4555.42	Cs I abs LL	10 R
70.66	W B	7	55.12	Zr B	5
70.03	La B	250	55.07	Cr B	9
70.02	Co B	4	54.8	P II	7
69.62	Cr B	4	54.52	Rb I	5
69.55	Cl II	5	54.52	Ru I	50 R
69.4	Se G	4	54.5	Pt B	5
69.0	Ne II	5	54.1	Se G	5
69.00	Rh I	15	54.16	H 2	10
			54.04	Ba II LL	1000 R
4568.13	H 2	10	53.96	Zr II	12
68.07	Ir B	4			
67.92	La B	200	4553.06	V B, F	5
67.84	Si III	9	53.01	Zr I	6
67	Corona	4	52.66	Sm B	150
66.21	Sm II	200	52.62	Si III	10
65.94	Hf I	20	52.5	N G	4
65.86	Ta B	4	52.45	Ti I	9
65.61	Co B, F	7	52.42	Pt I	10
65.53	Cr I	5	52.41	S II	10
			52.4	As II	7
4565.2	P G	6	52.10	Ru B	4
65.19	Rh B	7			
64.7	N F	2	4551.94	Ta B	4
64.6	V F	10	51.94	Pt I	3

λ in I. Å.	Element	Intensität	λ in I. Å.	Element	Intensität
4551.85	W B	5	4543.52	W B	6
51.65	Rh I	10	42.93	Br II	10
51.28	Os B	8	42.61	Nd B	60
51.2	Se G	5	42.44	Mn B	3
50.98	H 2	7	42.22	Zr I	20
50.40	Os B	10	42.06	Nd I	20
50.30	Kr I	40	42.03	Gd I	125
49.66	Co B	7	41.67	Na I	3
			41.65	He II 4–9	—
4549.65	V F	8	41.27	Nd B	50
49.62	Ti II	25			
49.56	S II	4	4541.13	Pd B	10
49.50	La B	6	41.1	P G	5
49.5	Au F	3	40.92	Hf I	20
49.48	Fe II	5	40.9	X G	8
49.35	In II	3	40.8	J G	5
		3-4-4	40.77	Rb F	5
48.74	In II	4	40.71	Cr F	6
49.2	As II	7	40.38	Ne I	10
48.89	Ce I	25	40.1	P G	5
			40.04	Gd F	10
4548.76	Ti I	35	4540.0	Zr I	7
48.73	Rh B	9	39.91	Os B	6
48.67	Os B	7	39.8	As G	8
48.58	Mn B	3	39.76	Ce II	10
48.48	Ir B	4	39.7	Cu I	5
47.88	Pt B	8	38.94	Cs II	6
47.86	Ru B	6	38.75	Br G	5
47.85	Fe B	3	38.31	Ne G	6
47.7	Ar F	2	37.95	Sm II	200
47.30	Ru B	7	37.86	Ne G	6
4546.94	Ni B, F	4	4537.82	Gd I	200
46.83	Nb B	10	37.75	Ne I	10
46.5	Hg II	12	37.67	Ar III	4
46.49	W B	6	36.81	Mo B	7
46.0	P G	5	36.43	Hg II	12
45.96	Cr I	5 R	36.31	Ne G	5
45.67	Ir B	4	36.05	Ti I	8 R
45.40	V B, F	8	35.92	Ti I	6 R
45.22	Na I	3	35.75	Zr I	25
45.2	X G	8	35.72	Cr B, F	7
4545.06	Ar II	6	4535.7	S IV	4
44.75	Ar I	6	35.58	Ti I	50 R
44.69	Ti I	30	34.78	Ti I	60 R
44.62	Cr F	6	34.63	H 2	6
44.3	J G	6	34.00	Co I	6
44.27	Rh B	7	33.97	Ti II	6
43.95	Sm II	250	33.24	Ti I LL	80 R
43.82	Co I	6	33.2	Corona	—
43.69	H 2	6	33.13	H 2	4
43.64	U F	8	33.11	Ra II	30

λ in I. Å.	Element	Intensität	λ in I. Å	Element	Intensität
4533.06	H 2	5	4523.91	Sm II	250
32.5	X G	5	23.6	N III	4
32.2	As G	6	23.5	Se III	8
32.0	Hg II	12	23.41	Nb I	200
31.86	Ru B	4	23.4	Se G	5
31.35	Sr B	4 d	23.25	Ba B	8
31.15	Fe I	8	23.14	Kr II	400
30.97	Co I	10	23.08	Ce B	8
30.85	Ru B	8	23.04	Sm II	150
30.82	Ta B	5	23.01	Pt I	10
4530.8	P II	7	4522.80	Ti I	40
30.79	Cu I	110	22.71	Re I	100
30.74	Cr B	5	22.64	Fe II	6
30.6	Pa	7	22.60	Eu B	200
30.36	Rb B	6	22.55	Tu F	10
30.0	N G	6	22.37	La II	400
29.92	Re I	40	22.32	Ar I	40
29.77	Br I	10	20.94	Ru B	9
29.67	Os B	7	20.90	Pt I	10
29.5	Br III	7	20.24	Fe II	6
4529.4	N G	7	4519.66	Gd I	200
29.18	Al III	6	19.63	Sm II	200
28.73	Rh I	20	18.59	Hg II	12
28.61	Fe I	18	18.57	Lu I	200
28.47	Ce B	10	18.2	Se G	8
28.4	As G	7	18.02	Ti I	50
28.1	J G	8	17.81	Ru B	9
27.80	Y I	30	17.74	Ne I	6
27.35	Ce II	10	17.58	Pr B	6
27.31	Ti I	35	17.13	Mo B	5
4527.25	Y I	40	4517.11	Co B	6
26.94	Ca I	30	16.90	Ru B	10
26.73	Cs II	7	16.63	Re I	50
26.48	Cr B, F	5	16.20	Se II	10
26.36	Mo B	4	16.20	Pd B	10
26.20	Cl I	30	15.9	As G	7
26.12	La II	200	15.34	Fe II	6
25.62	Br I	12	15.3	Ca II	8
25.31	La II	100	14.9	N III	7
25.14	Fe I	5	14.52	Gd F	5
4525.0	Ba II	35	4514.51	Cr I	5
24.96	S II	6	14.14	Pt F	5
24.86	Os B	6	13.44	Br I	12
24.74	Sn I	10	13.31	Re I	300
24.7	Pa	7	12.83	Al III	6
24.68	X I	9	12.73	Ti I	40
24.6	Kr G	4	12.6	J G	8
24.34	Mo I	7	12.15	Mo I	5
24.22	V B, F	6	11.92	Cr F	6
24.14	H 2	7	11.83	Sm II	200

λ in I. Å.	Element	Intensität	λ in I. Å.	Element	Intensität
4511.52	Tb B	6	4498.75	Pt I	20
11.38	In I abs	10 R	98.52	H 2	6
11.3	Cd B	4	98.15	Ru I	15
11.25	Pt B	6	98.11	H 2	5
11.19	Ru B	7	97.72	Na I	3
10.97	Ta I	40 d	97.6	B III	10
10.9	N III	5	97.13	Gd I	150
10.73	Ar I	80	96.96	Zr II	15
10.55	Th II	5	96.86	Cr I	6 R
10.16	Pr B	100	96.43	Pr B	250
4510.10	Ru B	8	4496.15	Ti I	8
09.37	Cu I	60	96.06	V B, F	5
09.18	Ce B	4 R	94.7	N I	5
09.1	As G	6	94.6	Zr F	10
08.48	Em I	50	94.56	Fe I	12
08.29	Fe II	8	94.27	Na I	3
07.99	Re I	20	93.64	Ba I	5
07.7	As G	6	93.07	Tb B	100
07.6	N F	4	93.0	Bi I	2
07.11	Zr I	20	92.96	Nb II	200
4507.03	Re I	40	4492.6	Bi I	2
06.7	Hg II	15	92.47	Rh B	4
06.7	Sb G	5	92.4	N I	7
06.55	Br II	7	91.30	Mo B	6
06.23	Gd II	200	90.48	Br G	5
05.95	Y I	20	90.45	H 2	9
05.94	Ba B	8	90.09	Mn I	5
05.63	H 2	6	90.0	Cl II	8
05.34	K II	6	89.88	Kr II	100
03.87	Mn B	3	89.87	Al II	1
4503.79	Rh I	10	4489.75	Fe I	3
03.5	Em G	3	89.46	Pd I	15
02.95	Ar III	3	89.10	Ti I	6
02.36	Kr I	8	89.0	Tl III	—
02.22	Mn I	7	88.97	Ba I	7
01.97	V B, F	5	88.90	V F	10
01.96	H 2	6	88.38	Ru B	4
01.82	Nd B	50	88.32	Ti F	3
01.53	Cs II	7	88.26	Au I	10
01.5	Ar G	1	88.2	N F	2
4501.28	Ti II	25			
00.98	X I	10	4488.09	Ne I	8
00.75	Er B	8	87.48	Hg II	20
00.95	In II	6	87.47	Y I	15
		6-5-4	87.27	Y B	4
00.63	In II	4	87.05	Mo B	5
4499.96	Zr F	10	86.91	Gd I	125
99.5	Pb III	6	86.91	Ce II	6
99.2	P G	7	86.08	H 2	8
98.9	Ne II	5	84.98	Mo B	6
98.90	Mn II	7	84.75	Os B	3

λ in I. Å.	Element	Intensität	λ in I. Å.	Element	Intensität
4484.70	Pt B	6	4474.06	V B	6
84.22	Fe I	4	73.92	Ru B	4
84.20	W B	200	73.59	Pd I	50
83.94	Co I	5	73.5	J II	10
83.90	Ce II	5	72.80	Mn I	7
83.7	P II	4	72.62	Br I	15
83.42	S II	6	71.34	U F	6
83.19	Ne I	7	71.57	Co I	5
82.70	Ti B	4	71.69	He I	1
82.25	Fe I	6	71.48	He I	6
4482.17	Fe I	4	4471.25	Ti I	6
81.83	Ar II	8	71.23	Ce B	10
81.33	Mg II LL	100	70.6	Hg II	8
81.27	Ti I	8	70.49	Ni I	15
81.13	Mg II	—	70.14	Mn I	7
81.08	X G	7	69.71	V B, F	8
81.06	Gd B	100	69.57	Co I	10
80.54	Sr B	3	69.52	Rb F	5
80.43	Ru B	4	69.41	O II	4
80.36	Cu I	100	69.37	Cl I	18
4479.9	Tl III	—	4469.38	Fe I	5
79.8	Al F	5 d	68.71	Pr II	150
79.71	Ti I	4	68.50	Ti II	25
79.7	P G	5	68.26	Mo B	10
79.36	Ce B	6	68.16	Dy F	5
78.7	Te II	10	68.0	P II	6
78.47	Ir B	6	67.83	O II	4
77.75	Br I	20	67.6	Se II	10
77.7	N F	3	67.34	Sm II	500
77.45	Y I	10	67.15	H 2	8
4476.96	Y I	10	4467.14	Ba B	3
76.8	Bi II	25	67.09	Gd B	150
76.14	Gd I	300	66.90	Co I	6
76.08	Fe I	4	66.81	Ne I	5
76.05	Ag I	12	66.7	K II	3
76.02	Fe I	7	66.60	Gd B	125
76.0	J G	6	66.55	Fe I	12
75.72	Y I	10	66.55	Gd B	125
75.66	Ne I	6	66.4	As G	7
75.5	As G	6	66.1	P II	4
4475.31	Cl I	15	4465.82	Ti I	6
75.3	P II	8	65.45	O II	4
75.1	Se G	4	65.35	Cr B, F	4
75.00	Kr II	300	64.68	Mn I	7
74.86	Ti B	4	64.44	S II	6
74.73	V B	6	64.4	J G	6
74.60	Mo B	7	63.7	P G	5
74.4	As G	8	63.69	Kr I	8
74.26	H 2	6	63.58	S II	7
74.13	Gd B	150	63.54	Ti B	5

λ in I. Å.	Element	Intensität	λ in I. Å.	Element	Intensität
4463.00	Nd B	150	4453.92	Kr I	600
62.9	P II	6	53.71	Ti I	7
62.46	Ni I	8	53.32	Ti I	30
62.37	V B, F	9	53.01	Mn I	5
62.2	X G	10	52.88	J II	7
62.03	Mn B	9	52.9	Se G	4
61.65	Fe I	8	52.73	Sm II	250
61.17	Hf I	15	52.4	P G	6
61.1	As G	8	52.38	O II	6
61.09	Mn B	6	52.17	La B	6
4460.97	H 2	8	4452.04	V B, F	10
60.50	W B	4	51.99	Nd B	50
60.40	Mn B	3	51.58	Mn I	15
60.30	V I	50 R	51.57	Nd B	400
60.21	Ce II	400	50.91	Ti I	7
60.21	Ru I	10	50.74	Ce B	6
60.18	Ne I	6	49.91	H 2	6
60.0	N F	2	49.87	Pr II	150
60	Em G	7	49.74	Mo B	7
59.78	V I	30	49.72	Dy F	8
4459.25	Em I	50	4449.70	Dy B	60
59.2	Hg II	20	49.34	Ru B, F	4
59.12	Fe I	10	49.34	Ce II	9
59.05	Ni I	9	49.21	Se II	10
58.6	As G	7	49.15	Ti I	8
58.53	Cr B	4	48.21	O II	6
58.52	Sm II	400	48.1	X G	10
58.27	Mn B	6	47.93	H 2	6
58.55	Mn B	6	47.72	Fe I	9
57.48	V I	15	47.70	Ce I	15
4457.42	Ti I	40	4447.55	H 2	6
57.42	Zr I	10	47.35	Os B	5
57.36	Mo B	7	47.22	Nb B	10
57.04	Mn B	5	47.2	F II	12
56.7	As G	6	47.04	N II	10
56.7	J G	5	46.8	J G	8
56.61	Ca I	10	46.7	F II	10
55.88	Ca I	40	46.5	F II	6
55.82	La II	25	46.39	Nd B	200
55.82	Mn B	5	46.0	Se II	8
4455.33	Ti I	30	4445.55	Pt B	5
55.32	Mn B	6	45.25	H 2	7
55.02	Mn B	6	44.9	J II	10
54.9	Se G	6	44.50	Ru B	4
54.80	Zr B, F	5	44.22	V I	20
54.77	Ca I	80	43.81	Ti II	10
54.65	Re I	50	43.19	Fe I	7
54.63	Sm II	200	43.08	Mo I	5
54.38	Fe I	5	43.05	O II	5
54.33	Hg II	12	42.99	Zr II	25

λ in I. Å.	Element	Intensität	λ in I.-Å.	Element	Intensität
4442.7	J G	6	4431.35	Sc II	4
42.56	Pt B	10	31.00	Ar II	8
42.5	Cd III	5	30.7	Rb F	10
42.34	Fe I	12	30.63	Gd I	300
42.22	Mo B	6	30.61	Fe I	6
41.74	Br I	12	30.19	Ar II	4
41.69	V I	20	29.90	La II	400
41.37	Tb B	5	29.80	V I	15
40.45	Zr F	4	29.27	Ce B	6
40.35	Ti B	5	29.23	Pr B, F	10
4440.13	Rb F	5	4428.52	V I	15
39.88	S III	10	28.5	Ne II	6
39.77	Ru B	6	28.46	Ru B	5
39.21	Yb I	30	28.2	J G	5
38.48	Cl I	20	28.2	P G	5
38.04	Sr I	6	28.0	Mg II	7
38.02	Hf I	20	27.52	La II	100
37.84	V I	20	27.31	Fe I	10
37.30	Pt B	4	27.2	As G	7
37.29	Au B	4	27.10	Ti I	40
4436.91	W B	5	4426.70	Mo I	5
36.88	Mo I	3	26.29	Ir B	6
36.81	Kr II	100	26.2	Se G	4
36.36	Mn I	7	26.1	Rb F	10
36.32	Os B	5	26.06	Ti B	5
36.27	Ra II	20	26.01	V I	15
36.18	Gd F	10	26.00	Ar II	10
36.14	V I	15	26.0	Ra B	4
36.1	Se G	4	25.9	P II	4
35.7	Cs F	4	25.8	Ra F	4
4435.67	Ca I	40	4425.7	Cs F	4
35.60	Eu B	400	25.43	Ca I	50 R
35.05	Em I	40	25.40	Ne I	7
35.0	Te F	4	25.4	Sb F	2
34.96	Mo B	10	25.19	Kr I	100
34.95	Ca I	60 R	25.14	Br I	8
34.32	Sm II	400	24.80	Ne I	6
34.3	J G	10	24.34	Sm II	600
34.16	X III	50	24.30	Cr B	4
34.00	Ti B	6	23.9	Ar G	1
4434.0	Mg II	8	4423.7	J II	10
33.89	Sm II	300	22.83	Ti B	5
33.83	Ar III	5	23.63	Mo B	8
33.51	Mo II	8	22.76	Hf II	150
32.71	N II	6	22.7	Kr II	4
32.33	Rh B	4	22.59	Y II	10
32.3	Sb G	6	22.57	Fe I	6
31.91	Ba B	7	22.52	Ne I	8
31.67	Kr II	100	22.41	Gd I	300
31.6	As G	8	21.6	Se G	5

λ in I. Å.	Element	Intensität	λ in I. Å.	Element	Intensität
4421.59	V I	20	4411.71	Mo B	10
21.46	Ru B	4	11.5	Sb G	6
21.36	Co I	4	11.16	Gd I	150
21.14	Sm II	200	11.06	Nd B	150
20.9	As G	7	10.49	Ni B	5
20.83	Ru B	4	10.37	Kr I	50
20.62	Nb B	8	10.2	Cs F	4
20.6	P G	5	10.03	Ru F	8
20.53	Sm II	200	09.40	Dy B	8
20.47	Os I	30	09 3	Ne II	7
4419.94	V I	12	4409.0	J II	15
19.77	Mn B	3	08.84	Pr B	200
19.62	Er F	10	08.52	V I LL	50 R
19.03	Gd B	150	08.41	Fe I	6
18.78	Ce B	7	08.28	W B	5
18.76	Kr I	50	08.21	V I	70 R
17.90	Hf I	10	07.91	Be I	10
17.73	Ti II	6	07.71	Fe I	5
17.37	Hf II	100	07.66	V I	70
17.34	H 2	6	07.64	Br G	4
4417.3	P II	5	4406.86	Ba B	4
17.29	Ti B	6	06.8	X G	5
16.97	O II	8	06.68	Gd F	10
16.88	Kr I	8	06.65	V·I	80
16.8	J G	6	06.6	Se G	7
16.48	V I	20	06.59	Pd B	5
15.73	Ta B, F	3	05.84	Pr B	8
15.66	Cd II	8	05.25	Cs II	7
15.6	Cu I	4	04.75	Fe I	30
15.55	Sc II	40	04.4	As G	6
4415.12	Fe I	20			
14.89	O II	10	4404.29	Ti B	6
14.89	Mn I	10	03.8	Cs F	4
14.8	X G	7	03.79	Ir B	4
14.74	Gd I	200	03.13	Gd B	100
14.63	Cd II	25	03.03	Cl I	15
14.3	P II	6	02.73	Os B	4
14.16	Gd B	200	02.55	Ba B	8
13.69	Ba B	3	02.06	Hg II	12
13.5	As G	7	01.85	Gd I	300
13.2	Ac	5	01.55	Ni I	10
4413.04	Cd I	5	4401.4	Rb F	10
12.77	Mo I	4	01.29	Fe I	5
12.74	Th II	6	01.1	N F	3
12.62	Sr B	3	01.00	Ar F	5
12.53	Th II	6	01.0	Se G	9
12.31	Cd II	—	00.83	Nd B	100
12.5	J G	5	00.59	V I	60
12.25	H 2	7	00.38	Sc II	50
12.1	As G	7	00.09	Ar F	4
11.87	Mn B	3	4399.97	Kr I	6

λ in I. Å.	Element	Intensität	λ in I. Å.	Element	Intensität
4399.78	Ti II	6	4386.4	Ac	5
99.5	Cs F	4	86.3	O G	10
99.47	Ir I	10	86.26	Ru B	4
99.2	Se G	4	85.77	X I	70
99.0	J G	8	85.66	Nd B	150
98.62	Hg II	10	85.65	Ru B, F	5
98.46	Ta B	4	85.38	Ru B	5
98.02	Y II	10	85.3	P G	6
97.9	Ne II	6	84.98	Cr I	6 R
97.79	Ru B	4	84.85	W B	4
4397.26	Os B	3	4384.80	Sc II	8
96 34	Br G	4	84.73	V I	120 R
96.04	Ce I	15	84.6	Mg II	8
95.95	O II	7	84.4	Cs F	5
95.7	X G	10	83.91	X I	100
95.24	V I	10	83.54	Fe I	45 r
95.1	Ac	3	83.44	La II	100
95.04	Ti II	10	82.93	Se II	12
95.24	V I	10	82.17	Ce B	8
95.04	Ti II	10	81.86	Th II	10
4394.92	Br G	4	4381.86	Ga III	—
94.87	Os B	8	81.66	Mo B	10
94.37	Re I	80	81.5	Kr G	3
93.93	Ti B	5	80.7	Rb F	10
93.60	U B	5	80.67	Ga III	—
93.2	X G	10	80.6	Tl III	2
92.47	Re I	30	80.30	Mo I	5
92.06	Gd B	100	79.93	Rh B	8
91.9	Ne II	7	79.90	Cl I	8
91.82	Pt B	6	79.77	Zr F	10
4391.76	Cr I	5	4379.66	Ar II	8
91.66	Ce II	8	79.6	O II	2
91.35	Re I	40	79.5	Ne II	6
91.11	Th II	10	79.24	V I	10 R
91.02	Ru B	4	79.2	Ag B	4
90.95	Fe I	4	79.09	N III	10
90.86	Sm II	600	78.83	Ta B	3
90.65	Mg II	10	78.40	O II	3
90.44	Ru F	8	78.17	Cu I	6 R
89.99	V I	100	78.09	La B	7
4389.76	Cl I	25	4377.90	Nb B	10
88.41	Fe I	4	77.76	Mo II	10
88.13	K II	7	77.15	Rb B	10
87.93	He I	3	77.1	Te F	4
87.63	Gd B	100	76.2	J G	6
87.6	Cl G	5	76.12	Kr I	10
87.3	Pa	5	75.93	Fe I	9
86.80	Ce B	8	75.92	Ce B	7
86.6	Pb II	20	75.00	Nd B	10
86,54	Kr II	300	74.94	Y II	10

λ in I. Å.	Element	Intensität	λ in I. Å.	Element	Intensität
4374.94	Mn B	4	4364.66	Ce II	6
74.82	Rh I	10 R	64.45	Pt B	4
74.46	Sc II	60	64.0	Be B ?	5
74.3	Se G	5	63.78	Ar G	3
74.17	Cr B	5	63.65	Mo II	10
73.83	Gd I	300	63.52	Ne I	5
73.61	Co B	4	63.38	Cs II	9
73.04	Rh B	5	63.30	Cl I	8
73.04	In II	4	63.21	O III (Nebel)	—
		4—7—4	63.13	Cr B	4
72.80	In II	4			
			4362.9	K II	5
4373.02	Cs II	6	62.64	Kr I	500
72.9	Cl II	12	62.5	J G	6
72.29	X I	20	62.44	S G	6
72.21	Ru I	10	62.04	Sm II	300
71.8	Rb F	10	62.04	Ar F	3
71.7	Em G	5	61.71	Sr I	6
71.6	Cl G	5	61.54	S III	6
71.36	Ar II	8	61.20	Ru B	6
71.28	Cr I	6 R	61.03	Be II	10
71.2	As G	7			
			4360.69	Be II	9
4370.95	Hf II	100	59.91	Tu B	8
70.95	Zr F	10	59.74	Zr F	7
70.9	Cl III	8	59.63	Cr I	6 R
70.75	Ar II	6	59.59	Ni I	10
70.65	Os B	4	59.56	Ba B	3
70.6	Te III	10	59	Corona	3
70.3	Au F	3	58.73	Y II	10
69.77	Fe I	7	58.69	Re I	50
69.69	Kr II	200	58.34	Hg I	10
69.52	Cl I	15			
			4358.3	N I	10
4369.28	O II	4	58.17	Nd B	200
69.2	X G	4	56.83	Tb B	100
69.06	Mo I	5	56.72	Ho B, F	8
68.64	Nd B	60	55.96	V I	10
68.44	Nb B	8	55.9	Te III	12
68.35	Pr II	150	55.65	U B	5
68.30	O I	10	55.47	Kr II	500
68.05	V I	10	55.4	Se G	6
67.91	Fe I	2	55.10	Eu B	30
67.66	Ti F	6			
			4355.10	Ca I	25
4367.58	Fe I	5	54.82	Eu B	20
66.91	O II	7	54.60	Sc II	8
66.9	As G	5	54.57	S III	5
66.45	Zr B	5	54.54	Mg I	1
66.3	Ra B	4	54.40	La II	200
65.67	Os B	6	54.13	Ru B	6
65.58	Br II	10	53.19	Tb B	50
64.78	W B	4	52.9	As G	8
64.74	S III	4	52.89	V I	50
64.66	La II	100			

λ in I. Å.	Element	Intensität	λ in I. Å.	Element	Intensität
4352.73	Fe I	9	4341.02	V I	41
52.73	Ce II	5	40.8	Ra B	20
52.21	Ar F	4	40.64	Ra II	100
52.16	Sb III	50	40.63	Tb B	100
52.1	As G	7	40.5	Bi II	25
51.90	Mg I	30	40.46	H I 2–5	—
51.77	Cr I	10 R	40.43	Pb B	3
51.77	Fe II	6	40.3	Se G	5
51.60	Nb B	10	40.29	S III	6
51.55	Fe B	3	40.03	K II	5
4351.36	Kr I	100	4339.72	Cr I	10 R
51.28	O II	6	39.64	Co B	5
51.23	Nd B	9	39.45	Cr I	12 R
51.06	Cr I	8 R	39.26	D I 2–5	—
50.76	Ho B	10	39.23	Hg I	6
50.52	Hf II	150	38.77	He II 4–10	—
50.47	Sm II	300 d	38.70	Nd B	80
50.38	Ba B	8	38.47	Tb B	150
50.34	Mo I	6	37.92	Ti II	10
49.60	Em I	100	37.78	Ce II	9
4349.79	Ce II	8	4337.70	Sr I	4 d
49.70	Ru B	5	37.64	Tb B	40
49.44	O II	8	37.56	Cr I	10 R
48.78	Y I	25	37.41	Mn B	3
48.4	N III	5	37.27	Ru B	4
48.3	Rb F	10	37.05	Fe I	10
48.12	W B	8	37.0	Hg II	8
48.06	Ar II	10	36.86	O II	6
47.89	Zr I	25	36.7	As G	7
47.80	Sm II	400	36.66	Hf II	200
4347.50	Hg I	6	4336.52	Tb B	60
47.43	O II	5	36.48	N I	5
46.9	J I	5	36.2	Cl II	8
46.62	Gd I	200	35.34	Ar I	70
46.48	Ru B	4	34.96	La II	100
46.46	Gd I	400	34.3	Ra B	5
45.7	Se G	4	34.15	Sm II	400
45.57	O II	7	34.13	Ne I	5
45.17	Ar I	90	33.91	Pr B	100
44.66	Pd I	20 d	33.76	La II	500
4344.51	Cr I	10 R	4333.56	Ar I	90
44.4	Pr F	10	33.28	Zr II	15
43.66	Cl I, II	10	32.9	Ba I	4
42.24	Ru I	6	32.83	V I	30
42.18	Gd B	300	32.72	S III	5
42.11	J F	8	32.25	Re I	30
42.00	O II	4	32.13	Tb B	50
41.67	U B	5	32.1	Ar II	8
41.24	Gd B	150	31.64	Ni I	5
41.13	Zr I	20	31.5	Rb F	10

λ in I. Å.	Element	Intensität	λ in I. Å.	Element	Intensität
4331.42	Nb B	10	4322.2	Se G	5
31.19	Ar II	6	21.20	Gd I	100
31.16	Ru B	4	21.8	X G	4
30.58	Gd B	100			
30.5	X G	10	4321.67	Ti B	7
30.2	Cs F	4	21.1	J G	10
30.31	V I	30	20.88	Ru B	5
29.1	Se G	4	20.73	Sc II	10
29.02	Sm II	400	20.73	Ce B	8
28.68	Os B	7	20.4	Se II	9
			19.95	Sr I	5
4327.93	Nd B	7	19.88	Ru B	5
27.8	Bi III	25	19.65	O II	8
27.5	O II	1	19.58	Kr I	1000
27.33	In II	7			
27.29	In II	1	4319.1	Sr I	3 d
27.11	Gd I	250	18.94	Sm II	500
27.04	Pt B	6	18.84	Tb B	100
26.83	Ru B	4	18.7	Re I	5
26.75	Mo I	5	18.65	Ti B	9
26.48	Tb B	200	18.65	Ca I	8 R
			18.55	Kr I	400
4326.45	Sr I	3	18.44	Ru B	4
26.37	Nb B	10	17.81	Kr II	200
26.36	Ti I	6	17.31	Zr F	6
26.25	Os B	4			
26.14	Mo B	9	4317.7	N I	5
25.82	Tb B	60	17.16	O II	8
25.77	Nd B	150	16.4	Se G	6
25.77	O I	3	16.05	Gd B	150
25.76	Fe I	35	15.7	As G	7
25.69	Gd I	200	15.11	Au I	9
			15.09	Fe I	10
4326.81	In II	2	14.81	Ti I	7
		2—4—1—2	14.52	Nd B	50
		—4—3—3—2	14.32	Sb II	20
		—1—1			
25.45	In II	1	4314.31	Ru B	4
25.61	Ni B	6	14.09	Sc II	100
25.18	Ba B	3	13.85	Gd I	200
25.15	Ti B	7	13.1	N I	4
25.10	Ru B	4	12.88	Ti II	8
25.07	Cr I	4	12.87	H 2	6
25.00	Sc II	10	12.55	Mn I	4
24.0	As G	7	11.66	Mo F	5
23.35	Cl I	6	11.50	Ir B	5
			11.39	Os B	10
4323.28	Sm II	200			
23.0	Ba I	4	4311.32	Nb B	8
23.0	Kr G	4	11.06	Mo II	5
22.8	Se G	5	11.05	Ag B, F	3
22.7	J G	5	11	Corona	2
22.51	La II	100	09.80	V I	20
22.23	Tb B	50	09.74	Ce II	3

λ in I. Å.	Element	Intensität	λ in I. Å.	Element	Intensität
4309.62	Y II	10	4300.33	Ce II	4
09.3	Ba II	8	00.10	Ar I	100
09.1	Ar F	2	00.06	Ti II	8
09.1	Se G	5	4299.64	Ti I	6
			99.63	Nb B	8
4309.08	K II	7	99.4	As G	6
09.01	Sm II	200			
08.62	Dy B	100	4299.36	Ce II	4
08.54	Bi I	4	99.23	Fe I	18
08.18	Bi I	4	99.22	Ti B	6
07.90	Fe I	35	99.18	F II	10
07.89	Ti II	4	98.99	Ca I	30
07.76	Em I	80	98.94	Pr B	6
07.74	Ca I	8 R	98.73	Eu B	30
07.5	Cl II	10	98.66	Ti I	40
			98.4	Zn I	8
4307.59	Ru B	5	97.75	Pr B	8
07.19	V I	12			
06.73	Ce B	8	4297.72	Ru I	10
06.35	Gd I	200	97.69	V B	6
06.22	V I	15	97.4	Se G	6
05.91	Ti I	10	97.3	As G	6
05.77	Pr II	100	96.77	Rh B	5
05.71	Sc II	10	96.74	Sm I	300
05.5	N I	6	96.74	Zr F	5
05.46	Sr II	5	96.68	Ce B	9
			96.56	Fe II	6
4305.0	Ra G	7	96.4	J G	5
04.94	K II	7			
04.9	Ba B	7	4296.4	X G	5
04.41	Re I	30	96.12	V F	8
04.1	Cl G	4	96.05	La II	300
03.82	O II	5	96.04	Gd B	150
03.58	Nd B	400	95.93	Ru B	5
02.88	Zr I	6	95.90	Ni I	5
02.52	Ca I	60 R	95.77	Cr I	4
02.45	Kr I	—	95.76	Ti I	9
			94.82	O II	3
4302.30	Y I	20	94.80	Ru B	5
02.3	Te III	15			
02.12	W B LL	8	4294.78	Zr I	6
02.1	As G	8	94.78	Sc II	5
01.81	Zr F	5	94.77	Hf I	30
01.7	Bi II	70	94.62	W B LL	6 R
01.61	Ir B	4	94.39	S II	6
01.5	Kr G	3	94.13	Fe I	15
01.10	Nb B	10	94.11	Ti II	10
01.08	Ti I	50	93.99	Rb II	10
			93.95	Os B	8
4300.64	Cs II	6	93.89	Mo I	9
00.58	Ti II	8			
00.55	Ti I	50	4293.28	Ru B	4
00.49	Kr I, II	50	93.24	Mo I	10
			92.92	Kr II	200
00.44	La II	30	92.9	Zn I	6

λ in I. Å.	Element	Intensität	λ in I. Å.	Element	Intensität
4292.21	Mo B	9	4282.46	Pr B	7
92.18	Sm II	150	82.40	Fe I	12
92.11	Mo I	8	82.20	Zr I	10
92.0	J G	6	82.10	Se II	10
91.83	V B, F	8	82.05	Th II	7
91.71	Ge II	150	82.00	Mn I	5
			81.94	Hg II	15
4291.7	Cl G	5			
91.46	Fe I	4	4281.38	Ti I	5
91.4	Pa	7	80.79	Sm II	400
91.38	Br II	10	80.50	Gd B	200
91.17	Ba B	4	80.41	Cr B	4
91.14	Ti B	9	80.38	Se II	10
90.94	Ti I	10	80.20	U B, F	6
90.6	Se G	5	79.70	Sm B	7
90.4	Ne II	6	79.06	Ta B	3
90.23	Ti II	10	79.03	Mo II	10
			78.7	As G	6
4289.93	Ce II	30			
89.72	Cr I abs LL	10 R	4278.54	Tb B	200
89.38	Ca I	40 R	77.6	Ar II	8
89.08	Ti I	10	77.51	F II	9
88.72	Rh I	10 R	77.33	Th II	6
88.7	K II	4	77.26	Mo I	10
88.65	Mo I	7	77.1	Cs F	9
88.35	Cs II	7	76.96	V F	8
88.05	Ni B	4	76.92	Mo B	7
88.01	Ni B	6	76.5	Cl G	4
			75.64	La II	60
4288.00	Rb F	10			
87.87	U B	3	4275.52	O II	4
87.42	Ti I	9	75.21	F II	8
87.04	Ru B	4	75.11	Cu I	150
86.97	La II	300	74.98	Tl II	10
86.49	Kr I	40	74.80	Cr I abs LL	10 R
86.13	Gd I	100	74.59	Ti I	10
86.07	Ti I	9	73.97	Kr I	10
85.82	Gd I	100	73.42	Rh B	4
85.78	Co I	4	73.37	Th B, F	4
			73.3	Li I	5
4285.50	Sm II	200			
84.99	S III	5	4273.18	Rb II	10
84.68	Ni I	6	72.6	X G	4
84.52	Nd B	100	72.6	Pb III	8
84.34	Ru B	6	72.27	Pr B	9
84.09	Mn I	3	72.17	Ar I	100
84.06	V F	10	72.0	Bi II	25
83.12	Ba I	8	71.76	Fe I	35
83.01	Ca I	40	71.56	V F	8
82.97	Kr I	100	71.15	Fe I	20
			71.07	Cr I	4
4282.88	Ar F	4			
82.71	Ti B	6	4270.6	Cl II	8
82.44	Nd B	50	70.19	Ce II	5

λ in I. Å.	Element	Intensität	λ in I. Å.	Element	Intensität
4269.8	Tl III	6	4258.05	Zr II	12
69.72	S II	5	57.66	Mn I	5
69.50	La II	300	57.61	Re I	50
69.40	W B	300	57.39	S II	3
68.64	V B, F	8	56.39	Sm II	400
68.29	Mo B	5	56.33	Dy B	8
68.28	Kr G	?	56.05	Ti B	5
68.26	Pd I	30 d	55.79	Ce B	8
4268.10	Ir I	5	4255.5	Ga II	6
68.01	Zr I	8	54.8	Kr G	3
68.0	Ba II	8	54.43	Ho B	100
67.83	Fe I	5	54.34	Cr I abs LL	500 R
67.27	C II	10	54.12	Be I	2
67.1	C II	2	53.98	O II	8
66.62	Rb F	5	53.76	Be I	5
66.60	Gd I	125	53.7	Ga II	1
66.52	Ar II	6	53.62	Gd B	150
66.34	Tb B	50	53.59	S III	6
4266.29	Ar I	00	4253.4	Cl II	10
65.92	Mn I	5	53.36	Gd B	150
65.08	Sb III	40	53.05	Be I	6
65.0	Ra B	4	52.45	Nd F	8
64.68	Cs F	10	52.30	Co B	5
64.4	Ba I	4	51.86	Mo B	10 R
63.7	J G	6	51.76	Gd B	300
63.59	La II	200	51.19	Ar I	60
63.41	Hf I	10	51.18	Y B	7
63.31	K II	7	50.9	Ga II	9
4263.29	Kr I	—	4250.79	Fe I	25
63.14	Cr B	5	50.68	Mo F	10
63.14	Ti B	8	50.6	Kr G	4
62.68	Sm II	300	50.12	Fe I	20
62.10	Nb B	8	50.00	La F	6
62.09	Gd B	250	49.6	P G	6
61.88	Hg II	10	49.2	As G	6
61.8	Ga II	10	48.96	Cu I	50
60.85	Os B	10	48.67	Ce B	8
60.85	Ge III	200	48.0	Se II	7
4260.47	Fe I	35	4247.64	Pr B	9
60.12	Gd I	125	47.43	Fe I	12
60.1	Sb G	4	47.38	Nd B	200
59.4	Bi II	75	46.83	Sc II	75
59.5	Cl G	4	46.74	Ru B	4
59.42	Cu I	4	46.70	P G	7
59.4	Kr G	3	46.36	Ru B	4
59.36	Ar I	100	46.2	F II	10
59.3	Se G	4	46.03	Mo B	4
59.12	Ir B	4	45.41	Ge III	12
4259.0	J G	6	4245.4	X G	10
58.99	Ru B	5	45.26	Fe I	6

λ in I. Å.	Element	Intensität	λ in I. Å.	Element	Intensität
4245.1	Cd III	8	4234.00	V B	6
45.08	Pb IV	10	34.0	Cl II	8
45.0	Pb II	20	33.60	Fe I	18
44.83	Ru B, F	4	33.47	Os B	4
44.8	Mo F	8	33.3	O I	5
44.44	Rh B	4	33.16	Fe II	8
44.44	Rb II	10	33.03	V B	6
44.4	X G	4	32.83	V B	6
4244.37	U B	5	4232.61	Mo B	10
44.37	W B	200	32.46	V B	6
43.1	As G	7	32.38	Nd B	150
43.06	Ru B	6	32.32	Ru B	4
42.63	As G	4	32.2	Cs F	6
42.5	Pb II	8	31.6	Ne II	5
42.16	Tu B	10	31.2	Corona	8
41.82	Au B, F	2	31.04	Ni B	6
41.80	N II	8	30.95	La II	150
41.68	U B	5	30.32	Ru B	6
4241.68	Zr I	7	4230.19	Er B	6
41.45	W B	5	30.13	Hg II	12
41.2	Cl II	10	30.0	Se G	6
41.20	Zr I	7	29.97	Br G	4
41.07	Ru B	6	29.70	Sm B	8
41.03	Pr B, F	10	29.31	Ru B	4
40.46	Ca I	6	29.15	Nb B	10
40.35	Zr I	7	28.4	N G	7
39.91	Ce B	8	28.35	Cs II	7
39.73	Mn I	5	28.2	As G	7
4239.6	Ba I	3	4228.2	Ar F	7
39.31	Zr I	25	28.00	Al II	4
38.81	Fe I	10			4–2–1–5
38.38	La II	400			–2–0–6
38.2	X G	10			
38.02	Fe I	4	26.83	Al II	6
37.20	Ar F	4	27.76	Zr I	30
36.98	N II	6	27.7	N G	4
36.85	Br G	6	27.45	Re I	200
36.73	Sm B	8	27.43	Fe I	30
			27.29	Hg II	12
4236.7	Kr G	3	27.10	Cs II	9
36.68	Ru B	4	27.07	Mo II	2
35.94	Fe I	25			
35.94	Y I	20	4226.98	Ar F	3
35.73	Y II	6	26.73	Ca I LL	500 R
35.5	Cl II	6	26.7	As III	6
35.5	J G	6	26.6	Kr G	3
35.29	Mn I	8	26.57	Ge I	50
35.14	Mn I	8	26.45	Tb B	80
34.57	Sm B	6	26.44	Cl I	7
			26.4	Se G	5
4234.53	V B	6	26.06	Em I	10
34.4	Cs F	5	25.9	Kr G	3

λ in I. Å.	Element	Intensität	λ in I. Å.	Element	Intensität
4225.85	Gd I	300	4215.17	Dy B	125 R
25.61	K II	7	15.02	Se II	10
25.54	Pr B	150	14.97	Gd B	150
25.5	J F	5	14.74	Nb B	10
25.45	Fe I	6	14.7	N I	5
25.34	Pr II	100	14.08	Ru I	10 R
25.33	Sm II	400	14.04	Ce II	4
25.15	Dy B	150	14.0	X G	5
24.17	Fe I	6	13.86	Zr I	5
24.0	Ba B	4	13.73	In II	4
					4–3–6–4
4223.85	Br II	8	4212.97	In II	4
23.74	J II	10	13.65	Fe I	5
23.0	N I	5	13.6	X G	5
23.0	X G	5	13.13	Cs II	6
22.99	Pr II	150	12.95	Pd I	200 R
22.98	K II	7	12.7	Ag I	35 R
22.8	O G	5	12.56	Se II	12
22.64	Ar F	4	12.50	H 2	6
22.60	Ce II	300	12.08	Ru I	10
22.21	Fe I	12	12.04	H 2	5
4222.16	P F	10			
21.6	Se G	4	4212.01	Gd B	200
21.10	Dy B	250	11.88	Zr II	5
20.96	J II	8	11.86	Os B	8
20.68	Ru B	4	11.86	Pr B	4
20.66	Sm B	7	11.83	Se II	10
20.62	Y B	6	11.72	Dy B	120 R
20.5	Te F	4	11.65	U B	—
20.34	Fe I	4	11.14	Rh I	10 R
19.83	In II	6	10.9	Ag I	100 R
		6–5–2–2	10.35	Sm B	7
4218.72	In II	2	4210.34	Fe I	15
19.7	Ne II	6	09.85	V I	8
19.36	Fe I	12	09.68	Cl I	12
19.07	Sb II	20	09.35	Cr B	4
18.66	Ar F	3	08.99	Zr II	10
18.09	Dy B	200 R	08.90	Th II	8
17.95	Nb B	10	08.8	As G	7
17.56	La II	200	08.5	X G	6
17.55	Fe I	7	08.0	Cl G	4
17.27	Ru B	6	07.9	F II	2
4217.15	Gd B	100	4207.44	F II	5
17.1	O G	4	07.16	F II	7
16.9	Cd F	6	07.13	Fe I	4
16.8	Hg II	10	06.72	Pr B, F	10
16.18	Fe I	8	06.70	Fe I	3
15.7	Sn III	7	06.5	N G	6
15.6	X G	5	06.10	Hg II	10
15.58	Rb I LL	7 R	06.02	Ru B	5
15.52	Sr II LL	10 R	05.88	Ta B	6
15.38	W B	8	05.40	X I	10

λ in I. Å.	Element	Intensität	λ in I. Å.	Element	Intensität
4205.32	Nb B	10	4195.10	Nb B	8
05.22	In II	4	94.83	Dy B	500 R
		4–5–6	94.81	Er B	10 R
05.08	In II	6	94.57	Mo B	5
05.10	H 2	6	94.5	Se G	6
05.07	V F	10	93.53	X II	8
05.05	Eu B	600 R	93.45	Br G	6
04.91	Eu B	30	93.10	Rb II	9
04.84	Gd B	100	93.1	X G	8
04.03	La II	100	92.42	Pt B, F	5
03.98	Fe I	5			
			4192.34	La F	8
4203.69	X I	50	92.07	Nb B	10
03.5	Em G	10	91.63	Dy B	80
03.03	Sm B	10	91.63	Gd I	125
02.94	Ce II	10	91.62	Pr B	6
02.48	Br G	4	91.6	Cd F	4
02.44	V F	8	91.54	V I	5
02.23	Dy B	4	91.43	Fe I	15
02.03	Fe I	30	91.27	Cr B	4
01.81	Rb I LL	8 R	91.06	Gd B	200
01.73	Ni B	5			
			4191.03	Ar I	100
4201.45	Zr I	18	90.91	Gd B	10
01.32	Dy B	5	90.78	Gd I	200
00.76	Hg II	10	90.71	Ar I	50
00.68	Ar I	100	90.71	Co I abs	7
00.45	Ni B	5	90.19	As G	7
00.0	N III	6	89.99	Mn B	4
00.00	He II 4–11	—	89.90	Os B	5
4199.91	Ru I	10 R	89.79	O II	10
99.27	Y II	3	89.85	V I	5
99.1	N G	4			
99.10	Fe I	20			
			4189.52	Pr B, F	10
4199.09	Zr I	15	89.27	U B	4
98.88	Ru B	4	88.33	Mo B	10
98.72	Ce F	5	88.11	Sm B	5
98.52	Cr B	3	87.80	Fe I	20
98.32	Ar I	100	87.61	Tu B	10 R
98.30	Fe I	20	87.54	Zr I	5
98.1	Se G	5	87.05	C III	10
97.59	Ru B	4	87.04	Fe I	20
97.44	As G	7	86.81	Dy B	600 R
96.55	La II	250			
			4186.70	Zr II	12
4196.51	Rh I	7	86.60	Ce II	600
96.34	Ce II	5	86.23	K II	8
96.21	Fe I	4	86.12	Ti I	6
95.70	N III	3	85.82	Mo B	8
95.7	Se G	5	85.45	O II	8
95.67	H 2	6	84.89	Fe I	10
95.53	Ni B	5	84.47	Kr I	—
95.51	Se II	10	84.39	Mo II	2
95.33	Fe I	5	84.25	Gd B	300
95.1	Sb F	7			

λ in I. Å.	Element	Intensität	λ in I. Å.	Element	Intensität
4184.25	Lu II	120	4174.25	S II	5
83.44	V F	10	74.14	Y I	30
82.98	Re I	50	73.97	S II	4
82.17	H 2	8	73.48	Fe II	6
81.88	Ar I	80	73.24	Os B	9
81.75	Fe I	15	73.23	Ho B	50
81.4	Te III	10	72.55	Os B	6
81.18	Ta B	4	72.29	Pr B	8
80.96	Se II	15	72.13	Fe B	3
80.95	Hg II	15	72.06	Ga I LL abs	30 R
4180.82	Yb II	40	4171.92	Ti F	10
80.11	H 2	5	71.83	Pr E	6
80.0	X G	10	71.61	U B	5
79.9	Ac	4	71.31	H 2	8
79.81	Zr II	15	71.19	W B	4
79.7	N G	5	70.90	Fe I	5
79.62	Br G	8	70.7	Cd III	7
79.42	Pr II	150	70.5	Po	—
79.42	V B	5	70.4	J G	5
79.30	Ar F	3	69.86	Pd I	20
4179.26	Cr B	4	4169.23	O II	4
79.0	V F	5	69.10	Se III	10
78.96	Ge III	200	68.7	Zr F	8
78.87	Fe II	6	68.4	Ac	5
78.4	P G	8	68.12	Nb I	250
78.38	Ar F	3	68.04	Pb I	10 R
78.04	Th F	5	67.97	Dy B	200 R
78.03	Hg II	10	67.52	Y I	50
77.92	Ta B	4	67.51	Ru B	5
77.8	Ra B	6	67.27	Mg I	10
4177.72	H 2	5	4166.5	Em G	10
77.70	Cu I	6	66.36	Zr I	4
77.59	Fe I	4	66.02	Ba II	20
77.54	Y II	10	65.61	Ce F	10
77.32	Nd B	200	65.6	Se G	5
77.11	H 2	8	65.22	Sc B	6
76.60	Mn B	4	64.71	Pt F	8
76.57	Fe I	7	64.66	Nb I	400
76.1	N G	6	64.19	Pr B, F	10
75.79	Br I	9	64.18	Ar I	80
4175.64	Fe I	10	4163.85	U B	5
75.62	Os B	7	63.66	Ti F	10
75.61	Nd B	50	63.64	Nb I	400
75.54	Gd I	200	63.63	Cr B, F	4
75.30	Pr B	5	63.03	Ho B	100
75.30	Se II	15	62.64	S II	10
75.20	Ta I	40	62.6	Ta B	4
75.17	H 2	6	61.94	H 2	5
74.91	Fe I	5	61.81	Sr II	4
74.33	Hf I	50	61.66	Ru B	4

λ in I. Å.	Element	Intensität	λ in I. Å.	Element	Intensität
4161.20	Zr II	20	4150.0	Ar B	1
60.7	Co F	7	49.94	Ce II	10 R
59.8	Se G	5	49.90	Al III	3
59.7	N III	5	49.84	Sm B	5
59.30	H 2	5	49.58	Mo B	5
58.79	Fe I	5	49.37	Fe I	5
58.59	Ar I	100	49.22	Zr II	25
58.0	Cd F	3	49.17	K II	7
58.0	Cl G	4	49.07	Yb I	30
58.0	X G	5	48.81	Mn B, F	3
4157.78	Fe I	8	4148.4	Li I	1
57.7	Cd III	9	48.57	Zn II	5
57.5	As G	7	47.90	Ta I	4
57.42	Mo B	5	47.67	Fe I	10
56.80	Fe I	12	47.0	Cl G	4
56.65	U B	5	46.79	Ru B	5
56.54	O II	3	46.06	O II	4
56.24	Zr II	15	45.76	N II	3
56.14	Ar F	4	45.76	Ru B	6
56.09	Nd B	250	45.73	X III	100
4155.8	Tl III	4	4145.2	Se G	5
55.59	Mo B	5	45.12	Kr II	250
55.30	Mo B	5	45.05	S II	8
54.81	Fe I	9	44.99	Ce G	8
54.50	Fe I	12	44.46	Tb B	100
54.46	Kr III	40	44.36	Re I	60
54.36	Rh B	7	44.17	Ru I	7
53.94	U B	4	43.87	Fe I	30
53.90	Fe I	10	43.76	He I	2
53.9	Se G	5	43.63	Tb B	20
4153.83	Cr B	5	4143.56	Mo B	9
53.31	O II	6	43.51	Tb B	40
53.05	S II	10	43.41	Fe I	15
52.8	Pb II	3	43.13	Pr B	150
52.7	Ar B	3	43.10	Dy B	300
52.58	Nb I	500	42.86	Y I	10 R
52.36	Sc B	6	42.32	Ni B	6
52.3	Se G	7	42.24	S II	8
52.23	Sm B	10	41.9	Cd I	4
52.17	Fe I	4	41.73	La II	200
4152.04	Nb B	20	4141.26	Pr B	10
51.98	La II	250	41.08	Mn B, F	3
51.7	Te III	8	40.63	Sb G	5
51.5	N I	12	40.38	Hg II	9
51.3	Cs F	4	40.28	Sc B	5
51.11	Er B	6	40.22	Br G	6
50.98	Zr II	10	39.70	Nb I	400
50.25	Fe I	4	39.7	Cd III	8
50.14	Al III	6	39.1	Kr G	4
50.12	Nb B	100	38.0	Kr G	4

λ in I. Å.	Element	Intensität	λ in I. Å.	Elément	Intensität
4137.64	Ce II	400	4130.35	Gd B	300
37.6	N I	7	29.97	Nb B	10
37.46	W B	4	29.73	Eu B	500 R
37.3	Cd III	7	29.45	Nb B	8
37.2	Nb I	200	29.43	Dy B	100
37.10	Gd F	8	29.37	Ta I	30
37.00	Fe B	7	29.36	Cr B	4
36.45	Re I	100	29.34	O II	2
36.3	J G	6	29.2	Se II	9
36.3	Se G	6	28.96	Os B	6
4136.24	Ho B	40	4128.90	Rh I	10 R
36.20	Ta B	4	28.7	J G	10
36.13	Rb F	7	28.6	Ar F	3
35.80	Os B	10	28.31	Y I	150 R
35.65	Br G	5	28.08	V I	60
35.33	Nd B	50	28.05	Si II	10
35.29	Rh I	10 R	27.61	Fe I	7
35.13	Yb F	8	27.54	Ti B	5
35.13	X I	20	27.5	P II	6
35.04	Mn B	4	27.46	Ru I	3
4134.72	K II	7	4127.16	Ho B	150
34.68	Fe B	5	27.0	Cd F	4
34.6	Kr G	3	27.0	Se III	9
34.50	V I	60	26.6	Se II	8
34.17	Gd I	100	26.52	Cr I	7
33.80	Ce II	500	24.95	Y II	2
33.65	N II	2	24.73	Lu I	100
33.63	Sb II	20	24.61	Os B	4
33.42	Re I	80	24.1	N II	1
33.36	Nd B	50	23.85	Nb I	400
4133.2	J G	6	4123.56	V I	60
32.90	Fe I	8	23.25	Cu B, F	2
32.82	O II	6	23.23	La II	400
32.7	Se G	7	23.10	Er B	6
32.54	Cl II	10	23.07	Na II	3
32.44	Ba B	5	22.8	Te III	8
32.3	Li I	2 R	22.78	Mo F	6
32.28	Gd B	200	22.52	Fe I	4
32.06	Fe I	25	22.2	Hg II	10
32.02	V I	60 R	22.0	B II	7
4131.7	Ar II	8	4121.86	Bi I	6
31.33	Kr III	40	21.80	Fe I	5
31.12	Mn B, F	4	21.71	Rh B	5 R
31.10	Ce II	7	21.54	Bi I	6
30.88	Si II	10	21.48	O II	4
30.8	Cl II	15	21.33	Co I LL	60 R
30.8	P II	4	20.83	Ce II	10
30.78	Pr B	6	20.81	S I	10
30.71	Ce II	7	20.81	He I	3
30.68	Ba II	80 R	20.8	P II	2

λ in I. Å.	Element	Intensität	λ in I. Å.	Element	Intensität
4120.55	O II	3	4111.1	As G	6
20.30	O II	3	10.90	Mn B	6
20.21	Fe B	5	10.84	O II	2
20.20	Ho B	50	10.54	Co I	10
20.12	Mo B	9	10.48	Nd B	6
19.89	Ce F	8	10.01	Br G	4
19.70	Rh B	6	10.0	N I	12
19.7	As G	6	09.9	Tl III	7
19.22	O II	8	09.80	Fe I	9
19.22	F II	7	09.78	V I	50
4119.2	N G	4	4109.71	X I	60
18.96	P II	4	09.58	Cr B	4
18.78	Co I	8 R	09.46	Nd B	200
18.76	F II	3	09.23	Kr II	100
18.69	Pt B, F	10	09.2	P G	5
18.55	Sm II	400	09.17	F II	8
18.55	Fe B	15	09.09	Mo B	5
18.48	Pr II	200	09.08	Nd B	100
18.3	Zn II	5	09.07	X III	100
18.15	Ce B	7	08.73	Se II	10
4117.1	P II	4	4108.63	Ho B	100
17.01	F II	5	08.55	Ca I	10
16.75	Th F	6	08.08	Hg I	5
16.60	V I	4	07.85	Ru B	4
16.55	F II	7	07.50	Rh B	4
16.48	V I	50	07.49	Fe I	12
16.4	Cd IV	8	07.48	Mo I	8
16.34	Rh B	4	07.43	Ce II	12
16.12	X I	80	06.89	Ce B	5 R
16.10	Si III	8	05.84	Tu B	10
4115.80	Ir F	5	4105.17	V I	60
15.18	V I	60	05.09	Mo B	5
14.95	Na II	3	05.00	O II	7
14.95	K II	3	04.78	Sb G	4
14.7	Em G	6	04.75	O II	5
14.45	Fe I	4	04.31	Rb II	8
14.4	Se G	5	04.22	Cu I	8
14.0	N I	6	04.2	Cl III	9
13.51	V B	5	03.96	Ar II	10
12.98	F II	5	03.84	Ho B	400
4112.82	Ar F	3	4103.87	F II	7
12.76	Ru B	10			7—7—15
12.73	F II	4			—5—10
12.2	Zn F	4	03.09	F II	10
12.04	O II	4	03.37	N III	4
12.03	Os B	10	03.31	Dy B	500
11.9	Cd III	6	03.01	O II	5
11.79	V I LL	100 R	02.93	Si I	25
11.52	Se G	5	02.70	W F	6
11.35	Dy B	150	02.5	Br G	4

λ in I. Å.	Element	Intensität	λ in I. Å.	Element	Intensität
4102.38	Y I	150 R	4092.40	Co I	8 R
02.17	V I	7	92.27	Sm II	400
			92.27	Pt B	4
4102.16	Mo I	7			
01.76	In I abs LL	8 R	4091.83	Os B	9
01.76	Ru B	4	91.5	Cd IV	9
01.74	H I 2–6	—	91.5	P II	5
01.4	As III	7	91.0	Pa	5
01.09	Ho B	40	90.58	V I	10
00.92	Nb I	600	90.51	Zr B	6
00.74	Pr II	150	90.28	U B	6
00.65	D I 2–6	—	89.28	O II	5
4099.9	N I	9	88.86	Si III	10
			88.50	Rh B	4
4099.80	V I	60			
99.54	La II	150	4088.37	Ac	5
99.27	Pd I	20 d	88.33	Kr II	100
99.25	S III	3	87.9	As G	6
98.9	X G	4	87.80	Rh B	4
98.87	Pd I	10 d	87.75	H 2	9
98.75	Mo I	5	87.66	Er B	10
98.7	Cl III	7	87.37	Pd I	50
98.7	Kr II	5	87.14	O II	4 d
98.64	Gd B	300	86.72	La II	300
			86.54	Th F	5
4098.57	Ca I	4			
98.53	Ca I	15	4086.32	Co I	9
98.4	Cl III	6	86.3	Corona	8
98.18	Fe I	4	85.60	Gd B	200
97.9	Se G	7	85.44	Ru B	5
97.81	Ru I	6	85.30	Fe I	4
97.54	Rh B	8	85.23	Ce II	7
97.4	Te II	7	85.20	O II	2
97.31	N III	10	85.05	Th F	7
97.3	Pa	5	84.49	Fe I	6
			84.39	Mo I	8
4097.2	O II	3			
96.82	Mo B	5	4084.30	Rh I	2
96.63	Zr II	4	84.14	Au B, F	2
95.97	Fe I	4	84.0	As G	6
95.49	V I	7	83.93	Rb F	6
95.3	Se G	7	83.92	F II	6
94.96	Ca I	1	83.71	Y I	50
94.93	Ca I	12	83.64	Mn I	12
94.80	Th B	4	83.24	Ce B	10
94.5	Cd IV	10	83.2	Se G	8
			82.95	Mn I	12
4094.07	Tu B	10 R			
93.7	K II	5	4082.80	Rh B	10
93.16	Hf II	150	82.46	Ti I	5
92.94	O II	5	82.44	Sc I	10
92.72	Gd I	100	82.41	Ar F	4
92.63	Ca I	8	82.4	As G	6
92.69	V I	60	82.4	Kr G	4

λ in I. Å.	Element	Intensität	λ in I. Å.	Element	Intensität
4082.38	H 2	5	4074.10	H 2	6
81.92	Pr B	7	73.78	Gd B	200
81.74	Ca III	5	73.76	Fe I	4
81.47	Mo B	8	73.6	Te II	8
			73.49	Ce B	9
4081.22	Zr I	40			
81.3	Er B	7	4073.21	Gd B	40
81.03	Pr B	7	73.2	Te II	10
80.67	Ar II	3	73.11	Dy B	200
80.63	Ru B	10 R	72.71	Zr I	30
80.23	Nd B	50	72.5	X G	4
80.0	P G	7	72.43	Ar F	4
79.84	Fe I	4	72.16	O II	8
79.81	Pr B	7	72.1	P II	5
79.73	Nb I	1000	72.01	Ar II	9
			71.74	Fe I	40
4079.61	Ar F	4			
79.43	Mn I	10	4070.86	Os B	4
79.24	Mn I	12	70.75	J II	8
79.1	Bi II	40	70.6	Pa	5
78.9	O II	2	70.43	C III	8
78.84	H 2	7	70.36	Gd B	9
78.82	X I	10	70.28	Mn B	4
78.71	Gd I	300	70.14	Se II	10
78.48	Ti I	6	69.92	Ir F	8
78.47	Gd B	150	69.92	Mo B	8
78.35	Fe I	4	69.90	O II	6
4078.36	Fe B	3	4069.8	Kr G	4
77.97	Dy B	600	69.64	O II	4
77.83	Hg I	7	69.63	H 2	8
77.71	Sr II LL	10 R	69.28	Nd B	80
77.59	Rh B	4	69.23	Th F	7
77.47	Ce II	5	68.94	C III	7
77.38	Y I	100	68.91	Ta B, F	5
77.35	La II	300	68.77	Cs II	6
77.0	Ar F	2	68.55	Co I	6
76.74	Ru B	6	68.38	Ru B	4
4076.70	La II	30	4067.98	Fe I	8
76.70	Ar F	6	67.96	Cs II	6
76.63	Fe I	8	67.91	Ta B	6
76.13	Co I	4	67.87	C III	6
76.05	Cr F	4	67.63	Ru B	4
75.87	O II	10	67.39	La II	125
75.85	Ce II	10	67.37	Kr III	50
75.53	Br G	4	67.27	Fe I	4
75.28	Nd B	50	66.97	Fe I	6
75.26	Mo I	3	66.89	H 2	9
4075.12	Nd B	60			
74.9	Te III	15	4066.71	Os B	10
74.79	Fe I	3	66.39	Co I	7 R
74.68	Os B	5	65.4	As G	7
74.37	W B	500	65.11	Kr II	100

λ in l. Å.	Element	Intensität	λ in l. Å.	Element	Intensität
4065.1	V B	6	4057.19	In II	3
65.09	Ho B	10			3–8–15–5
65.08	Au I	6			–6–2
64.6	P II	4	56.59	In II	2
64.58	Sm II	300	57.07	V B	5
64.16	Zr I	30	57.01	Kr II	300
			56.6	Cu B	2 R
4064.47	Ru B	4	56.54	Pr B	9
63.94	V B	5	56.3	Pa	9
63.59	Fe I	45	56.03	Mo I	5
63.55	Mn F	6			
63.45	Gd B	150	4055.55	Mn I	20
63.24	Cu I	20	55.25	Ag I	8 R
62.82	Pr II	10	55.03	Zr I	20
62.64	Cu I	300	55.0	Te III	10
62.6	As G	7	54.94	Ce II	3
62.46	H 2	8	54.87	Pr B	9
			54.55	Sc I	8
4062.44	Fe I	10	54.52	Ar I	3
62.14	Pb I	12	54.49	Ho B	4
62.1	Te III	12	54.06	Ru B	4
62.1	P II	4			
62.09	Mo I	6	4053.92	Ho B	400
62.0	Se G	6	53.83	Ti II	5
61.58	Tb B	60	53.51	Ce II	7
61.40	Ta B	5	53.31	Gd B	100
61.09	Nd B	200	52.96	Ar F	4
60.86	Tb B	40	52.93	Co B	4
			52.84	Au F	6
4060.69	As IV	6	52.20	Ru B	4
60.43	X III	60	51.41	Ru B	5
60.39	Tb B	40	51.36	V B	6
59.96	Nd B	50			
59.8	Se G	5	4051.16	Pr F	6
59.3	P F, G	6	51.15	Nd B	60
59.1	Cl III	8	50.58	Dy B	150
58.94	Mn I	10	50.5	Kr G	5
58.93	Nb I	2000	50.32	Zr II	15
58.9	Kr G	4	50.1	J I	5
			50.08	La II	200
4058.79	Cr B	4	50.06	U B	5
58.60	Co I	6	50.05	X III	200
58.22	Gd I	250	49.90	Gd B	200
58.22	Fe I	4			
58.2	Se G	5	4049.8	Pb IV	30
58.19	Co I	6	49.44	Gd B	150
57.81	Pb I abs LL	100 R	49.4	Cd III	6
57.71	Zn II	6	48.78	Cr B	4
57.51	Mg I	6	48.76	Mn I	15
57.5	Cd F	5	48.68	Zr II	15
			47.79	Sc I	25
4057.4	X G	5	47.64	Y I	40
57.19	Co I	4	47.20	K I LL	6 R
			47.2	Cs F	4

λ in I. Å.	Element	Intensität	λ in I. Å.	Element	Intensität
4046.77	Hg I	10	4036.2	P II	3
46.6	Se III	10	36.08	J II	8
46.56	Hg I	10	35.89	Zr B	5
46.5	P F	6	35.73	Mn I	15 R
46.34	Ce II	7	35.62	V F	10
45.98	Dy B	400	35.56	Co B	6
45.97	Ar I	10	35.45	Ar F	3
45.81	Fe I	60 R	35.0	N G	5
45.63	Zr II	15	34.49	Mn I abs	8 R
45.43	Ho B	200	33.85	Ar F	3
4045.40	Co I	8 R	4033.85	Pr B	7
45.20	Mn F	5	33.77	Ir B, F	4
45.2	Em G	4	33.7	P II	3
44.84	Pr B	7	33.63	Mn B	3 R
44.8	Cd III	—	33.56	Sb II	20
44.6	Kr G	6	33.31	Re I	30
44.57	Zr I	5	33.17	Nb B	8
44.5	P G	7	33.07	Mn I abs LL	10 R
44.42	Ar I	100	33.05	Tb B	200
44.38	Hf B	8	33.01	Ga I abs	30 R
4044.14	K I LL	8 R	4032.96	Ar F	3
43.57	H 2	5	32.83	Au B	20
43.5	N G	3	32.77	S II	6
43.47	Cu F	3	32.6	Nb I	200
42.91	La II	300	32.5	As III	10
42.89	Ar II	8	32.39	Sr I	4
42.78	U B	5	32.28	Tb B	60
42.59	K II	6	32.21	Ru I	4
42.58	Ce II	12	32.2	Cl G	5
41.93	Os B	5	32.0	J G	5
4041.37	Mn I	50	4031.82	Nd B	100
41.3	N G	6	31.80	Mn B	4
40.95	Au I	10	31.76	Pr B	7
40.84	Ho B	150 R	31.68	La II	300
40.80	Nd B	100	31.65	Tb B	50
40.76	Ce II	15	31.34	Ce II	10
40.07	Ir B	4	31.0	As III	10
39.83	Y I	25	30.76	Mn I abs LL	10 R
39.8	Cs F	9	30.51	Ti B	6
39.22	Ru B	4	30.50	Fe B	3
4039.20	Eu B	30	4030.39	Sr I	5
39.08	Cr B	4	30.30	Se G	7
38.83	Ar F	4	30.04	Zr I	5
38.46	Pd B	4	29.68	Zr II	20
38.3	Se G	5	29.56	Rb II	5
37.90	Gd B	125	28.74	S II	7
37.8	Kr G	4	28.41	Ce II	10
37.34	Gd B	200	28.35	Ti II	5
37.2	As III	9	28.33	H 2	8
36.42	Br G	4	27.20	Zr I	20

λ in I. Å.	Element	Intensität	λ in I. Å.	Element	Intensität
4027.10	Cr B	4	4014.90	Ce II	8
27.03	Co I abs	4	14.53	Fe B	10
26.95	Ta B	4	14.52	Sc F	8
26.55	Ti B	5	14.3	Br III	6
26.5	Al II	5	14.0	Se III	8
26.44	Mn B	4	13.97	In II	7
26.36	He I	1	13.95	Co I	5
26.19	He I	5	13.88	In II	7
26.17	Cr B	4	13.85	Ar II	8
26.0	N G	5	13.50	Ru B	4
4025.87	La II	40	4012.85	Tb B	7
25.50	F II	15	12.70	Nd B	50
25.02	Cr B	4	12.48	Cr B	4
25.01	F II	10	12.39	Ce II	15
25.0	J G	5	12.25	Nd B	300
24.92	Zr I	8	12.10	K II	5
24.73	F II	20	10.5	Ra B	2
24.72	Fe I	6	09.71	Fe I	10
24.58	Ti I	7	09.66	Ti B	7
24.04	Br G	5	09.27	He I	1
4023.99	Zr I	15	4008.93	Ti I	7
23.85	Ru B	4	08.78	Br G	6
23.69	Sc I	100	08.77	W B LL	1000
23.5	Ar F	3	08.73	Pr B	10
23.40	Co B	4	08.3	Se III	10
23.37	V F	10	08.1	Kr G	3
23.23	Sm II	300	07.9	Se II	9
23.15	Rh B	5	07.7	Po	2
23.03	Nd B	80	⌈07.61	In II	3
22.63	Cu I	200			3–4–1
			⌊07.40	In II	1
4022.17	Ru B	5			
21.87	Fe I	12	4007.43	Nd B	50
21.78	Nd B	60	07.30	Br G	5
21.34	Nd B	80	07.27	Fe I	6
20.90	Co I	20	06.68	Cd II	5
20.87	Nd B	60	06.60	Ru B	4
20.40	Sc I	75	06.5	Cs F	6
20.20	Pd I	15 d	06.29	Rb F	10
20.05	Ir F	8	06.2	As G	6
19.64	Pb I	10 R	05.71	V F	10
			05.64	Ru B	4
4019.14	Th II	10			
18.6	Se G	6	4005.6	Kr G	6
18.5	Cl III	8	05.55	Tb B	200
18.35	Y F	10	05.49	H 2	5
18.27	Os B	4	05.24	Fe I	25
18.11	Mn I	20	05.16	Os B	5
17.8	Em G	7	⌈04.83	In II	3
17.15	Fe I	6			3–4–5
16.52	W B	5	⌊04.53	In II	5
16.1	Au F	5	04.03	Os B	4

λ in I. Å.	Element	Intensität	λ in I. Å.	Element	Intensität
4004.02	Nd B	60	3994.54	Co I	4
03.50	Os B	5	93.83	Ce B	9
			93.8	Cd IV	6
4003.2	Se G	5	93.7	Se III	8
02.6	Kr G	3	93.49	S II	6
02.60	Tb B	100			
02.56	Zr I	3	3993.40	Ba I	80
02.0	Se G	7	93.26	H 2	5
01.7	Cs F	4	92.85	Cr B	5
01.66	Fe I	5	92.80	V B	7
01.45	Cr B	4	92.7	X G	5
01.20	K II	7	92.39	Br I	7
00.45	Dy B	600	92.39	Ce II	10
			92.11	Ir I	6
3999.60	Br G	4	92.03	Ar F	4
99.24	Ce II	20	91.9	Kr II	6
98.98	Zr II	30			
98.8	S II	10	3991.84	Co F	8
98.73	V B	8	91.75	Nd B	80
98.64	Ti I LL	100 R	91.7	Cd IV	6
98.28	Ho B	40	91.69	Co I	4
98.25	H 2	7	91.67	Cr B	5
98.05	Fe I	10	91.55	Co B	4
97.95	Kr II	100	91.50	Cl III	7
			91.26	Kr I	10
3997.91	Co I abs	10 R	91.15	H 2	8
97.39	Fe I	15	91.14	Zr II	10
97.3	P III	5			
97.13	V F	8	3991.12	Cr I	8 R
97.10	Br G	4	91.08	Kr I	20
97.06	Pr B	6	90.89	Yb I	40
96.72	Pr B	5	90.8	Cd IV	5
96.69	Dy B	200	90.57	V B	10
96.61	Sc I	30	90.31	Co I	4
96.57	Pt B	3	90.10	Nd B	60
			90.04	H 2	1
3996.38	Al II	3	90.03	Sm I	300
		3—1—1—4,	89.99	Cr B	4
		—1—5			
95.86	Al II	5	3989.76	Ti I	80 R
95.74	La II	400	89.70	Pr B	10
96.16	Rh B	7	89.44	Ce II	1
96.15	Ta B	4	89.23	Zn II	12
95.99	Ru B	5	88.69	Zr I	3
95.98	Fe I	4	88.51	La II	500
95.74	La II	400	88.0	Cd IV	6
95.66	Ba I	4	87.98	Yb I	1500 R
95.62	Rh B	6	87.80	Ru B	5
95.31	Co I abs LL,	60 R	87.8	Kr G	4
3995.00	N II	10			
95.3	K II	3	3987.12	Co I	5
94.83	Kr II	100	86.9	Corona	8
94.82	Pr B	200	86.76	Mg I	2
94.72	Nd B	80	86.53	Br G	8

λ in I. Å.	Element	Intensität	λ in I. Å.	Element	Intensität
· 3986.25	Mo II	6	3977.74	Fe I	12
86.17	Fe B	5	77.33	Zr I	2
85.97	S III	4	77.24	Os B	10
85.94	U B	5	76.86	Tb B	250
85.5	Li I	3	76.85	Nd B	60
85.24	Mn B	4	76.66	Cr I	9
			76.62	Fe B	4
3985.20	X I	30			
84.86	Ru I	8	3976.4	Cd IV	7
84.6	Te III	6	76.33	Ir F	10
84.41	Rh B	7	75.33	Co B	5
84.35	Cr B	5	75.32	Rh B	7
84.22	Dy B	60	74.79	F II	6
84.17	Ni I	8	74.73	Co I	5 R
83.96	Fe I	10	74.68	Ni I	10
83.96	Hg II	20	74.52	Ar F	4
83.92	Cr B	7 R	74.42	X I	40
			74.2	Cs F	6
3983.9	J G	6			
83.76	S III	4	3973.7	Ca I	6
83.66	Dy B	100	73.67	Nd B	7
82.90	Ce II	5	73.64	V F	10
82.73	O II	5	73.55	Ni I	25
82.60	Y II	10	73.49	Zr B	6
82.49	Ti B	6	73.30	Nd B	80
82.17	Kr I	—	73.27	O II	10
82.06	Pr B	9	73.14	Co I	6
81.93	Dy B	75	72.67	F II	4
					4–1–3
3981.92	Tb B	150	72.05	F II	3
81.8	Cd I	2			
81.77	Fe I	7	3972.6	K II	3
81.76	Ti I	70 R	72.53	Co B	6
81.63	Ag I	4	72.16	Ni I	10
81.58	Zr B	6	72.15	Pr B	8
81.49	Nd B	60	71.99	Eu B	400
81.25	Cr B	4	71.7	Em G	7
80.90	Ce II	7	71.68	Ce II	7
80.43	Br G	10	71.40	Sm II	300
			71.32	Fe I	9
3980.01	Br G	5	71.15	Pr B	6
79.87	Cr B	4			
79.53	Co I	6	3970.81	W B	4
79.49	Nd B	60	70.49	Ni I	10
79.44	Ru I	5	70.10	Ta B	3
79.40	Ar F	5	70.07	H I 2–7	—
78.66	Co I	10	70.04	Sr I	4
78.56	Dy B	150	69.75	Cr B	10
78.45	Ru B	5	69.68	Os B	5
78.27	P III	8	69.26	Fe I	30
			69.26	Sr I	4
3978.21	Rb F	7	69.12	Co F	6
78.0	Cs F	5	3968.65	Br G	5
77.8	Cd III	8	68.6	Te III	6

λ in I. Å.	Element	Intensität	λ in I. Å.	Element	Intensität
3968.47	Ca I	350 R	3958.40	Ar F	3
68.39	Dy B, F	1000	58.35	Tb B	60
68.37	Ar II	10	58.24	Zr II	50
68.25	Zr I	18	58.21	Ti I	80
67.54	X I	6	58.16	Rh B	4
67.42	Fe B	8	58.00	Nd B	40
67.05	Ce II	7	57.97	Tb B	40
66.7	K II	3	57.94	Co I	15 R
			57.8	P III	6
3966.65	Zr I	5	57.7	Kr G	4
66.63	Fe I	10			
66.56	Pr B	6	3957.69	Gd B	150
66.36	Pt B, F	8	57.6	P G	6
66.3	Nb II	200	57.40	Cd II	8
66.06	Fe I	10	57.3	Em G	5
65.91	Ru B	5	57.07	Ca I	6
65.7	J G	5	56.68	Fe I	12
65.27	Pr II	150	56.46	Fe B	4
65.19	Cs II	6	56.34	Ti I	60
			56.29	Ce B	9
3964.9	Kr G	4	55.9	Cs F	4
64.84	Pr II	250			
64.73	Sb G	4	3955.85	N II	5
64.73	He I	4	55.35	Br G	8
64.54	Rh B	4	55.2	K II	4
64.27	Ti I	7	54.7	Kr G	5
64.26	Pr B	6	54.60	O I	5
63.69	Cr I	10	54.39	O I, II	10
63.63	Os B	10	53.53	Pr B	125
63.4	Hg II	10	53.52	Nd B	60
			53.15	Fe I	4
3963.12	Nd B	60	53.00	Mo II	3
63.10	Fe I	6			
62.86	Ti I	7	3952.92	Co I	7
62.61	In II	5	52.69	Ru B	5
		5—5—2—5—4—5	52.60	Fe I	8
62.04	In II	5	52.57	Ce II	9 R
62.49	Re I	40	52.36	Em I	10
62.45	Pb IV	20	52.33	Co I	5
61.84	Ga F	5	52.20	Nd B	100
61.59	O III	8	52.1	Pb III	8
61.53	Al I LL	10 R	51.96	V F	10
			51.9	Pb III	7
3961.49	Mo F	10	51.8	Se G	5
61.00	Co B abs	4			
60.91	Ce II	7	3951.7	P III	5
60.7	Sb G	4	51.59	Y II	4
60.45	Ar F	3	51.16	Fe B	9
59.51	Gd B	7	51.16	Nd B	150
59.50	Cs II	5	50.92	X I	6
58.86	Rh I	10 R	50.60	Br G	7
58.64	Pd I	200 R	50.56	X III	300
58.5	Cd III	10	50.35	Y II	10
			50.21	Ru B	4
			49.95	Fe I	10

λ in I. Å.	Element	Intensität	λ in I. Å.	Element	Intensität
3949.44	Pr B	125	3940.88	Fe I	4
49.10	La II	600	40.80	Sr I	4
48.98	Ar I	100	40.57	Rb II	10
48.91	Ca I	4	40.34	Ce II	7
48.8	Se G	7	40.2	J III	15 u
48.78	Fe B	10	40.0	N G	5
48.67	Ti I	60	39.8	Cd III	5
48.6	As G	6	39.70	Br G	5
48.39	Pt B	4	39.60	Tb B	200
48.16	X I	10	39.03	F II	7
3948.11	Sm II	300	3938.65	Br G	5
48.10	Fe I	6	38.65	Er B	8
47.77	Ti I	40	38.59	Os B	6
47.63	Pr B	9	38.1	J G	5
47.61	O I	7	37.90	Rh I	1
47.53	Fe I	5	37.88	Ba I	5
47.50	Ar I	40	37.47	Nb B	10
47.33	O I	10	37.2	J G	6
47.00	Fe I	4	36.20	La II	5
46.87	Tb B	150	35.97	Co I	6 R
3946.26	Ir B	4	3935.9	Se G	6
46.10	Ar F	4	35.83	Pr B	6
46.0	Tl III	2	35.83	Rh B	6
45.65	F II	4	35.81	Fe I	8
45.58	Ru B	6	35.8	Se III	10
45.55	Gd I	150	35.77	Al I	4
45.32	Co I abs	7	35.72	Ba I	50
45.05	O II	5	35.4	Cd III	5
44.69	Dy B	600	35.3	Se G	6
44.30	Ar II	8	35.25	Tb B	50
3944.10	Ni I	12	3935.16	Br G	6
44.02	Al I LL	10 R	35.00	F II	3
43.94	Ga F	5	35	Ca II	—
43.89	Ce II	7	34.85	Ir B, F	4
43.03	Mo B	5	34.82	Nd B	50
42.75	Ce B	10	34.80	Zr II	20 ,
42.72	Rh B	8	34.79	Gd I	200
42.5	K II	6	34.23	Rh I	10 R
42.44	Fe I	6	34.14	Zr II	20
42.15	Ce II	10	34.08	Ce I	15
3942.06	Ru I	3	3934.02	V B	4
41.87	Sm II	300	33.72	Ce B	10
41.74	Co I	20 R	33.67	Ca I LL	400 R
41.72	Em I	10	33.6	Ag F	5
41.52	F II	3	33.55	Ru I	4
41.51	Nd B	150	33.52	P III	3
41.50	Cr I	8 R	33.37	Sc I	20
41.50	Mo II	10	33.3	Se G	6
41.4	Se G	5	33.25	S II	7
40.89	Co B	6	33.1	Tl III	6

λ in I. Å.	Element	Intensität	λ in I. Å.	Element	Intensität
3932.63	Fe B	3	3922.91	Fe I	25 R
32.6	Kr G	4	22.9	P III	4
32.56	Ar F	5	22.76	Co I	5
32.04	Ru B	5	22.74	Tb B	50
31.97	Al I	5	22.6	As III	10
31.6	Se III	10	22.5	X III	50
31.53	Dy B	150	22.43	V B	5
31.37	Ce II	7	22.40	Sm II	800
31.36	Hf I	10	22.19	Rh B	5
31.20	Ar F	3	21.80	Zr I	20
3931.1	As G	7	3921.79	Co B	5
31.09	Ce II	10	21.73	Ce II	7
31.01	J III	14	21.54	La II	200
30.66	Y II	1	21.42	Ti I	30
30.50	Eu B	300 R	21.02	Cr I	7 R
30.29	Fe I	25 R	20.96	Nd B	100
29.99	Os B	4	20.92	Ru B	5
29.88	Ti I	40	20.7	Se G	5
29.57	Br G	6	20.68	Br G	6
29.53	Zr I	30	20.68	C II	8
3929.22	La II	300	3920.26	Fe I	20 r
29.2	As G	6	20.22	Nb B	6
28.65	Cr I	8 R	20.14	Kr II	40
28.60	Ar II	10	19.6	Br G	6
28.59	S III	5	19.3	Cd III	5
28.28	Sm II	400	19.28	O II	6
27.92	Fe I	30 R	19.17	Cr I	10 R
27.56	Au I	3 R	19.00	N II	6
27.09	Nd B	6	18.98	C II	6
26.49	Rb B	4	18.92	Hg II	9
3926.46	Mn F	4	3918.86	Pr II	150
25.95	Fe B	3	18.65	Fe B	4
25.91	Ru I	7 R	18.51	Ta B	3
25.84	Mo II	3	18.4	Te F	4
25.76	Ar F	4	18.32	Mn B, F	3
25.65	Hg II	10	18.10	Hf II	100
25.58	Cs II	6	17.7	Se G	5
25.47	Pr B	6	17.64	Kr II	40
25.45	Tb B	150	17.30	Eu B	30
25.33	Pt B	4	17.20	Em I	10
3925.22	Sm I	400	3917.18	Fe I	8
24.53	Ti I	50	17.13	Co B	6
24.41	H 2	6	16.8	Cl G	4
24.4	Ga II	9	16.73	Fe B	6
24.09	Br G	8	16.6	Se G	5
23.5	Se G	5	16.58	Gd B	300
23.48	Ru B	8	16.40	V B	8
23.43	S II	6	16.25	Cr I	12 R
23.36	Br G	6	16.05	La II	300
22.98	Pt I	10	16.0	Au F	4

λ in I.Å.	Element	Intensität	λ in I.Å.	Element	Intensität
3915.94	Zr II	25	3906.34	Er B, F	10
15.45	Mo II	3	06.30	Co I	10
15.38	Ir I	6	06.25	Kr II	40
15.3	Li I	2 R	05.89	Nd B	100
15.2	J G	5	05.78	Ho B	5
14.94	Sc B	10	05.55	Ho B	8
14.85	Ru B	4	05.53	Si I	100
14.78	Ar II	8	04.9	Se III	8
14.71	Nb B	10	04.9	P III	6
14.34	Ti B	6	04.79	Ti B	8
3914.31	V F	8	3904.7	Hg II	8
14.3	P G	6	03.97	Br III	8
14.26	Br II	10	03.90	Fe I	3
13.9	Se G	5	03.42	Sm II	4
13.63	Fe I	4	02.97	Mo I LL	50 R
13.6	Po	—	02.9	Cr I	12
13.50	Rh B	4	02.95	Fe I	20
13.45	Ti II	40	02.5	Ir	—
12.90	Pr B	6	02.42	Gd B	150
12.6	J G	5	02.26	V I	8
3912.5	Kr II	5	3902.12	In II	3
12.42	Ce II	15			3-4-4
11.95	O II	10	02.02	In II	4
11.81	Sc I	100	01.90	Hg I	—
11.56	Ar F	3	01.84	Nd B	50
11.16	Nd B	60	01.77	Mo I	6
10.81	La II	15	01.70	Os B	5
09.94	Co I abs	7	01.6	Se III	10
09.92	Ba I	40	01.53	Tl II	90
09.88	V B	8 R	01.35	Tb B	50
			01.24	Ru I	4
3909.39	Au B, F	2	3900.83	Tu B	6
09.07	Ru B	6	00.83	Y B	4
08.76	Cr I	8	00.73	Pt B, F	4
08.61	Mo II	3	00.68	Al II	10
08.54	Ce II	7	00.55	Ti II	50
08.42	Pr B	200	00.39	Os B	4
08.04	Pr B	150	00.21	Nd B	60
07.93	Fe B	4	3899.93	Hf I	20
07.9	X G	7	99.71	Fe I	30 R
07.84	Nd B	6	99.54	Mg I	1
3907.70	Ar F	3	3899.19	Tb B	200
07.49	Sc I	75	98.83	F II	6
07.45	O II	4	98.73	F II	2
07.4	Au I	7	98.73	Pt B	4
07.2	Sn F	4	98.54	Dy B	300
07.11	Eu B	300 R	98.27	V B	5
06.90	Nd B	7	98.12	Mg I	4
06.9	Cs F	4	98.01	Fe I	10
06.48	Fe I	8	97.90	Al F	4
06.40	Hg I	5	97.90	Fe B	4

λ in I. Å.	Element	Intensität	λ in I. Å.	Element	Intensität
3897.88	Au I	15	3889.31	H 2	1
97.87	K II	8	89.00	H I 2–8	—
97.3	Se G	6	88.95	Ho B	40
97.26	J III	10	88.65	He I	10
97.00	Sm II	600	88.63	He I	2
96.98	Cs II	7	88.62	Cs I abs	4
96.80	Ce II	7	88.51	Fe I	20
96.66	F II	3	88.22	Bi B	2
95.66	Fe I	25 r	88.1	Corona	1
95.66	Mg I	10	87.94	Bi B	2
3895.57	Ir F	8	3887.2	Tl II	10
95.25	Ti B	6	87.05	Fe I	15
95.11	Ce II	10	86.80	Cr I	7 R
95.0	P III	6	86.37	La II	150
95.0	X G	6	86.28	Fe I	40 R
94.98	Co I abs	60 R	85.51	Fe B	3
94.72	Gd B	200	85.41	Zr I	20
94.7	Kr G	5	85.29	Sm II	1000
94.66	Ar I	10	85.28	Co I	5
94.18	Pd I	200 R	85.22	Cr I	7 R
3894.1	Cr I	15	3885.2	P G	7
94.09	Co I abs	60 R	84.78	Ge III	15
94.05	Cr I	4 R	84.76	Eu B	50
93.40	Fe I	7	84.61	Co I	5
93.38	Mg I	3	83.4	Se G	5
92.86	V B	6	83.29	Cr I	7
92.72	Er B	6	83.15	O II	3
92.65	Ba B	5	82.88	Ti B	9
92.4	Se G	5	82.32	Ti B	5
92.36	Ar G	4	82.19	O II	7
3892.22	Ru B	5	3882.15	Ti B	5
91.98	Ar II	8	82.00	Ru I	3
91.98	Mg I	5	81.88	Co I	25 R
91.93	Fe B	4	81.39	W B, F	4
91.78	Ba II	8 R	80.6	Se G	6
91.64	Br G	8	80.5	X G	6
91.39	Zr I	20	80.29	Ar F	3
91.37	Ar F	4	78.73	V F	10
91.02	Ho B	200	78.66	Fe B	4
90.94	Nd B	60	78.58	Nd B	50
3890.58	Nd B	50	3878.57	Fe I	100 r
90.36	U B	5	78.37	Ce II	9
90.32	Zr I	25	78.02	Fe I	60
90.24	Mg I	3	77.80	X III	200
90.19	V B	6	77.49	Sm I	200
89.99	Ce II	300	77.33	Rh B	4
89.93	Nd B	50	77.3	Se G	8
89.78	In II	10	77.20	Pr B	200
89.67	Ni I	15	76.88	Re I	20
89.32	Ba B	5	76.84	Co I	20 R

λ in I. Å.	Element	Intensität	λ in I. Å.	Element	Intensität
3876.80	Os B	7	3864.86	V I	35
76.65	Lu II	100	64.45	O II	5
77.08	V B	7	64.12	Mo I LL	50 R
76.18	Cs I abs	2	63.9	Bi II	30
76	C B, F	4	63.88	Zr I	20
75.89	V B	7	63.8	Kr G	5
75.82	O II	4	63.40	Nd B	60
75.8	J G	5	63.37	Nd B	10
75.78	Ca I	1	63.21	H 2	6
75.44	Kr II	150	62.67	Ru B	6
3875.26	Ti B	6	3862.59	Si II	10
75.26	Re I	15	61.75	Cu I	15
75.25	Ar F	5	61.68	Ho B	40
75.08	V I	30	61.4	Li F	2
75.04	Ce B	6 R	61.37	Cl II	4
74.7	Au F	3	61.3	Sn III	10
74.18	Tb B	200	61.17	Co I	6 R
73.96	Co I abs	40 R	61.0	X G	4
73.76	Fe I	8	60.98	Cl II	15
73.18	Co I abs	7 R	60.83	Cl II	35
3872.82	Yb B	3	3860.48	Cu I	4
72.54	Ca I	1	60.45	Kr G	5
72.50	Fe I	60	59.91	Fe I	300 R
72.35	H 2	4	59.57	U B	5
72.14	Dy B	300	59.21	Fe I	200
71.78	Sm II	300	59.2	P III	6
71.64	La II	200	58.74	Sm I	200
71.59	H 2	5	58.67	H 2	6
71.4	Cl G	4	58.30	Hf I	20
71.23	Br G	6	58.30	Co I	6
3870.00	Rh B	5	3858.28	Ni I	40
70.0	N G	4	57.63	Cr B	5
69.94	Re I	15	57.53	Ru B	5
69.08	Mo I	6	57.3	Se III	6
68.82	Dy B	50	57.21	Br G	6
68.8	Cl G	6	57.20	Mo II	3
68.70	Kr III	40 b	57.18	O II	4
68.57	Ar II	8	57.15	Mo II	3
67.99	W B	300	57.09	Os B	10
67.81	Ru B	5	56.79	Co B	5
3867.4	Em G	3	3856.50	Rh I	10 R
67.22	Fe B	3	56.39	Ru I	3
66.44	Ti B	5	56.37	Fe I	50
66.1	Ar B	1	56.16	O II	5
66.03	Be I	6	56.07	N II	3
		6–2–5–8–3	56.02	Si II	10
65.14	Be I	3	55.86	V I	60
65.92	U B	5	55.43	Zr II	3
65.52	Fe I	30	55.37	V I	30
65.45	Os B	4	55.29	Cr B	5
65.45	Sr I	3			

λ in I. Å.	Element	Intensität	λ in I. Å.	Element	Intensität
3855.08	N II	3	3847.32	V F	10
54.91	Pr II	100	47.09	F II	20
54.32	Ce II	7	46.80	Fe B	8
54.3	X G	4	46.20	W B	15
54.23	Cr B	4	46.01	La II	20
54.19	Ce II	7	46.0	Ba II	17
54.0	Pb III	10	45.98	Kr I	—
53.66	Si II	5	45.7	Cl G	8
53.60	Au F	4	45.47	Co I abs	60
53.3	Se III	6	45.4	Cl G	8
3853.30	Sm I	200	3845.37	Ar F	3
53.16	Ce II	8	45.17	Fe I	5
53.04	Dy B	50	44.58	Gd B	125
52.81	Pr II	150	43.99	Mn B	6
52.57	Fe I	6	43.69	Co B	5
52.50	Gd B	150	43.26	Fe B	5
52.1	Cd F	4	43.2	Cl G	5
51.90	Co B	5	43.07	Ru I	3
51.75	Nd B	60	43.03	Zr II	30
51.67	F II	10	42.9	As G	7
3851.61	Pr II	200	3842.8	O II	1
51.57	W B	6	42.50	Tb B, F	5
51.4	Cl II	25	42.27	In II	6
51.4	Rb B	6			6–5–5–4–1
51.2	O II	1	42.09	In II	1
51.00	Gd B	200	42.20	N II	2
51.0	Cl II	7	42.06	Co I	10 R
50.83	Pr II	150	41.9	Se G	6
50.82	Fe I	12	41.9	X G	5
50.81	Cl III	4	41.6	Te III	6
			41.52	Ar F	8
			41.52	X III	100
3850.69	Gd B	150	3841.46	Co I	5
50.6	O II	1	41.30	Cr B	5
50.57	Ar II	9	41.18	Lu I	30
50.41	Ru B	4	41.08	Mn I	10
50.22	Sb II	20	41.05	Fe I	80 r
49.99	F II	15	40.8	Ag I	2
49.97	Fe I	40	40.76	V I	50
49.96	Os B	10	40.69	La II	50
49.6	Se G	8	40.6	Zn II	15
49.26	Zr B	6	40.44	Fe I	80 r
3849.17	Hf I	25	3840.29	Os B	10
49.02	La II	200	39.77	Mn F	5
48.75	Tb B	100	39.67	Ru B	5
48.52	Nd B	80	39.26	Fe B	5
48.31	Nd B	40	38.98	Nd B	80
48.24	Nd B	50	38.50	W B	15
48.04	O II	1	38.39	N II	4
47.99	Tu B, F	10	38.29	Mg I	100 R
47.50	W B	15	38.29	S F	8
47.38	N II	2	38.1	Li B	1

λ in I. Å.	Element	Intensität	λ in I. Å.	Element	Intensität
3837.82	Kr I	30	3829.67	Mn B, F	3
37.73	S G	8	29.35	Mg I	40 R
36.90	Gd B	100			
36.76	Zr II	60	3828.87	Mo I	6
36.54	Nd B	60	28.56	V I	60
36.51	Mn B	4	28.55	Br I	5
36.49	Dy B	60	28.47	Rh I	10 R
36.33	Fe B	3	27.82	Fe I	75
36.2	Se G	7	27.80	Ar F	4
36.03	Os B	10	27.7	Cl G	5
			27.6	Se G	7
3835.96	Zr I	20	27.4	P G	7
35.39	H I 2–9	—	27.40	Cd II	5
35.12	La II	5			
34.71	Br G	6	3826.71	Rb F	4
34.77	In II	1	26.70	Mo I	6
		1–4–5–6	26.42	Nd B	60
		–7–7	26.20	Sm II	400
34.56	In II	7	25.88	Fe I	200 R
34.68	Ar I	30	25.7	Au F	5
34.56	Ce II	7	25.25	O I	4
34.48	Sm I	300	25.05	Cu I	8
34.36	Mn I	12 R	24.45	Fe I	50
			23.90	Mn I	10
3834.22	Fe I	100 r			
33.96	Ca I	—	3823.51	Mn I	20
33.87	Rh I	10 R	23.47	O I	6
33.87	Mn B	6	22.90	V I	4
33.76	Mo I	7	22.25	Rh I	15 R
33.76	Ta F	5	22.1	N I	6
33.4	Cl G	8	22.01	V I	30
33.3	Fe B	4	22.0	Au F	4
33.10	O II	3	21.68	O II	4
32.90	Y II	10	21.5	J G	8
32.8	Ni I	5	21.18	Fe B	6
3832.8	Pb III	6			
32.46	Hg II	12	3820.88	Cu B	3
32.30	Mg I	80 R	20.74	Hf I	50
32.30	Pd I	75	20.43	Fe I	250 R
32.3	Tl II	10	20.3	Cl G	5
31.79	Ru B	5	20.26	Br III	9
31.69	Ni I	20	19.64	Eu B	10 R
31.50	Sm II	400	19.75	He I	1
31.45	U B	4	19.61	He I	4
31.37	S II	4	19.58	Cr B	4
			19.17	Nb B	6
3830.71	Pr B	7			
30.54	Er B, F	6	3819.04	Ru I	4
30.45	O II	4	18.92	Nb F	8
30.43	Ar F	3	18.7	Se G	6
30.4	N I	9	18.68	Pt B	5
30.04	Cr B	4	18.4	Ne II	6
29.80	N II	3	18.36	Y F	10
29.8	Ne II	7			

λ in I. Å.	Element	Intensität	λ in I. Å.	Element	Intensität
3818.27	Pr F	7	3806.56	Si III	8
18.24	V I	60	06.76	Rh I	8
18.20	Rh I	10 R	06.70	Fe B	6
17.59	Zr II	6	06.38	Hg II	10
			06.25	Dy B	10
3817.54	K II	7	05.92	Rh F	10
17.48	W B	15			
17.29	Ru B	4	3805.9	Zn II	10
16.88	Co B	5	05.36	Nd B	100
16.47	Co B	6	05.34	Fe B	12
16.46	Rh F	10	05.2	Cu B	3
16.32	Co B	5	05.2	Cl G	6
16.16	Pr B	9	05.10	Cs II	6
15.84	Fe I	100 R	04.80	Cr B	5
15.8	Bi II	20	04.80	Pr B	6
			04.77	Hg II	20
3815.68	Br I	7	04.74	Nb B	8
15.51	V F	10			
15.44	Cr B	4	3804.6	Kr G	4
15.02	Rh B	8	04.0	Au F	5
14.73	Nd B	60	03.94	Sm I	300
14.42	Ra II	10	03.93	Nb B	8
13.99	Gd B	9	03.48	V I	6
13.50	V I	60	03.23	Ar F	4
13.40	Be I	15	03.14	O II	6
13.24	Ho B	8	03.10	Ce II	12
			03.03	H 2	6
3812.96	Fe I	40	02.93	Nb I	400
12.46	Co B	5			
12.22	Kr I	20	3802.0	P G	6
12.1	Se G	6	01.98	Fe I	2
11.8	Ag I	5	01.93	Rb F	5
11.0	X G	4	01.68	Fe I	3
10.9	Ag I	40	01.67	Hg I	—
10.73	Ho B, F	10	01.53	Ce II	10
10.48	Nb B	10	01.17	Nb F	6
09.60	Mn I	10	01.1	P G	6
			01.03	Sn I abs	9 R
3809.50	Ar F	4	01.0	Se III	10
09.5	Cl G	4			
09.29	Ce B	8	3800.89	Sm II	400
08.52	V I	50	00.8	Corona	3
08.12	Ce II	15	00.54	Kr I	30
08.11	Co I	10	00.4	Cu B	2
08.08	J III	10	00.39	Hf I	10
07.53	Fe I	7	00.37	Sm II	100
07.3	Sr I	3	00.32	Pr II	200
07.14	Ni I	35	00.12	Ir I	10
			3799.9	J G	5
3806.87	Mn I	20	99.55	Fe I	50
06.76	Rh I	10			
06.72	Ga F	5	3799.54	Sm II	300
06.70	Fe B	10	99.47	Ar F	3

λ in I. Å.	Element	Intensität	λ in I. Å.	Element	Intensität
3799.42	In II	3	3792.54	Pr II	100
		3–5–3–1–4	92.5	Bi II	70
		–1–3–3–1	92.46	S II	5
99.01	In II	1	91.7	X G	5
99.34	Ru I	10 R	91.41	Si III	6
99.31	Rh I	10 R	91.41	H 2	7
99.16	Pd I	75 R	91.40	Zr I	3
98.91	V B	6	91.26	O III	6
98.89	Ru I	10 R	91.21	Nb I	300
98.8	Cl G	5	90.83	La II	300
3798.51	Fe I	40	3790.50	Ru I	10 R
98.26	Mo I LL	50 R	90.33	V I	20
98.20	Pd B, F	6 R	90.22	Mn F	4
98.13	Nb I	300	90.14	Nb I	200
97.90	H I 2–10	—	90.12	Os B	9
97.73	Sm II	600	90.09	Fe I	12
97.71	Cr B	4	89.7	Se G	5
97.52	H 2	5	88.70	Y II	10
97.51	Fe B	12	88.48	Rh I	8 R
96.88	Kr I	20	88.13	Sm II	400
3796.82	Rb II	50	3787.88	Fe I	50
96.74	Ho B, F	10	87.21	As G	6
96.60	H 2	7	87.15	V B	8
96.47	Zr H	20	87.08	Nb B	10
96.43	Gd F	10	86.68	Fe I	3
96.30	X I	40	86.63	Ce II	8
96.11	Si III	7	86.6	Se G	7
95.98	Er B	4	86.40	Ar F	4
95.9	Au I	10	86.37	Mo II	6
95.76	Er B	5	86.3	Pb B	3
3795.38	Ar F	5	3786.04	Ru I	10 R
95.32	In II	1	86.04	Ti I	20
		1–3–8–4–2	85.95	Fe I	5
95.13	In II	2	85.9	Pb II	6
95.00	Fe I	60	85.42	Cs II	5
94.96	V I	50	84.80	La II	20
94.78	La II	400	84.25	Nd B	80
94.75	Ba II	4	84.25	Ta B	3
94.7	Li I	2	83.52	Ni I	30
94.69	S G	5	83.13	Kr II	10
94.34	Fe B	3			
3794.00	Br G	4	3783.13	S II	3
93.97	Sm II	500	83.1	K F	3
93.95	Tl II	10	82.8	As G	6
93.90	Os B	10	82.52	Ce II	3
93.60	Ni I	6	82.5	Se G	5
93.6	Se G	7	82.33	Gd F	10
93.42	Rh B	10 R	82.19	Os I	20
93.37	Hf II	60	82.19	Mo F	6
93.21	Rh I	5 R	81.62	Ce II	12
92.7	Kr G	4	81.60	Mo I	5

λ in I. Å.	Element	Intensität	λ in I. Å.	Element	Intensität
3781.36	Ar I	10	3767.5	Cl G	4
81.2	Cl G	5	67.37	K II	3
80.98	X III	300	67.35	Ru B	5
80.87	Ar II	7	67.19	Fe I	80 r
80.77	W B	300	66.92	Hf II	50
80.68	La II	50	66.83	Zr II	25
80.53	Zr I	6	66.29	Ne II	8
79.4	Kr G	4	66.26	Er B	10
79.0	J G	5	66.14	Ar F	3
78.68	V I	25	65.8	X G	4
3778.14	Sm II	400	3765.54	Fe I	20
78.13	Rh B	6	65.32	Ar F	6
78.09	Kr II	75	65.14	Tb F	8
77.64	Hf I	50	65.08	Rh I	10 R
77.60	O II	4	64.81	Pr II	125
77.58	Ru I	3	64.38	Zr B	6
77.16	Ne II	8	64.12	Ce II	8
76.99	Os B	5	63.79	Fe I	100 r
76.56	Tb F	8	63.59	Ar F	4
76.55	Y II	10	63.47	Nd B	60
3776.45	Fe I	6	3763.2	Se G	7
76.3	X G	7	62.88	Th B	3
75.72	Tl I abs LL	10 R	62.63	O II	5
75.56	Ni I	30	62.3	X G	4
75.49	Nd B	6	61.91	Tu B	8
75.4	Ar F	1	61.88	Pr II	250
74.82	Fe I	5	61.62	Ca III	6
74.33	Y II	10	61.50	Ru B	4
74.2	Cl G	4	61.33	Tu B	8
74.00	O III	6	61.33	Ti II	40
3773.42	Kr I	50	3760.69	Sm II	500
73.12	La II	150	60.53	Fe B	6
72.85	Pr II	100	60.05	Fe B	8
72.5	X G	5	60.02	Ru I	6
71.94	Mo B	5	59.87	O III	9
71.8	Cu B	3	59.56	Nb I	200
71.65	Ti I	5	59.5	Cu B	3
71.3	Kr B	4	59.30	Ti II	40
71.1	N III	7	59.08	La II	300
70.97	V II	10	58.23	Fe I	150 R
3770.63	H I 2–11	—	3757.69	Ti II	6
70.61	Ar F	3	57.37	Dy F	8
70.52	Mo I	6	57.26	Ho B, F	10
70.37	Ar I	15	57.21	O III	5
70.09	Yb B	7	56.94	Fe B	3
69.98	Rh B	6	56.41	Sm I, II	600
68.45	W B	200	56.4	Ba II	17
68.41	Gd F	10	55.93	Ru B	5
68.24	Cr B	4	55.85	La II	20
68.03	Fe I	3	55.50	Mo II	5

λ in I.Å.	Element	Intensität	λ in I.Å.	Element	Intensität
3755.45	Co B	6 R	3745.7	X G	5
55.24	Tb B	8	45.60	Sm B	5
54.67	O III	7	45.56	Fe I	100 R
54.6	J G	5	45.50	Co I abs	6 R
54.6	N III	6	44.80	Kr II	40
54.3	Se G	7	44.56	Ni I	5
54.28	Rh B, F	5	44.49	K II	5
54.22	Ne I	5	44.2	P G	5
54.2	Kr II	5	44.17	Rh B	6
54.12	Rh B	5	43.88	Cr I	7 R
3753.72	Ho B	10	3743.87	Sm II	500
53.65	Em I	20	43.7	Ar F	1
53.63	Ti I	5	43.56	Cr B	4 R
53.61	Fe I	8	43.47	Fe F	6
53.54	Ru B	4	43.45	Gd F	10
53.51	Ar F	3	43.36	Fe I	20
53.4	Em G	10	43.0	Se III	8
52.86	Ti I	80	42.78	Ru B	5
52.58	Th B	6	42.5	Nb I	200
52.54	Os I	20	42.31	Mo II	6
3751.7	Hg B, F	4	3742.28	Ru I	10 R
51.63	Co I	5	42.13	J II	10
51.60	Zr II	10	41.70	Cl III	3
51.4	Cs F	4	41.69	Kr II	50
51.26	Ne II	4	41.63	Ti II	50
50.88	V II	4	41.42	Nd B	50
50.64	Zr II	5	41.25	Cu B	3
50.7	X G	4	41.19	Th II	6
50.15	H I 2–12	—	41.06	Ti I	60
50.0	Cl G	5	40.80	Nb B	10
3749.93	Co B	6	3740.51	Br G	4
49.6	Se G	5	40.10	Re I	40
49.49	O II·	9	39.96	Zn B	4
49.49	Fe I	200 R	39.94	Pb I abs	50 R
49.04	Ni I	8	39.92	O II	6
49.00	Cr B	4 R	39.89	Em I	10
48.96	Fe B	3	39.80	Nb I	300
48.81	Cl III	8	39.46	Ru B	4
48.27	Fe I	60 R	39.21	Ni B	13
48.22	Rh I	9 R	39.20	Pr II	100
3748.19	Ho B, F	10	3739.16	Sm B	8
48.11	Ti B	6	38.90	Sb III	30
47.89	S G	5	38.7	Se III	10
47.81	Dy F	8	38.31	Fe B	10
47.55	Y II	10	38.2	Hg II	8
47.21	Ir B	6	37.92	Ar F	5
46.45	Os B	4	37.28	Rh B	5
45.97	Zr II	40	37.13	Fe I	150 R
45.90	Fe I	40	36.90	Ca II	12 R
45.80	V F	10	36.81	Ni I	15

λ in I. Å.	Element	Intensität	λ in I. Å.	Element	Intensität
3736.28	Be I	10	3726.93	Fe B	3
35.98	Sm II	500	26.3	Nb I	250
35.93	Co B	6	26.16	O II (Nebel)	—
35.8	Kr G	5	26.10	Ru B	4
35.59	Nd B	7	25.76	Re I	100
35.33	Re I	50	25.16	Ti I	5
35.33	Fe B	3	25.06	La II	40
35.28	Rh B	6	24.97	Eu B, F	10
35.00	Re I	10	24.81	J III	10
34.9	Ne II	7	24.58	Ti B	5
3734.87	Fe I	9 R	3724.53	Ar F	3
34.85	Ga II	4	24.38	Fe I	6
34.75	Ir F	6	⎰23.65	In II	5
34.37	H I 2–13	—			5–6–6
34.3	Cs F	4	⎱23.21	In II	6
34.14	Co B	5	23.51	Nd B	50
33.78	Hf I	15	22.78	Sb II	20
33.50	Co B	6	22.56	Fe I	50 r
33.32	Fe I	40 r	22.48	Ni I	15
32.99	He I	—	21.9	H I 2–14	—
			21.85	Sm II	400
3732.86	He I	—			
32.75	V F	10	3721.84	Th B	4
32.40	Fe B	10	21.64	Ti II	4
32.40	Co I	20	21.35	Kr II	150
31.95	Mn I	3	20.8	X G	4
31.35	Ir F	8	20.76	Cu B	2
31.26	Sm I	600	20.46	Ar F	3
31.26	Zr II	35	20.45	Cl III	8
30.48	Co I	20	20.13	Os B	10
30.43	Ru I	9 R	19.93	Fe I	250 R
			19.50	Os B	10
3730.39	Fe B	3			
29.81	Ti I	50 R	3719.46	Gd F	10
29.33	Ar F	9	19.32	Ru B	4
29.30	Ar II	10	19.27	Hf II	70
29.23	Ni I	10	19	Li B	2
29.06	Cd I	4	18.94	Mn B, F	3
29.0	Pb III	5.	18.91	Pd I	100 R
28.91	O II (Nebel)	—	18.88	Sm II	500
28.66	Rb F	8	18.7	Li B	3
28.47	Sm II	400	⎰18.84	In II	7
					7–4–5–5
3728.34	V II	6			–5–4
28.2	Se G	6	⎱18.22	In II	4
28.13	Nd B	50			
28.02	Ru I	10 R	3718.63	Kr II	30
27.70	Zr F	8	18.41	Fe I	3
27.62	Fe I	50 R	18.25	Ar F	5
27.46	V II	10	18.2	Pb II	2
27.33	O II	8	18.19	Ce II	10
27.1	Ne II	9	18.02	Kr II	50
26.93	Ru I	10 R	17.91	Tu B	10 R

λ in I. Å.	Element	Intensität	λ in I. Å.	Element	Intensität
3717.80	Hf I	40	3708.5	Bi III	6
17.77	S III	10	08.25	In II	4
17.6	P F	5			4—3—3
			08.00	In II	3
3717.40	Ti I	5	07.93	W B	300
17.29	Re I	25	07.92	Fe I	8
17.17	Ar F	3	07.24	O III	6
17.06	Nb II	30			
17.0	P F	5	3707.05	Fe B	3
16.44	Fe I	12	06.8	Au F	4
16.38	Gd B	5	06.75	Sm II	300
16.37	Ce II	20	06.52	Pt B	4
16.33	In II	1	06.22	Ti F	8
		1—5—7—4—5	06.1	P G	7
		—4—4—3—1	06.02	Ca II	10
15.96	In II	1	05.9	Sr I	3
			05.85	Ga II	2
3716.06	W F	6	05.80	La II	5
15.91	Fe I	4			
15.52	La II	5	3705.57	Fe I	100 r
15.47	V F	10	05.36	Ru I	2
15.08	O III	6	05.45	Cl III	6
14.88	La II	3	05.14	He I	—
14.83	Rh B	4	05.04	V I	30
14.77	Zr II	6	05.00	He I	—
13.55	La II	300	04.73	O III	3
13.10	Al III	3	04.71	V I	60
			04.5	F II	8
3713.1	Nb I	400	04.46	Fe I	10
13.1	Ne II	10	04.22	Hg I	—
13.03	Rh I	10			
12.95	Cr F	6	3704.06	Co I	4 R
12.75	O II	7	03.93	Tb B, F	8
12.73	Gd F	10	03.87	H I 2—16	—
12.01	H I 2—15	—	03.57	V I	100
11.75	Tb B	10	03.4	O III	5
11.7	Se III	10	03.25	Os B	4
11.5	J G	6	03.22	Al II	4
			02.83	Tb F	15
3711.07	Na II	6	02.8	O III	5
10.30	Y II	10	02.55	Mo II	8
09.93	Ce II	500			
09.64	Ne II	7	3702.25	Co B	7
09.6	J G	5	02.09	Al III	2
09.37	S III	10	01.5	Hg I	—
09.32	Sb G	6	01.38	Tu F	9
09.3	Ag I	10	01.23	Ne G	5
09.29	Ce II	400	01.09	Fe I	20
09.26	Zr II	10	00.92	Rh I	10 R
			00.5	Cu B	3
3709.25	Fe I	75 r	00.34	V F	8
09.16	Os B	5	00.25	Co B	7
08.83	Co B	6			
08.65	Sm II	300	3699.91	Pt B	4
			99.62	Rb F	10

λ in I. Å.	Element	Intensität	λ in I. Å.	Element	Intensität
3699.5	Cs F	5	3690.60	Mo B	20
98.95	Yb F	8	90.34	Pd I	200 R
98.7	O III	5	90.28	V I	40
98.26	Rh B	4	90.08	Sm I	300
98.17	Zr II	100	90.0	Em II	4
98.17	Dy F	10	89.46	Fe I	12
98.05	Kr I	—	89.05	Os B	5
97.9	Nb I	200	88.9	Br III	6
			88.5	Ba I	3
3697.74	Gd B, F	5	88.42	Eu B, F	10
97.49	Zr II	40			
97.43	Fe I	6	3688.41	Ni I	15
97.2	H I 2—17	—	88.32	Mo II	10
96.58	Ru B	4	88.3	Em G	6
96.5	Ar B	1	88.25	Cd II	1
95.87	V I	40	88.21	J III	10
95.7	Bi III	50	88.07	V I	50
95.52	Rh F	8	87.95	Nb F	8
95.37	O III	4	87.88	Sm I	200
			87.66	Fe I	4
3695.33	V B	6	87.48	V B	7
95.3	Bi III	50			
95.05	Fe B	8	3687.46	Pt I	3
94.96	Mo B	6	87.45	Fe I	40
94.75	Dy F	10	87.05	Pr II	4
94.24	Ho F	10	87.0	Sb IV	8
94.2	Ne II	10	86.81	H I 2—19	—
94.19	Yb II	100 R	86.5	J III	7
94.03	In II	7	86.2	Se G	7
		7—6—5	86.14	Kr G	6
93.79	In II	5	86.00	Fe I	15
			85.90	X I	40
3694.01	Fe I	20	3685.80	Nd B	60
93.99	Sm II	1200	85.74	Ne G	5
93.69	Mn B	4	85.19	Ti II	40 R
93.49	X I	40	85.16	Ho F	8
93.48	Co B	5	84.6	Cu B	3
93.47	Br III	8	84.48	Co B	5
93.11	Co B	5	84.32	H 2	6
92.65	Er F	10	84.11	Fe I	15
92.65	Mo II	9	83.48	Zn II	6
92.65	Ho F	8	83.47	Pb I abs LL	90 R
3692.53	Y B	6	3683.27	Sb II	8
92.4	O I	7	83.11	V I	30
92.35	Rh I	10 R	83.05	Fe I	10
92.22	V I	50	83.05	Co I	20
91.59	H I 2—18	—	82.98	Pt B	4
91.48	Re I	40	82.80	H I 2—20	—
90.90	Ar I	10	82.5	Ag I	30
90.73	Co B	4	82.25	Hf I	200
90.72	Rh I	10 R	82.24	Ne G	5
90.6	Kr G	5	82.05	Cl III	7

λ in I. Å.	Element	Intensität	λ in I. Å.	Element	Intensität
3681.53	K II	4	3671.22	Gd B	10
81.04	Rh B	7	71.21	V B	6
80.67	Mo B	5	70.90	Os B	7
80.39	Zr I	3	70.84	Sm II	1000
80.37	Kr II	100	70.64	Ar I	10
80.10	V B	7	70.42	Ni I	20
80.1	Ar B	4	70.4	Li B	1
80.0	Hg I	3	70.3	Se G	5
79.91	Fe I	40	70.28	Cl III	7
79.71	Th F	5	70.08	Fe B	3
3679.7	F II	5	3670.07	U B	4
79.61	Kr I	100	69.7	Em II	2
79.42	Ce B	6	69.55	Ru B	5
79.35	H I 2–21	—	69.52	Fe I	10
79.0	Em II	5	69.42	H I 2–25	—
78.90	Zr F	6	69.42	V II	8
78.33	Ar B	5	69.23	Ni I	12
78.31	Ru B	4	69.16	Fe B	3
77.63	Fe B	12	69.1	X G	5
76.65	Ge IV	50	69.01	Kr II	150
3676.63	X III	50	3668.98	S G	6
76.6	P G	6	68.97	Ti I	6
76.56	Dy F	10	68.84	Pr II	5
76.56	Co B	8	68.74	Kr I	—
76.43	H I 2–22	—	68.6	K II	3
76.35	Tb F	10	68.5	Ne II	6
76.31	Fe I	6	68.48	Y F	10
75.72	Rb B	5	68.45	Zr B	5
75.70	V I	20	68.08	Tu B	6
75.22	Ar I	10	67.98	Ce II	400
3675.08	Yb F	10	3667.72	H I 2–26	—
75.00	Ir B, F	4	67.72	V B	8
74.77	Ho F	8	67.33	Cd II	10
74.77	Rh B	5	67.25	Fe B	3
74.74	Zr II	40	66.92	Rh B	5
74.7	Ne II	5	66.8	X G	5
74.40	H 2	7	66.77	Rb F	5
74.11	Ni I	25	66.54	Sc II	2
74.05	Pt B	5	66.23	Rh I	8 R
73.8	Em G	7	66.09	H I 2–27	—
3673.8	H I 2–23	—	3665.33	Kr I	80
73.54	Nd B	50	65.18	Nd B	50
73.40	V B	6	65.1	Pb III	1
72.65	Zr II	3	64.70	Nb B	8
72.36	Nd B	50	64.7	Em G	8
72.00	Pt B	8	64.64	Gd F	10
71.68	Ti I	5	64.63	Ir B	4
71.50	Pb I	10 R	64.63	Y II	10
71.34	H I 2–24	—	64.6	H I 2–28	—
71.28	Zr II	20	64.2	P G	6

λ in I. Å.	Element	Intensität	λ in I. Å.	Element	Intensität
3664.2	Rb F	10	3656.15	Gd F	8
64.09	Ni I	20	56.1	Ar F	3
64.09	Ne II	9	55.85	Ce II	20
63.86	Rb F	5	55.78	Sn I abs	3
63.64	Zr I	40	55.76	Sm B	4
63.58	V B	6	55.61	Pb IV	8
63.40	H I 2–29	—	55.47	Fe B	4
63.37	Ru B	6	55.35	Ar F	4
63.28	Hg I	10 R	55.00	Al II	8
63.27	Gd B, F	4	54.98	Al II	6
3663.12	Tb B	5	3654.9	Se G	5
63.09	Pt B	4	54.89	Rh B	7
62.88	Hg I	6	54.88	Tb B	5
62.78	Rb F	7	54.83	Hg I	6 R
62.54	Ba B	4	54.64	Gd F	8
62.28	Ho B	10	54.6	X G	5
62.24	Ti F	10	54.49	Os B	4
62.21	H I 2–30	—	54.40	Ru B	4
62.16	Co B	6	54.3	Cu I	10
62.08	La II	50	53.97	Kr II	50
3661.96	S G	5	3653.93	Cr B	5
61.9	I G	6	53.85	Sr B	16
61.87	Rh B	5	53.50	Ti I	100 R
61.72	Ir B	5	53.4	P G	6
61.4	Cs F	6	53.20	Ir F	6
61.37	Sm II	1000	53.17	Sr B	16
61.35	Ru I	8 R	53.11	Ce II	10
61.20	Zr I	10	53.10	Nd B	6
61.16	H I 2–31	—	53.0	Se G	6
60.50	Ar F	3	52.54	Co I	4 R
3660.36	Nb B	5	3652.30	Mo II	20
60.32	H I 2–32	—	52.1	Po	—
59.75	Ti II	60	51.90	Os B	7
59.60	Nb II	300	51.80	Sc II	7
59.52	Fe I	8	51.47	Fe I	20
59.51	Th F	6	51.14	Mo F	8
59.5	Ar B	2	51.09	Al II	4
59.36	Mo B	6	51.06	Al II	6
58.87	Tb B, F	8	50.94	Ar F	3
58.65	H I 2–33	—	50.42	Tb F	8
3658.10	Ti I	6	3650.28	Fe B	4
58.04	H I 2–34	—	50.2	N I	5
57.99	Rh I	10 R	50.2	X G	4
57.68	W F	6	50.17	La B	5
57.25	H I 2–35	—	50.15	Hg I	10 R
56.95	Cl III	7	50.1	Cl G	4
56.9	Se G	5	50.1	Kr G	2
56.90	Os B	6	50.03	Fe B	3
56.65	H I 2–36	—	49.83	Ar I	30
56.26	Cr B	5	49.6	X G	4

λ in I. Å.	Element	Intensität	λ in I. Å.	Element	Intensität
3649.55	Ra II	100	3640.40	Ba B	3
49.53	Sm II	500	40.39	Fe I	15
49.51	Fe I	12	40.34	Os B	6
49.34	Co B	7	39.93	Ga II	1
49.31	Fe B	3	39.86	Ar II	7
49.22	Al II	1	39.86	Rb F	5
49.18	Al II	2	39.80	Cr I	7 R
49.1	Au F	3	39.6	Sb F	3
49.09	Hf I	10	39.57	Pb I abs	90 R
48.6	Kr G	5	39.52	Rh B	7
3647.84	Fe I	100 R	3639.44	Co B	10
47.77	Lu I	100	38.80	Pt B	7
47.7	Te III	7	38.77	Sm II	400
47.66	Co I	4 R	38.68	Er B	6
47.53	W F	6	38.45	Tb B	7
46.43	Fe I	3	38.34	Hg II	10
46.32	Rb F	5	38.30	Fe I	12
46.20	Gd F	10	37.86	Fe B	4
45.82	Fe B	4	37.86	Ar F	4
45.66	Pr B	5	37.83	Sb I	7
3645.60	W F	6	3637.80	Sb II	25
45.43	La II	200	37.6	Se III	10
45.40	Dy F	10	37.46	Ru B	4
45.31	Sc II	10	37.16	La II	50
45.29	Sm II	300	37.08	Ar F	3
45.2	Cu B	3	36.9	Ba B	3
44.76	Ca I	5	36.59	Cr B	5 R
44.40	Ca I	10	36.26	Lu B	10
44.35	Hf II	60	36.22	Ir B	6
43.9	Ne II	5	35.9	Cu B	3
3643.18	Co B	5	3635.46	Ti I	80 R
43.16	Pt I	6	35.45	Mo B	6
43.1	Ar G	2	35.44	Nb I	2
42.9	Corona	3	35.15	Mo F	10
42.80	F II	7	35.1	Au F	3
42.79	Sc II	25	34.94	Ni I	12
42.68	Ti I	80	34.94	Ru I	10 R
42.06	Ta I	20	34.8	Em G	9
41.99	F II	8	34.72	Co B	6
41.84	Cr B	5	34.70	Fe B	4
3641.66	Tb B	7	3634.70	Pd I	700 R
41.53	La B	4	34.46	Ar I	10
41.41	W F	10	34.33	Fe I	5
41.34	Ti II	10	34.29	Sm II	1500 d
41.3	Cs F	4	34.14	Zr I	6
41.3	Kr G	4	33.84	Fe B	4
41.01	F II	3	33.66	Ne I	5
41.0	X G	4	33.48	Zr F	6
40.89	F II	9	33.25	Au F	4
40.64	Ru B	4	33.13	Y II	10

λ in I. Å.	Element	Intensität	λ in I. Å.	Element	Intensität
3632.84	Co B	7	3624.7	Ag I	20
32.68	Ar I	10	24.47	Mo B	6
32.56	Fe B	3	24.2	Cu B	4
32.50	Kr I	—	24.11	Ca I	20
32.2	X G	4	24.05	X III	600
32.04	Fe B	6	23.98	Lu II	40
32.03	S III	12	23.97	Zr II	1
31.9	Cd III	4	23.87	Zr I	45
31.87	Kr II	50	23.84	Ce II	7
31.5	Se G	8	23.79	Mn I	15
3631.46	Fe I	125 R	3623.6	Kr G	4
31.36	Co I abs	6	23.5	Em II	7
31.27	Na II	8	23.19	Fe I	8
31.19	Ce II	10	23.1	X G	5
31.13	Sm II	400	22.69	Cl III	7
31.10	Fe B	5	22.18	Ar F	4
30.99	Pr B	5	22.00	Fe I	12
30.96	Ca I	4	21.46	Fe I	15
30.76	Sc II	12	21.25	Cu I	—
30.75	Ca I	30	21.23	Sm II	600
3630.65	Ba B	8	3621.22	Co II	100
30.35	Fe B	3	21.21	V F	6
30.01	Zr B, F	5	21.0	Em G	9
29.74	Mn I	12	20.95	Y I	50
29.00	Sr B	15	20.46	Rh B	6
28.84	La II	12	19.83	Yb F	8
28.71	Y II	10	19.40	Mn I	15
28.69	Ir B	7	19.39	Ni I	10 R
28.47	Sr B	15	19.19	Ru B	4
28.20	Tb B	8	18.95	V F	8
3628.16	Kr I	10	3618.77	Fe I	125 R
28.11	Pt B	10	18.7	Se G	6
27.81	Co I abs	8 R	18.5	Cs F	9
27.80	Rh B	4	18.43	K II	3
27.40	Th F	2 R	18.39	Fe B	3
27.3	Cu B	4	17.79	Fe B	6
27.18	Ho B, F	8	17.52	W B	7 R
27.01	Sm II	400	17.32	Fe B	3
26.7	Cd III	6	17.30	Cs I abs	—
26.67	Ho B	10	17.23	Ir B	6
3626.61	Ta B	9	3617.1	P G	6
26.60	Rh I	10 R	17.07	Th B	5
26.6	Te III	10	16.89	Hf I	30
26.44	Ru B	5	16.58	Os B	6
26.30	Ir B	4	16.58	Er F	8
25.19	Ru I	4	16.58	Fe I	4
25.14	Fe I	6	16.0	Se G	6
24.96	Co I	6	15.66	Tb B	5
24.83	Ti II	8	15.48	Kr I	2
24.73	Ni I	5	15.0	Em II	5

λ in I. Å.	Element	Intensität	λ in I. Å.	Element	Intensität
3614.79	Zr II	10	3607.53	Mn I	20
14.78	Rh B	6	07.5	Au B	5
14.4	Cd I	7	07.41	Ta I	7
14.25	Mo B	8	07.36	Zr F	5
14.03	Au F	3	07.0	X G	5
13.84	Sc II	30	06.68	Fe I	20
13.79	W F	10	06.52	Ar I	50
13.70	Ce II	10 R	05.87	Rh B	8
13.7	Cu B	4	05.83	Ir B	10
13.64	He I	3	05.80	Hg II	10
			05.45	Fe I	15
3613.4	Bi III	45			
13.10	Zr II	6	3605.36	Co B	4 R
13.03	Rh I	10	05.33	Cr I abs LL	10 R
12.9	Se G	5	04.29	Sm II	800
12.88	Cd I	8 R	03.82	Fe B	3
12.85	Cl III	8	03.74	Cr F	10
12.73	Ni I	30 R	03.6	Ne II	5
12.47	Rh I	15 R	03.21	Fe I	10
12.35	Al III	15	02.85	F II	8
12.3	Em II	7	02.57	Nb I	6
			02.28	Ni I	15
3612.07	Fe I	8			
11.89	Zr F	8	3602.10	Cl III	9
11.70	Co B	6	02.08	Co I abs	40 R
11.45	Cs I abs	4	02.03	Cu I	20
11.33	Tb B	5	01.93	Y II	10
11.06	Y II	0	01.62	Al III	20
11.0	Ba B	3	01.42	Ir B	4
10.76	Gd B	5	01.40	F II	7
10.51	Cd I	10 R	01.18	Zr I	6
10.5	In F	7	01.05	Th F	7
			01.0	Corona	9
3610.46	Co B	4 R			
10.45	Ni I	60 R	3600.74	Y II	10
10.4	Se G	6	00.7	Br III	7
10.30	Mn I	20	00.68	Rb B	6
10.16	Fe I	20	00.43	Dy B	10
10.16	Ti B	5	00.17	Ne G	5
09.78	Ir B	6	3599.90	Kr II	20
09.56	Pd I	600 R	99.89	Zr F	6
09.5	X G	5	99.84	Er F	8
09.49	Sm I	1200	99.76	Ru B	5
			99.62	Fe B	3
3609.45	Th B	4	3599.51	Er F	5
09.31	Ni I	15	99.42	Ba I	4
09.18	Ne I	5	99.3	Ar G	1
08.87	K II	5	99.2	Kr II	5
08.86	Fe I	100 R	99.14	Cu I	6
08.77	Tu B	9	98.78	Zr B	4
08.48	Mn I	20	98.77	Ho B, F	10
08.3	Cs F	5	98.72	Ti B	5
08.15	Fe B	3	98.70	F II	7
07.88	Kr II	30	98.11	Os B	9

λ in I. Å.	Element	Intensität	λ in I. Å.	Element	Intensität
3597.70	Ni I	8 R	3588.62	Fe I	3
97.5	Sb G	5	88.48	Ar II	10
97.4	Cs F	6	88.15	Ba B	3
97.17	Rh I	10 R	87.98	F II	5
96.6	X G	5	87.93	Ni I	5
96.38	Tb B	5	87.51	Nd B	50
96.19	Rh I	10 R	87.45	Al II	7
96.17	Ru I	10 R			7–2 u–1–8
96.11	Bi B	4 R			–4–0–2–10
96.1	S II	5	86.55	Al II	10
			87.19	Co I	70 R
3596.05	Ti II	5	87.07	Rb I	5 R
96.03	Rh B	4			
95.92	F II	5	3586.99	Fe I	30
95.11	Mn I	20	86.7	Au I	12
94.87	Co I abs	50 R	86.54	Mn I	30
94.63	Fe I	8	86.52	Ba B	3
94.6	S II	5	86.29	Ta B	4
94.41	Ir B, F	4	86.28	Zr I	25
93.97	Nb I	6	86.12	Fe B	5
93.64	Ne I	7	85.71	Fe I	5
			85.47	Yb II	35
3593.53	Ne I	10	85.32	Fe I	6
93.49	Cr I abs	10 R			
93.33	V F	10	3585.3	Te IV	10
93.03	Ru I	10 R	85.16	Co I abs	25
92.92	Y I	25	84.96	Gd F	10
92.7	Hg I	—	84.96	Fe B	9
92.69	Gd F	8	84.95	Nb I	4
92.60	Sm II	1500	84.80	Co I abs	5
92.59	Nd B	60	84.66	Fe I	8
92.42	W F	10	84.53	Y B	10
			83.64	X III	80
3592.12	Dy B	5	83.6	As G	5
92.02	V II	10			
91.81	Dy B	5	3583.60	Ga II	2
91.81	Hf I	12	83.3	J III	7
91.72	Zr I	5	83.10	Rh I	10 R
91.59	Rb I	4 R	83.03	Re I	40
91.43	Dy B	5	82.4	Ar II	8
91.0	Hg I	—	82.20	Fe B	4
90.63	F II	7	81.89	Mo B	10
90.52	Sc II	10	81.65	Ar F	5
			81.19	Fe I	250 R
3590.46	Si III	8	80.98	Sc II	10
89.9	Pb III	7			
89.75	V II	10	3580.97	Re I	20
89.65	Kr II	20	80.28	Nb I	40
89.46	Fe I	3	80.14	Re I	20
89.35	Nb I	5	79.7	Ba I	80
89.35	F II	6	79.69	X III	100
89.22	Ru I	5	79.20	Tb B, F	5
89.10	Fe I	8	78.8	Se G	6
89.05	Nb I	5	78.69	Cr I abs	200 R
			77.88	Mn I	40
			77.62	Ba B	4

λ in I. Å.	Element	Intensität	λ in I. Å.	Element	Intensität
3577.45	Ce II	500	3567.66	Ar I	10
77.37	Ga F	9	67.04	Fe B	4
76.89	Dy B	6	66.72	Ta B	4
76.88	Zr II	20	66.68	Ba B	3
76.8	Rb F	4	66.61	U B	4
76.76	Fe B	2	66.47	Tu B	5
76.7	X G	5	66.4	P G	5
76.66	Ar II	10	66.37	Ni I	10 R
76.38	Sc II	10	66.25	Sb III	40
76.25	Dy B	6	66.17	V F	8
3576.04	Ba B	3	3566.10	Zr I	25
75.98	Fe I	2	65.90	Tu B	8
75.85	Nb I	20	65.58	Fe B	4
75.79	Zr I	25	65.38	Fe I	60 r
75.38	Fe B	4	65.2	X G	4
75.36	Co I abs	60 R	65.06	Ar G	5
75.3	Ga F	7	64.95	Co I abs	5 R
75.25	Fe B	3	64.3	Ar G	3
74.96	Co I abs	25 R	64.3	X G	4
74.9	Ne G	6	64.23	Kr III	100
3574.41	La B	5	3564.15	Rh B	4
73.9	Sn II	8	64.1	Cs F	4
73.90	Fe B	4	63.66	Dy B	6
73.74	Ir F	8	63.53	Nb I	10
72.73	Pb I abs	60 R	63.2	Ar G	3
72.53	Sc II	20	63.12	Dy B	6
72.47	Zr II	30	62.43	Br III	10
72.47	W F	10	61.98	Ba B	3
72.29	Ar I	10	61.75	Tb B, F	10
72.00	Fe I	7	61.65	Hf II	80
3571.87	Ni I	7 R	3561.2	J G	8
71.16	Pd I	200 R	61.06	Ar F	6
70.66	W B	5	60.90	Co I abs	20 R
70.60	Ru B	5	60.88	Os I	10
70.24	Fe B	7	60.80	Ce II	500
70.2	Se III	8	60.71	Yb II	20
70.18	Rh I	10	60.7	Se G	5
70.10	Fe I	100 R	60.68	Cl III	8
70.03	Mn I	20 R	60.33	Yb II	30
69.80	Mn I	40 R	59.82	Os B	10
3569.50	Mn I	60 R	3559.8	Cs F	5
69.45	Nb I	3	59.54	Ar F	7
69.38	Co I abs	80 R	59.18	Sb III	40
69.03	Hf II	80	59.01	Ir I	5
68.98	Fe B	4	58.78	Co I	5
68.7	Ne G	8	58.55	Sc II	10
68.52	Tb B	7	58.52	Fe I	30
68.27	Sm II	1500	57.26	Hg II	15
67.84	Lu I	100	57.18	Ir B	4
67.72	Sc II	10	56.88	Fe I	6

λ in I. Å.	Element	Intensität	λ in I. Å.	Element	Intensität
3556.80	V II	10	3545.84	Ar II	9
56.76	Ho F	10	45.78	Gd F	10
56.61	Zr II	30	45.64	Ar II	8
56.5	P G	6	45.64	Fe I	5
56.0	Ar G	2	45.58	Ar II	10
54.99	Ce II	12	45.23	W B	6
54.92	Fe I	40	45.20	V II	10
54.62	Nb I	10	44.93	Lu B	5
54.43	Lu II	200	44.7	Ba I	80
54.31	Ar I	10	44.5	Kr G	5
3554.19	Ge IV	60	3544.24	Dy F	8
54.12	Fe B	4	44.2	Se F	10
53.74	Fe B	5	44.1	Kr G	5
53.56	Au F	4	44.00	Ce III	8
53.5	Kr G	4	44.0	Nb I	8
53.09	Pd I	500	43.97	Rh I	6 R
52.99	Co B	6	43.68	Fe B	4
52.83	Fe I	3	43.65	Al II	6
52.70	Y I	10	43.6	Se III	10
52.5	P G	6	43.35	Nd B	50
3552.13	X III	50	3543.27	Co I	15
51.95	Zr II	10	42.9	Ne II	7
51.7	As G	5	42.70	Os B	5
51.54	Ni I	5	42.65	Zr II	25
51.1	Br III	7	42.5	Ag B	3
50.7	Te III	7	42.33	X III	50
50.64	Cr B	4	42.08	Fe I	5
50.60	Co I	5 R	41.94	F II	8
50.43	Nb I	5	41.91	Rh B	5
50.21	Dy F	8	41.77	F II	9
3549.87	Fe B	3	3541.22	Rb F	4
49.55	Rh I	7	41.2	B F	10
49.42	Hg II	10	41.08	Fe I	15
49.37	Gd F	10	40.95	Kr I	—
49.05	W F	6	40.16	Br III	8
49.02	Y B	150	40.12	Fe B	4
48.53	Ar F	3	39.54	Kr I	—
48.45	Co B	7	39.37	Ru I	4
48.19	Ni I	20	39.09	Ce II	15
48.18	Mn I	30 R	38.75	Th B	10
3548.02	Mn I	40 R	3538.13	Rh B	4
47.79	Mn I	50 R	37.95	Ru B	4
47.77	Sr B	15	37.89	Fe B	4
47.7	Ba I	4	37.75	Ca III	7
47.69	Zr I	25	37.73	Fe I	4
47.03	Ti B	5	37.50	Nb I	20
46.9	J G	5	36.84	F II	7
46.83	Dy B	6	36.62	Hf I	30
46.19	Ce II	10	36.56	Fe I	15
46.00	Ho B, F	10	35.73	Sc B, F	10

λ in I. Å.	Element	Intensität	λ in I. Å.	Element	Intensität
3535.71	Cd II	100	3527.47	Cu B	5
35.54	Hf II	80	27.0	J G	5
35.41	Ti F	10	26.86	Co I abs	100 R
35.37	Ar F	5	26.68	Fe I	5
35.35	Kr II	50	26.47	Fe B	4
35.30	Nb I	40	26.38	Fe B	3
34.04	Ce II	300	26.17	Fe I	5
33.74	Cu B	7	25.81	Zr B	5
33.73	V B	7	25.0	Ba I	80
33.64	Nb I	3	24.72	V F	8
3533.45	Sb III	15	3524.65	Mo F	7
33.36	Co I abs	25 R	24.54	Ni I LL	10 R
33.20	Fe I	10	24.3	Hg I	—
33.04	Na II	10	24.24	Fe I	4
33.01	Fe B	4	24.12	Cu B	5
32.82	Os B	8	24.1	Cd II	6
32.81	Ru B	4	24.08	Fe B	4
32.63	Hg II	15	24.03	Dy F	10
32.11	Mn I	50 R	23.70	Co B	5
			23.64	Os B	5
3531.99	Mn I	50 R	3523.44	Co I abs	25 R
31.83	Mn I	30 R	23.02	Hf I	60
31.73	Ho F	10	23.0	Hg I	—
31.70	Dy F	10	22.88	F II	6
31.60	Rb II	9	22.83	X III	80
31.59	Ta B	4	22.67	Kr I	15
31.44	Fe I	2	22.3	Hg IV	8
31.39	Ru B	4	22.05	Ir B	6
30.77	V F	10	21.97	Ar F	5
30.71	K II	7	21.57	Co I abs	5 R
3530.66	La II	20	3521.46	Rb II	10
30.39	Fe I	4	21.29	Ar F	3
30.38	Cu I	80 R	21.26	Fe I	25
30.2	P G	5	21.2	Ag I	10
30.03	Cl III	9	20.52	Ce II	12
30.0	Se G	5	20.47	Ne I	20
29.82	Fe B	6	20.47	Sb II	12
29.81	Co I abs	8 R	20.26	Ti F	8
29.74	V B	6	20.24	Yb F	10
29.49	Ba B	3	20.14	Ru B	4
3529.43	Tl I abs	8	3520.09	Co I abs	4 R
29.04	Co I abs	30 R	20.02	Ar F	4
28.91	Th B	5	20.00	Cu B	4
28.8	Br III	7	19.78	Ni I	5 R
28.69	Ru B	4	19.64	Ru B	4
28.60	Os I	10	19.60	Zr I	35
28.4	Hg II	10	19.24	Tl I abs	10
28.03	Rh I	10 R	19.22	P II	4
27.99	Ni I	15	19.06	Sb III	15
27.79	Fe I	4	18.35	Co I abs	50 R

λ in I. Å.	Element	Intensität	λ in I. Å.	Element	Intensität
3517.44	Ga F	8	3509.32	Zr I	25
17.4	Br III	6	09.18	Tb B, F	10
17.38	Ce II	300	08.74	W B	6
17.36	Br III	9	08.52	Fe I	5
17.30	V II	10	08.41	Lu B	10
17.17	La II	200	08.11	Mo B	4
17.11	La III	20	08.1	Ag I	20
16.95	Pd I	8 R	07.95	Ce II	10
16.9	Se G	5	07.93	Nb I	4
16.40	Fe B	5	07.57	Th F	10
3516.2	P G	5	3507.47	Lu II	20
15.96	Ir I	6	07.42	Kr III	200
15.6	Se G	7	07.4	P G	9
15.58	Ho B, F	10	07.4	Tl III	4
15.54	Be I	12	07.39	Lu II	30
15.19	Ne I	6	07.32	Rh I	6 R
15.06	Ni I	9 R	07.31	Lu II	50
14.70	Pt B	3	06.50	Fe I	5
14.49	Ru I	4	06.5	Br III	5
14.43	Ar II	8	06.32	Co I abs	80 R
3514.4	Em II	3	3505.84	Dy B	6
14.1	Ar III	15	05.76	F II	4
14.05	La B	3	05.67	Zr II	10
13.95	Ni I	8	05.61	F II	15
13.82	Fe I	30	05.51	F II	6
13.64	Ir I	9	05.48	Zr F	10
13.48	Co I abs	50 R	05.41	Rh B	4
13.00	Os B	5	05.22	Hf II	150
13.0	As G	6	04.97	Ta B	4
12.92	La II	25	04.89	Ti II	10
3512.88	Y I	2	3504.66	Os B	5
12.7	J G	6	04.60	Ce III	10
12.64	Co I abs	60 R	04.44	V F	10
12.62	Dy B	6	04.42	Mo B	6
12.2	J G	5	04.07	Sb III	50
12.11	Cu I	6	03.90	Kr I	—
11.90	Kr I	—	03.86	Ta B	4
11.64	Th F	6	03.25	Kr II	50
11.16	Ar III	20	03.10	F II	12
11.07	Eu B	5	02.99	P II	5
3511.03	Ta B	8	3502.95	F II	8
10.85	Bi I	4 R	02.86	F II	4
10.85	Ti II	10	02.63	Co I	20
10.72	Ne G	5	02.55	Kr I	—
10.42	Co I abs	30 R	02.53	Rh I	10 R
10.34	Ni I	7 R	02.5	Kr G	2
10.26	Nb I	40	02.28	Co I abs	100 R
09.84	Co I abs	50 R	01.85	Ni B	6
09.80	Ar F	4	01.8	Ag B	4
09.4	Cl II	18	01.7	Co II	200

λ in I. Å.	Element	Intensität	λ in I. Å.	Element	Intensität
3501.56	F II	5	3489.41	Co I abs	60 R
01.49	F II	3	89.09	Ge III	40
01.42	F II	10	89.0	Se G	6
01.22	Ne I	6	88.8	P G	5
01.17	Os B	4	88.68	Mn II	40
01.11	Ba I LL	200 R	88.6	Kr II	7
00.85	Ni I	6 R	88.59	Kr III	100
3499.99	Cd I	4	88.55	Ce B	7
99.25	Sr B	—	87.61	Ca I	6
99.12	Er B, F	10	87.58	Br III	8
3499.08	Er B, F	5	3486.93	Si III	6
98.95	Ru I	10 R	86.0	Cd III	6
98.73	Rh I	9	85.92	V B	6
98.62	Nb B	10	85.90	Ni B	5
98.46	Sb II	15	85.9	Se G	5
98.06	Ne I	5	85.73	Y B	5
98.0	J III	8	85.5	Bi III	35
97.9	X G	4	85.35	Co B	7
97.9	Zr F	8	85.34	Fe I	6
97.85	Ta B	5	85.27	Pt B	8
3497.84	Fe I	40	3485.06	Ce B	8
97.77	Nb I	3	84.9	N IV	3
97.54	Mn II	25	84.8	Ho B, F	10
97.49	Hf I	150	84.66	Dy B	6
97.4	S III	8	84.50	Ir B	4
97.11	Fe B	4	84.05	Y I	1
96.94	V F	8	84.03	Rh B	4
96.81	Mn II	20	83.78	Ni I	6 R
96.80	Co I	4 R	83.75	Cu I	6
96.3	Te III	10	83.53	Zr F	8
3496.18	Zr II	10	3483.43	Pt B	5
96.08	Y B	10	83.42	Co I abs	5 R
95.99	Kr I	10	83.32	Ru I	4
95.83	Mn II	35	83.01	Fe I	4
95.69	Co I abs	50 R	83.0	N IV	5
95.33	Cd II	100	82.91	Mn II	40
95.29	Fe I	8	82.58	Al I	5 u
94.79	Ho B	10	82.0	Ne II	6
94.47	Dy B	8	81.8	J III	8
94.41	Gd B F	5	81.71	Cd F	4
3493.89	Cd F	5	3481.33	Gd F	8
92.97	Ni I	150 R	81.31	Ru B	4
92.75	Rb II	15	81.16	Pd I	400
91.57	Ar II	9	81.14	Zr II	35
91.32	Co I abs	3 R	81.1	K II	6
91.24	Ar II	6	80.54	Ti B	6
90.74	Co I abs	3 R	80.51	Ta B	4
90.57	Fe I	100 R	80.49	Ar II	8
89.78	Pd I	200	80.11	Cs I abs	—
89.67	Fe B	4	79.78	Al I	6
				79.5	Ga F	5

λ in I. Å.	Element	Intensität	λ in I. Å.	Element	Intensität
3479.5	Em II	5	3471.46	Ga II	·
79.39	Zr II	30	71.4	Sn II	7
79.29	S G	8	71.38	Co B	6
79.27	Al I	1	71.34	Fe B	3
79.22	Hf B, F	6	71.27	Fe B	3
79.02	Zr B	5	71.18	Zr I	25
78.91	Rh I	10 R	70.89	Ce III	30
78.84	Yb II	80	70.81	O II	8
78.73	P II	3	70.66	Rh I	10 R
78.7	N IV	7	70.34	Ga II	5
3478.0	Hg I	—	3470.66	Rh I	10 R
77.19	Ti II	10	70.42	O II	6
77.18	Sr B	15	70.0	Kr G	7
76.84	Ce B	6	69.94	Th B	5
76.70	Fe I	40	69.62	Rh B	6
76.83	Cs I abs	—	69.48	Ni I	5
76.61	Be I	10	68.85	Fe I	4
76.37	Co B	2 R	68.48	Ca I	4
76.31	Yb I	100	68.3	K III	6
75.99	Cu B	6	68.2	X G	5
3475.65	Fe B	4	3467.88	Y II	4
75.68	F II	2	67.66	Cd I	8 R
75.45	Fe I	70 R	67.51	Ni I	5
74.90	Sr II	5	67.2	X G	5
74.80	F II	7	67.0	Po	3
74.78	Ca I	4	66.83	Mo I	8
74.78	Rh I	8 R	66.58	Ne I	6
74.7	Te III	10	66.31	Ar F	3
74.65	Kr III	70	66.18	Cd I	10 R
74.2	Yb B, F	10	65.86	Fe I	60 R
3474.12	Mn II	35	3465.80	Co I abs	100 R
74.1	P G	3	65.63	Zr I	4
74.04	Mn II	50	65.24	Ir B	4
74.02	Co I abs	100 R	64.72	Re I	800
73.91	Ho F	5	64.47	Sr II	7
73.91	S G	6	64.4	Cd II	10
73.9	Sb F	8	64.36	Yb II	500
73.8	Bi III	40	64.34	Ne I	5
73.75	Ru I	6	64.20	Ar F	4
			63.78	Ta B	4
3473.73	Ce II	10	3463.14	Ru I	4
73.62	F II	2	63.02	Zr II	35
73.31	F II	5	62.81	Co I abs	60
72.96	F II	6	62.21	Tu B, F	10
72.9	P II	5	62.04	Rh I	10 R
72.57	Ne I	10	61.96	Ho F	10
72.55	Ni I	7 R	61.84	Mo I	1
72.48	Lu II	120	61.66	Ni I	10 R
72.38	Hf I	100	61.60	Rb II	10
72.24	Rh B	6	61.50	Ti II	10

λ in I. Å.	Element	Intensität	λ in I. Å.	Element	Intensität
3461.17	Co B	6	3452.67	Al I	5
61.08	Ar I	10	52.48	Ti F	8
61.0	J G	8	52.27	Fe I	10
60.75	Pd I|	7 R	52.21	La II	50
60.52	Ne I	5	51.92	Fe I	10
60.47	Re I|	1000	51.88	Re I	600
60.31	Mn II	75	51.69	Hg II	15
60.09	Kr II	20	51.4	B II	10
60.04	Mn II	10	51.36	Pd F	10
59.91	Fe B	4	51.05	Bi F	2
3459.37	Ce III	20	3450.77	Ne I	5
58.93	Zr F	5	50.38	Gd F	6
58.8	X G	6	50.34	Cu I	6
58.48	Ta B	4	50.33	Fe I	10
58.47	Ni I	10 R	50.30	Rh B	4
58.30	Yb F	8	49.44	Co I abs	60 R
58.23	Fe B	3	49.21	Os B	5
58.23	Al I	8	49.17	Co I abs	60 R
57.92	Rh B	5	49.07	Mo B	5
57.85	Cu B	4	48.97	Ir I	7
57.8	Se III	10			
3457.56	Zr B, F	6	3448.93	Ru B	4
57.13	V F	10	48.82	Y II	5
57.09	Fe B	3	48.7	Kr G	4
57.06	Rh B	4	47.98	O II	5
56.61	Ru B	4	47.75	Rh B	5
56.56	Zr F	6	47.70	Ne I	7
56.39	Ti F	9	47.6	Br III	6
56.39	Mo I·	10	47.59	He I	2
56.00	Ho F	10	47.38	K I	6
55.8	Tl B	20	47.36	Br III	9
3455.60	Cr B	4	3447.36	Zr I	30
55.5	Pb III	8	47.28	Fe I	8
55.24	Co I	25	47.26	Ga II	2
55.21	Rh B	5	47.21	Os B	4
55.20	Be I	7	47.13	Mo B	10
54.72	Cu B	6	46.5	Kr G	7
54.37	Ce III	15	46.46	Ga II	3
54.36	Dy F	10	46.4	Co II	100
54.25	X III	7	46.37	K I	8 R
54.20	Ne I	6	46.34	Ir B	4
3454.15	Ar F	3	3446.26	Ni I	10 R
54.1	Corona	8	46.10	Mo B	6
54.08	Yb II	10	45.60	Cr B	5
54.06	Tb B	7	45.49	Mo B	3
53.68	Tu B	10	45.4	S II	6
53.51	Co I abs	200 R	45.15	Fe I	20
53.33	Cr B	4	44.87	Al I·	7
53.17	La II	70	44.32	Ti II	10
53.13	Ho B, F	10	44.23	X III	60
52.89	Ni I	6 R	44.2	Se G	7

λ in I. Å.	Element	Intensität	λ in I. Å.	Element	Intensität
3443.88	Fe I	50 r	3433.9	Br III	6
43.65	Co I abs	80 R	33.60	Cr I	7 R
43.65	Al I	10	33.57	Ni I	9 R
43.61	Ce III	15	33.44	Pd I	5 R
42.92	Co I	20 R	33.04	Co I abs	60 R
42.5	Ar B	1	32.76	Ru I	4
42.38	Ce B	7	32.71	Nb II	400
42.37	Fe B	4	31.72	Kr I	20
42.0	Po	4	31.6	X G	4
41.98	Mn II	100	31.58	Co I	50 R
3441.55	Tu B	7	3431.2	Bi II	12
41.50	Y B	10	31.12	Yb B	6
41.45	Cr B	4	30.93	Ta B	4
41.45	Mo I	3	30.8	Bi II	10
41.40	Pd I	300 R	30.77	Ru B	4
40.99	Fe I	75 R	30.53	Zr II	3
40.65	W B	6	30.5	Bi II	8
40.61	Fe I	150 R	29.7	Em G	7
40.54	Rh B	5	29.56	Ru B	5
40.21	Ru B	4	28.18	Ho F	8
3440.00	Gd B	7	3428.92	Al II	6
40.00	K II	7	28.67	O III	3
39.46	Kr III	100	28.46	Yb F	10
39.35	Rb II	10	28.4	Se G	9
39.35	Al I	8	28.33	Ru I	20 R
39.21	Gd B	6	28.22	Co B	6
38.98	Mn II	15	28.19	Fe I	8
38.52	In II	3	28.14	Ru I	10 R
38.37	Ru B	5	28.10	Ho B, F	10
38.34	In II	8	27.92	Pt B	5
3438.31	Fe B	3	3427.7	Kr G	4
38.23	Zr II	10	27.33	Ce III	12
37.52	Ir B	4	27.12	Fe I	20
37.28	Ni I	6 R	26.79	Mo I	3
37.21	Mo B	6	26.64	Fe B	6
37.16	N II	6	26.56	Nb II	250
37.14	Zr B	5	26.39	Fe I	4 d
37.01	Ir I	7	26.21	Ce II	250
36.74	Ru I	10 R	26.2	P II'	4
36.66	Ga II	2	26.06	Yb I	25
3436.18	Cr B	4	3425.9	Sb IV	10
36.00	Ta B	4	25.43	Nb II	300
35.10	Ru B	4	25.34	Ho B, F	10
34.90	Rh I	10 R	25.06	Tu F	7
34.80	Mo I	5	25.05	Dy B	5
34.72	Rb II	7	25.01	Fe B	4
34.25	Rb II	8	24.94	Kr I	15
34.14	Kr I	—	24.91	P II	6
34.06	Mo B	7	24.71	Ir B	4
34.03	Ge III	40	24.61	Re I	200

λ in I. Å.	Element	Intensität	λ in I. Å.	Element	Intensität
3424.38	Rh B	6	3413.53	Ar III	6
24.28	Fe I	10	13.5	P G	5
23.91	Ne I	5	13.48	Ni I	5 R
23.71	Ni I	8 R	13.3	Cu I	2
22.74	Cr F	10	13.13	Fe I	20
22.71	Ce II	300	12.64	Co I abs	80 R
22.66	Fe I	7	12.48	Cd F	4
22.46	Gd F	10	12.34	Co I abs	80 R
21.63	Ho B, F	10	12.28	Rh B	6
21.23	Pd I	8 R			
			3411.64	Ru B	4
3421.21	Cr F	10	11.3	Cs F	9
21.48	Ba I	5	10.8	Ag I	8
21.01	Ba I	5	10.64	Ho B, F	5
20.8	X G	4	10.25	Ho B	10
20.8	K III	6	10.25	Zr II	8
20.32	Ba I	8	09.84	O II	6
20.15	Rh B	4	09.58	Ni I	5
19.71	Ta B	5	09.28	Ru B	6
19.66	Pd B	4	09.18	Co I abs	4 R
19.45	Ir B	4	3408.76	Cr II	10
			08.68	Sm II	400
3419.41	Re I	20	08.14	N II	3
19.2	P II	6	08.14	Pt I	8
19.18	Hf I	12	08.07	Ir F	5
18.72	Gd B	7	07.77	Dy E	8
18.52	Mo I	6	07.46	Fe I	20
18.51	Fe I	10	07.38	O II	7
18.51	Sm II	500	07.3	Ni II	8
18.01	Ne I	5	06.94	Ta B	6
17.90	Ne I	10			
17.85	Fe I	6	3406.93	Mo B	7
			06.81	Fe I	4
3417.84	Fe I	12	06.65	Ta B	5
17.49	Ar III	7	06.59	Ru I	2
17.35	Ru I	10 R	06.56	Rh B	4
17.21	F II	4	05.93	Mo I	7
17.2	Br G	5	05.23	Bi B	2 R
17.16	Co I	50	05.16	Kr II	20
17.1	Ga F	5	05.12	Co I abs	150 R
17.02	F II	6	04.83	Zr II	8
16.46	Ho B, F	10			
15.8	Cu B	3	3404.66	Cu B	3
			04.59	Pd I	10 R
3415.65	Rb F	5	04.45	In II	3
15.53	Fe I	4			3-4-4
14.90	Ho B, F	10	04.13	In II	4
14.77	Ni I LL	10 R	04.36	Fe I	6 d
14.66	Zr I	6	04.35	Mo I	10
14.3	Br G	3	04.3	P G	5
14.27	Ge III	20	04.2	K II	6
13.94	Ni I	3 R	03.68	Zr B	5
13.9	J G	5	03.60	Cd I	10 R
13.9	Se III	10	03.32	Cr II	10
13.77	Dy B	6	02.81	Mo F	8

λ in I. Å.	Element	Intensität	λ in I. Å.	Element	Intensität
3402.51	Os B	5	3391.56	Lu B	6
02.46	Sm II	500	91.05	Ni I	7 R
02.4	Br G	3	90.40	Co B	5
02.26	Fe B	4	90.4	Hg B	5
02.23	Cu B	4	90.25	O II	8
01.87	Pt B	10	89.83	Hf II	80
01.87	Os B	5	89.75	Fe B	3
01.87	W F	8	88.54	Ar II	7
01.78	Ir B	4	88.5	Ne II	6
01.74	Ru B	4	88.30	Zr B	8
3401.52	Fe I	6	3388.18	Co I	9 R
3399.98	Cs I abs	—	88.0	Corona	20
99.80	Hf II	150	87.87	Zr B	7
99.67	Rh I	7 R	87.84	Os B	5
99.36	Zr II	6	87.83	Ti II	15
99.33	Fe I	15	87.60	Cl III	6
99.29	Re I	60	87.41	Fe B	4
98.97	Ho B, F	10	87.2	Se III	10
98.31	Ta B	4	87.12	S III	5
98.00	Cs I abs	—	86.8	X G	4
3397.9	Ar B	1	3385.93	Ti I	40
97.50	Tu B	—	85.8	S II	5
97.21	Bi I	4 R	85.6	O IV	6
97.1	Br III	8	85.53	Lu B	10
97.07	Lu II	150	85.40	Cd II	40
96.97	Fe I	4	85.3	K F	4
96.82	Lu I	30	85.25	Br III	6
96.82	Rh I	10 R	85.25	Hg II	15
96.80	Pd B	3	85.20	Co I abs	25
96.33	Zr B	6	85.16	Ru B	4
3395.38	Co I abs	10 R	3385.07	Er F	8
94.58	Fe I	5	85.03	Dy B	6
94.58	Ti II	15	84.9	K II	6
93.75	Ar I	10	84.66	Sm II	30
93.63	Nd B	60	84.62	Mo I	8
93.58	Dy B	6	84.02	Os B	5
93.45	Cl III	8	83.98	Fe I	8
93.13	Zr II	7	83.76	Ti II	40 R
93.12	Rb II	7	83.69	Fe I	5
92.99	Ni I	10 R	83.09	Sb II, I	12
3392.89	Cl III	8	3382.89	Ag I abs LL	10 R
92.8	Ne II	7	82.68	Cr F	10
92.65	Fe I	15	82.6	Pd II	10
92.6	X G	4	82.50	Mo I	5
92.53	Ru B	5	82.40	Fe I	3
92.5	Se G	8	82.40	Sm II	60
92.30	Fe I	8	82.29	Mo I	2
92.05	Th F	5	82.28	Ag F	1 u
91.96	Zr II	10	81.49	Co B	5
91.77	Ar F	5	81.45	Rh B	4

λ in I. Å.	Element	Intensität	λ in I. Å.	Element	Intensität
3381.43	Cu B	4	3373.00	Pd I	10 R
81.3	Tl B	20	72.80	Ho F	8
81.0	K F	4	72.80	Ti II	30
80.99	Mo I	7	72.77	Er B, F	10
80.91	La II	10	72.68	Ca III	8
80.89	Ni I	15 R	72.25	Rh I	7
80.72	Sr II	6	72.17	Sc II	10
80.69	Pd B	5	72.07	Fe I	3
80.6	K II	6	72.00	Ni I	15 R
80.58	Ni I	10 R	71.85	Ru B	4
3380.28	Ti II	15	3371.52	Ta B	5
80.11	Fe B	8	71.46	Ir B	4
79.97	Mo I	7	71.45	Ti I	80 R
79.84	Cr F	5	71.1	P G	5
79.8	Se III	8	70.78	Fe I	10
79.61	Ru B	4	70.60	Os B	7
79.22	Ti B	6	70.44	Ti I	40 R
79.02	Fe I	4	69.91	Ne I	15
78.68	Fe B	4	69.81	Ne I	10
78.35	Cr B	5	69.58	Ni I	10 R
3378.02	Ru B	4	3369.55	Fe B	8
77.70	Rh B	4	69.3	Se G	5
77.62	V B	5	69.15	Tl II	10
77.58	Ti I	30	68.97	Sc II	10
77.39	Ba I	5	68.58	Cs II	7
77.20	O II	7	68.47	Ir I	8
77.14	Rh B	5	68.45	Ru I	6 R
77.13	Ce II	300	68.38	Rh I	6
77.06	Co B	8 R	68.07	Er B	6
76.98	Ba I	5	68.05	Cr II	10
3376.50	Lu I	10	3367.96	Mo F	6
76.47	Ar II	7	67.81	Ca III	5
76.32	La II	40	67.65	Be I	10
76.2	Se G	7	67.4	N III	7
76.14	W F	10	67.2	Ne II	6
75.65	Ne I	5	67.11	Co I abs	4 R
75.48	Yb F	10	67.00	Pt B	4
74.94	Ga II	4	66.87	Fe B	3
74.9	Kr G	4	66.81	Ni I	10
74.73	Zr B	6	66.79	Fe B	3
3374.7	J G	5	3366.56	Ce B	7
74.65	Ru B	4	66.34	Sr I	5
74.64	Ni I	5	66.16	Ni I	20 R
74.30	Co B	5	65.86	Sm II	300
74.23	Ni I	15 R	65.77	Ni I	4 R
74.1	N III	6	65.55	V B	6
73.73	Ce II	10	65.36	Cu I	6
73.48	Ar I	10	64.96	Nd B	50
73.42	Zr B	5	64.4	Se G	5
73.23	Co B	5	64.4	P G	6

λ in I. Å.	Element	Intensität	λ in I. Å.	Element	Intensität
3364.2	K III	6	3354.07	Fe B	3
63.80	Mo B	6	54.0	Rb F	8
63.4	P G	6	53.75	Sc B, F	10
62.9	K III	7	53.3	Cl G	7
62.8	Te II	7	53.26	Ce III	15
62.6	Tu B, F	7	52.70	Hf II	15
62.6	Yb B	10	52.4	Sn II	10
62.26	Gd F	10	52.06	Hf II	80
61.99	Y F	10	51.93	Kr III	100
61.97	Sc II	10	51.75	Fe B	3
3361.91	Ca I	6	3351.53	Fe B	3
61.63	Ta B	5	51.51	Ta B	4
61.56	Ni I	5 R	51.43	Mn I	2 R
61.37	Mo B	6	51.26	Sr I	6 R
61.32	Sc II	10	50.97	Ar F	4
61.22	Ti II	400 R	50.88	Rb I	5 R
60.81	Ir B	7	50.48	Gd F	10
60.81	Rh B	6	50.19	Ca I	5
60.6	Ne II	5	50.1	J G	8
60.32	Cr II	10	49.64	Br III	10
3359.90	Ru B	5	3349.42	Tb B	6
59.89	Ir B	5	49.40	Ti II LL	40 R
59.69	Sc II	10	49.4	Cs F	4
59.56	Lu I	80	49.26	Cu B	5
59.55	Ru I	6 R	49.2	Po	6
59.49	Fe I	3	49.07	Nb I	200
58.61	W F	6	49.02	Ti II LL	20 R
58.6	Ar III	20	48.84	Ti II	5
58.60	Gd F	8	48.73	Rb I	3 R
58.51	Ta B	4	47.93	Fe I	6
3358.50	Cr II	10	3347.80	Cr II	6
58.42	Nb I	250	47.7	P G	6
58.32	F III	4	47.30	Rh I	1
58.28	Ti B	5	47.26	Mo I	6
58.12	Mo I	9	47.00	Rb II	8
57.9	Ne II	12	46.94	Co B	10
57.26	Zr II	8	46.74	Ti II	6
56.9	Ba I	6	46.73	Cr B	4 R
56.5	Em II	—	46.6	Se G	5
56.47	Co B	6	46.40	Mo F	8
3356.41	Fe B	3	3346.19	Re I	20
56.09	Zr II	8	45.93	Zn I LL	8
55.98	F III	3	45.7	K F	5
55.23	Fe B	6	45.57	Zn I LL	10 R
55.1	Ne II	7	45.43	Be I	8
54.63	Ti I	60	45.02	Zn I	15 R
54.47	Cu B	3	44.8	Ar III	25
54.39	Zr B	5	44.78	Zr B	6
54.38	Co I abs	6 R	44.76	Ce II	15
54.11	F III	2	44.75	Mo I	8

λ in I. Å.	Element	Intensität	λ in I. Å.	Element	Intensität
3344.56	La II	200	3338.58	In II	4
44.53	Ru I	3			4–3–2
44.49	Ca I	5	38.42	In II	2
44.4	Ne II	5	38.55	Rh I	6
44.33	Re I	30	38.42	Zr B	6
44.20	Rh B	5	38.18	Re I	60
44.0	Cs F	4	37.9	V F	8
43.90	Pt B	4	37.85	Cu I	100 R
43.86	Ce II	200	37.82	Ru B	4
43.77	Ti II	5	37.67	Fe B	6
			37.49	La II	300
3343.73	Mn I	5 R	3337.17	Yb F	8
43.69	Nb B	6	36.69	Mg I	20
43.56	Ho B, F	10	36.61	Sb III	20
43.40	W F	6	36.33	Cr II	5
43.27	In I	6	36.26	Fe B	3
43.2	Cd II	7	36.16	Os B	6
43.06	Yb II	10	36.16	Cl III	5
42.90	Rh B	5	36.15	Ar III	25
42.71	Co B	6	35.78	Fe B	3
42.58	Cr II	10	35.68	Ru B	4
3342.5	J G	8	3335.30	Cr F	8
42.48	Kr III	50	35.23	Cu B	4
42.46	W F	6	35.19	Ti II	10
42.30	Fe B	3	34.84	Ne II	10
42.25	Re I	50	34.62	Zr B	6
42.22	Fe B	3	34.48	Nd B	50
41.98	Nb I	200	34.26	Zr B	6
41.91	Fe B	4	34.19	Ir B	5
41.88	Ti I	50 R	34.15	Co I abs	5 R
41.87	Ce II	7	33.6	Rb F	7
3341.67	Ru B	4	3333.07	Br III	7
41.48	Hg I	10	32.8	X G	5
40.74	O III	6	32.73	Hf I	200
40.61	Rb II	8	32.17	Mg I	15
40.58	Sm II	800	32.11	Ti F	8
40.57	Fe I	6	32.11	Hg II	10
40.56	Zr II	9	31.8	Ag F	3
40.5	Cs F	4	31.7	X G	6
40.42	Cl III	9	31.32	N II	3
40.34	Ti II	7	31.25	Rh B	4
			3331.09	Rh B	4
3340.17	Mo B	5	30.76	Kr III	60
39.80	Cr II	10	30.68	Mn I	4 R
39.78	Co B	5	30.60	Sn I	6 R
39.55	Ru I	8	30.30	N II	2
39.5	Mn I	R	30.3	Rb F	7
39.20	Fe B	3	30.01	Sr B	4
39.07	Nd B	60	30.0	Em II	6
38.76	Ho F	10	29.93	Mg I	10
38.64	Fe B	3	29.7	Ag II	10

λ in I. Å.	Element	Intensität	λ in I. Å.	Element	Intensität
3329.62	Cu B	4	3321.56	Rb II	8
29.45	Ti II	6 R	21.35	Be I	30
29.3	N F	5	21.18	Sm II	800
29.3	Te II	8	21.09	Be I	20
29.22	Mo F	5	21.01	Be I	10
29.06	Cl III	8	20.9	Mo F	5
20.02	Cl II	9	20.8	Ba B	4
28.87	Fe B	4	20.70	Mn I	4 R
28.79	N II	4	20.57	Cl III	7
28.28	Nd B	80	20.3	Kr F	10
3328.1	Corona	8	3320.26	Ni I	5 R
27.89	Y B	10	20.16	Sm II	600 d
27.31	Mo I	6	20.1	Au I	8
27.23	Pd F	4	19.87	Dy B	6
27.2	Ne II	5	19.82	Co B	5
26.98	Co B	6	19.66	Cu I	4
26.80	Zr F	4	19.48	Co B	10
26.77	Ti II	6	19.34	Ar I	10
25.75	Kr III	200	19.15	Co B	6
25.68	Mo B	6	19.03	Zr B	6
			3318.85	Ta B, F	5
3325.6	Te III	7	18.85	Ru B	5
25.47	Fe B	4	18.03	Ti II	5
25.24	Co B	5	17.91	Ta B	6
25.00	Ru B	4	17.88	Ru B	4
24.9	Se G	5	17.32	Mn I	3 R
24.87	S G	5	17.30	Mn B	6
24.54	Fe B	4	17.19	Cu I	5
24.40	Tb B	8	17.13	Fe B	4
24.3	Cr II	3	17.12	Fe I	3
24.1	Cr II	1			
			3316.76	Cl II	4
3323.8	Ne II	7	16.38	Ru I	6
23.78	Pt B	6	15.9	Hg II	10
23.74	Fe B	7	15.67	Ni I	7 R
23.59	Ar III	9	15.61	Al II	1
23.10	Rh I	10 R			1–0–0–2
23.1	Se G	8			–1–1–3
23.00	Zr B	6	13.34	Al II	3
22.94	Ti II	8 R	15.5	Cs F	5
22.88	Ir B	4	15.38	Cl II	8
22.62	Ir B	4	15.03	Pt I	5
			14.8	Te III	9
3322.50	Fe B	3	3314.74	Fe B	7
22.49	Re I	40	14.73	Ce II	7
22.47	Fe B	5	14.50	Zr B	6
22.4	K III	6	14.43	Ti B	6
22.32	Ni I	6	14.42	Mn B	4
22.23	Sr I	5	13.8	Te III	10
22.21	Co B	6	13.69	Th B	10
22.2	X G	6	13.51	Mn B	4
21.70	Ti B, F	5	13.22	Mn B	4
21.68	V F	6	12.87	Hf I	100

λ in I. Å.	Element	Intensität	λ in I. Å.	Element	Intensität
3312.6	K F	4	3304.7	Au I	7
12.42	Sm II	400	04.7	Kr G	5
12.42	Er B	6	04.11	Sb F	4
12.32	Ni I	10	03.90	Sb II	10
12.30	O III	5	03.9	F II	6
12.15	Co B	6	03.11	La II	150
12.14	Ir B	4	03.0	J G	10
12.11	Lu I	100	02.94	Na I LL	8 R
11.93	Mn I	5 R	02.94	Zn I	125 R
11.47	Kr III	50	02.59	Zn I	150 R
3311.39	W B	2	3302.34	Na I LL	7 R
11.3	Ne II	4	02.15	Pd I	400 R
11.19	Ar III	25	01.9	Ar III	30
11.16	Ta I	20	01.85	Pt I	10
10.66	Sm II	500	01.81	Ar F	6
10.54	Ir B	4	01.74	Sr I	5
10.50	Fe B	3	01.59	Ru I	6
10.4	X G	5	01.56	Os B	9
10.35	Fe B	3	01.5	Ag F	4
10.27	Hf I	25	01.4	F II	3
3309.51	Ti B	5	3300.95	Cl III	3
08.87	Dy B	6	00.83	W B	3
08.81	Ti II	5	00.54	Th B	10
08.8	P G	6	00.46	Rh B	4
08.79	Mn I	R	00.16	Nd B	70
08.3	Au I	10	3299.9	Cs F	2
08.1	Kr G	4	99.5	Ag F	3
07.95	Cu I	80	99.36	O III	3
07.8	Cl II	10	98.97	Cd B, F	4 R
07.54	Sr I	4	98.67	Co B	6
3307.23	Fe B	5	3298.13	Fe I	6
07.23	Ar F	4	98.10	Sm II	500
07.15	Co B	5	97.7	Ne II	8
07.06	Cr F	8	97.09	Nb II	1
07.02	Sm II	500	96.88	Mn I	3 R
07.0	Te III	9	96.70	Rh B	4
06.7	Em II	8	96.11	Ru B	4
06.60	O II	6	96.03	Mn I	2 R
06.39	Sm II	500	95.9	X G	4
06.35	Fe I	20	95.81	Sm II	300
3306.34	Cl II	5	3295.40	Cr F	5
06.3	Li II	4	95.13	O II	4
06.27	Zr II	25	94.27	Rh B	5
06.17	Ru B	4	94.13	Ru I	8
06.1	Zn II	5	93.92	Cu B	4 R
05.97	Fe I	20	93.7	Se G	5
05.9	X G	4	93.66	Ar II	7
05.15	Zr B	5	93.08	Tb F	8
05.15	O II	6	92.6	Se G	5
04.84	Cl G	7	92.59	Fe I	8

λ in I. Å.	Element	Intensität	λ in I. Å.	Element	Intensität
3292.32	Mo F	10	3283.45	Co B	10 R
92.08	Ti B	6	83.41	Cl III	6
92.02	Fe B	8	83.31	V B	5
91.1	Cl F	2	83.26	Pt I	4
91.04	Nb II	2	82.92	Be I	10
91.01	Tl II	6	82.90	Fe B	4
90.99	Fe I	4	82.9	Se G	7
90.80	Mo B	6	82.69	Cu I	7
90.73	Fe B	4	82.53	V F	6
90.59	Th F	10	82.33	Ti F	6
3290.55	Cu I	10	3282.33	Zn I	8 R
90.22	Pt B	6	82.1	Br G	3
90.13	O II	5	81.97	Ho F	8
89.80	Cl III	7	81.96	Pt I	5
89.60	Rh B	5	81.75	Ba I	4 d
89.37	Ho F	10	81.74	Lu I	40
89.36	Yb II	100	81.71	Ar F	5
89.13	Rh B	5	81.69	Rh B	4
89.00	Mo B	7	80.74	Mn I	1 R
89.0	K F	4	80.68	Ag I abs LL	20 R
3288.3	J F, G	10	3280.54	Rh I	10 R
88.3	Zn I	10	80.5	X G	4
87.97	Fe B	3	80.26	Fe B	8
87.9	X G	5	79.84	V F	10
87.65	Ti F	8	79.84	Ce II	10
87.59	O II	9	79.82	Cu I	100 R
87.58	Ir B	4	79.29	Nb II	1
87.25	Pd I	7 R	79.26	Zr II	65
87.19	Co B	5	78.97	Lu I	30
86.95	Ni I	4	78.92	Ti B, **F**	5
3286.75	Fe I	20	3278.84	Co B	5
86.47	Rb II	8	78.8	K III	6
86.3	Cs F	10	78.74	Fe B	3
86.08	Ca I	5	78.55	Mn I	2 R
85.9	Ar III	35	78.29	Ti B, F	5
85.9	Kr G	4	78.15	Ho F	8
85.8	X G	8	77.95	Os B	4
85.60	Na II	8	77.87	Hg II	10
85.42	Fe B	3	77.69	O II	7
85.22	Ce II	6	77.56	Ru B	4
3285.10	Nd B	50	3277.4	Te IV	10
85	Na F	5	77.31	Co B	5
84.93	Ru B	4	77.28	Ir B	4
84.71	Zr B	8	76.81	Tu B	4
84.6	O III	4	76.48	Fe B	3
84.59	Fe I	4	76.12	V II	10 R
83.78	Co B	4	75.78	Al II	4
83.56	Rh I	10 R	75.22	Nd B	60
83.5	Sn II	30	75.18	Os B	4
83.46	Nb II	400	75.0	J G	10

λ in I. Å.	Element	Intensität	λ in I. Å.	Element	Intensität
3274.7	Ca I	2	3265.62	Fe I	15
74.69	Ru I	5	65.46	O III	10
74.64	Be II	10	65.35	Co B	6 R
74.24	Tb B	6	65.05	Fe I	8
74.22	Na II	5	65.04	Au B, F	2
73.96	Cu I abs LL	500 R	64.84	Co I	4
73.63	Sc I	5	64.81	Kr III	150
73.52	O II	8	64.8	Te III	8
73.48	Sm II	500	64.72	Mn B	4
73.08	Ru I	5	64.6	X G	4
3273.04	Zr II	75	3264.52	Fe B	4
72.25	Ce B	7	64.2	F II	7
72.22	Zr II	6	64.16	F III	9
72.08	Ti B	5	64.06	Hg II	15
71.80	Zr B	4	63.36	Nb F	6
71.78	Co B	4 R	63.24	V B	5
71.64	Ti B	5	63.14	Rh I	9 R
71.64	V II	10	62.4	Ba I	3 d
71.63	Cs II	5	62.35	Pb I	7
71.61	Rh I	8 R	62.33	Sn I	10 R
3271.24	Ir B	4	3262.30	Os I	7
71.11	V II	10 R	62.2	Rb F	6
71.00	Fe I	15	62.01	Ir B	4
71.0	Rb II	7	61.68	Pt B	3
70.98	O II	7	61.59	Ti II	60
70.8	Ne II	2	61.05	Cd I LL	10 R
69.92	Sc I	5	60.98	O III	8
69.50	Ge I	40	60.9	Te III	10
69.20	Os B	5	60.81	Co B	7 R
69.0	Be I	6	60.58	Nb F	8
3268.96	X III	80	3260.35	Ru I	5 R
68.48	Kr III	100	60.24	Mn B	4
68.42	Pt B	5	60.11	Zr I	15
68.4	Re I	5	59.99	Fe I	6
68.3	Cs F	5	59.90	Ge III	20
68.26	Cu B	3	59.72	Pt B	4
68.23	Fe I	5	59.4	X G	4
68.20	Ru I	5	59.32	Cl III	6
67.94	Os I	8	58.97	Na II	6
67.71	V II	10 R	58.78	Pd I	6 R
3267.50	Sb I	4 R	3258.57	In I abs LL	6 R
67.38	Pd F	4	58.42	Mn B	2
67.3	O III	5	57.97	Na II	6
67.14	Cs II	7	57.59	Fe I	8
67.0	X G	4	57.58	Ar I	8
66.45	Ir I	8	56.91	Os B	4
66.45	Ru I	4	56.21	Mo B	5
66.01	Cu B	3	56.14	Mn B	4
65.92	Cs II	7	56.09	In I abs LL	6 R
65.65	La II	6	55.91	Pt B	7

λ in I. Å.	Element	Intensität	λ in I. Å.	Element	Intensität
3255.6	As G	6	3246.96	Fe I	4
55.05	Ge III	40	46.9	X G	4
54.96	Rh I	2	46.01	Fe I	8
54.75	V F	8	45.69	Kr III	300
54.70	Ru B	4	45.13	La II	150
54.53	Ru B	4	44.97	Ag F	4
54.40	Ir B	4	44.44	Cl III	5
54.38	Sm II	400	44.19	Fe I	15
54.36	Fe I	10	44.1	Ne II	5
54.31	Lu II	90	43.98	Zr I	10
3254.28	Zr I	10	3243.84	Co I	8 R
54.25	Ti II	20	43.79	Mn B	4
54.20	Co I	10 R	43.72	Ar II	7
54.05	Nb II	6	43.37	Ce II	12
54.04	Mn I	2 R	43.36	W F	3
53.70	Hf B, F	6	43.15	Cu I	6
53.61	Fe B	4	43.13	Pd F	5
53.2	X G	5	43.06	Ni I	8 R
52.95	Mn B	4	42.86	X III	100
52.93	Fe B	4	42.8	Se G	6
3252.85	Ti II	25	3242.8	Pb III	5
52.8	Ag F	4	42.70	Pd I	1000 R
52.53	Cd I	8	42.29	Y II	10
51.98	Pt B	5	42.05	Ta B	4
51.89	Ti II	20	41.98	Ti II	40 R
51.87	V F	6	41.84	Be II	10
51.62	Pd I	200 R	41.67	Si III	6
51.4	Te III	9	41.65	Be II	6
51.24	Fe I	8	41.52	Ir I	5
51.0	Bi III	40	41.28	Sb II	20
3250.77	V F	6	3241.23	Ru B	4
50.75	Ni I	4	41.16	Sm II	500
50.63	Fe B	3	41.01	Zr II	25
50.42	Zr I	15	40.62	Mn B	3
50.35	Pt B	4	40.44	Kr III	40
50.11	Cd II	100	40.41	Mn B	3
49.99	Co I abs	5	40.22	Jr B	4
49.9	Li II	5	40.20	Pb I	4
49.8	Ar II	7	40.20	Pt B	4
49.53	Hf I	12	39.67	Ti B	6
3249.35	La II	100	3239.52	Kr III	40
48.60	Ti II	10	39.43	Fe I	15
48.52	Mn B	4	39.3	X G	6
48.21	Fe I	10	39.04	Ti II	40 R
48.0	Se G	7	38.76	Cr B	6
47.7	X G	5	38.53	Ru B	5
47.66	Hf I	20	37.87	V F	10
47.54	Cu I abs LL	1000 R	37.66	Rh B	4
47.30	Fe B	3	37.39	Mn B	6
47.17	Co I abs	7 R	37.02	Co I	5

λ in I.Å.	Element	Intensität	λ in I.Å.	Element	Intensität
3236.8	X G	5	3228.90	Fe B	3
36.79	Mn B	6	28.81	Zr B	5
36.78	Tu F	10	28.62	Ti B	7
36.74	Ce II	12	28.56	Ce III	40
36.64	Sm II	500	28.52	Ru B	4
36.57	Ti II	50 R	28.26	Fe B	4
36.44	Nb II	10	28.10	Mn B	5
36.22	Fe I	8	27.80	Fe I	6
35.70	Cu I	5	27.75	Fe II	7
35.7	X G	4	27.2	X G	4
3235.53	Co B	5	3227.12	Ce II	300
34.66	Ni I	5 R	26.99	Co B	6 R
34.61	Fe I	7	26.37	Ru I	5
34.52	Ti II	60 R	26.2	Hg II	10
34.17	Ce II	15	25.9	Se G	8
34.12	Zr I	30	25.8	Ca I	4
34.1	Cr F	6	25.79	Fe I	25
33.97	Fe I	12	25.63	Ce I	10
33.6	P F	1	25.5	X G	4
33.42	Pt B	5	25.48	Nb II	500 R
3233.05	Fe B	8	3225.03	Ni I	5 R
32.95	Ni I	25 R	24.90	J IV	6
32.8	Ag B	4	24.77	Mn B	4
32.6	Li I abs	8 R	24.65	Cu B	3
32.54	Sb I	4 R	24.63	Co B	5
32.08	Th F	7	24.24	Ti II	8
32.06	Os I	6	23.83	Ta B	4
32.02	Ir B	4	23.47	Ag B	3
31.7	X G	5	23.42	Cu B	3
31.69	Zr II	30	23.26	Ru B	4
3231.24	Ce II	12	3223.0	X G	4
31.17	Cu I	4	22.82	Ti II	15
30.96	Fe I	10	22.6	Rb F	8
30.77	Ir B	5	22.5	Ba I	2 d
30.73	Mn B	3	22.07	Fe I	20
30.6	Au I	9	21.66	Ni I	4 R
30.56	Sm II	400	21.6	Cd III	6
30.5	J G	5	21.30	Pb IV	40
30.29	Pt B	5	21.17	Ce II	15
30.21	Fe B	4	21.1	Cl G	2
3230.00	Fe B	3	3220.77	Ir I	15
30.0	J G	5	20.66	Hf II	50
29.75	Tl I abs	10 R	20.6	Kr G	4
29.63	Be I	10	20.6	K II	4
29.43	Ti II	6	20.54	Pb I	9
29.39	Fe B	3	20.4	Be I	4
29.28	Ir B	5	19.81	Fe I	10
29.23	Ta B	4	19.58	Fe I	12
29.18	Ti II	18	19.3	P G	6
29.12	Fe I	4	19.15	Co I	5

λ in I. Å.	Element	Intensität	λ in I. Å.	Element	Intensität
3218.97	Pd B	4	3212.12	Ir I	6
18.95	Ce II	200	12.02	Zr I	30
18.95	Tb F	6	11.99	Fe I	10
18.69	Sn I abs	3	11.86	Ge III	35
18.47	Ir B	4	11.73	Sm II	400
18.4	Te III	8	11.70	Fe B	4
18.27	Ti II	6	11.49	Fe B	4
18.2	Ne II	8	11	Cs F	6
18.1	Se G	5	10.83	Fe I	10
17.82	Ni B	5	10.41	Ar III	7
3217.8	Cd III	8	3210.23	Fe I	8
17.6	K I	4 R	10.22	Co B	5
17.40	Cr F	8	10.1	Cd III	6
17.38	Fe I	10	10	Cs F	6
17.18	Yb F	8	09.9	Ca I	5
17.11	V II	10	09.4	X G	4
17.1	K I	6 R	09.30	Fe B	6
17.06	Ti II	10	09.3	K III	6
16.94	Fe B	5	09.18	Cr F	10
16.71	Ag F	3	08.88	Mo B	10
3216.70	Y II	10	3208.47	Fe I	4
16.64	Fe B	3	08.23	Cu I	60 R
16.58	Th B	8	08.20	Hg II	15
16.51	Ru B	4	07.8	Kr G	8
15.95	Cd F	4	07.42	V I	20
15.94	Fe I	12	07.19	Sm II	400
15.80	La B	3	06.34	Nb F	6
15.59	Nb II	6	06.11	Hf I	25
15.57	W F	5	05.83	V B	5
15.2	Se G	8	05.40	Fe I	15
3215.13	Ca I	3	3205.10	Ir B	4
14.95	Ge III	25	04.7	Au I	4
14.76	Ti B	5	04.5	Se G	5
14.40	Fe I	8	04.35	Ar F	3
14.4	Ne II	4	04.24	Re I	60
14.31	Rh B	4	04.05	Pt I	10 R
14.24	Ti B	6	03.83	Ti B	5
14.2	X G	4	03.33	Y II	10
14.19	Zr II	40	03.16	He II 3–5	—
14.05	Fe B	8	02.74	F II	10
3213.55	Ir B	4	3202.56	Fe B	3
13.48	J IV	6	02.54	Ti II	10
13.42	Ni B	5	02.38	V I	25
13.31	Fe II	10	02.0	K III	6
13.3	Te III	10	01.71	Ce II	300
12.89	Mn B	6	01.16	Yb II	25
12.62	Ar F	2	00.72	Pt B	7
12.44	Fe B	3	00.47	Fe I	15
12.43	V B	6	00.40	Kr II	50
12.19	Na II	6	00.28	Y II	10

λ in I. Å.	Element	Intensität	λ in I. Å.	Element	Intensität
3199.92	Ti I	10 R	3191.08	Nb II	4
99.53	Fe I	15	90.9	Ne II	2
99.4	Li II	7	90.88	Ti F	10
98.92	Ir I	5	90.67	V II	10 R
98.77	Rb II	8	90.1	K II	5
98.66	Yb F	8	89.96	Ru B	4
98.6	X G	4	89.94	As IV	6
98.6	Ne II	5	89.78	Na II	6
98.18	In II	3	89.11	Kr III	100
98.12	Lu II	50	89.03	Rb B	4
3198.04	In II	6	3188.82	Fe I	7
98.01	V I	20	88.57	Fe I	4
97.56	Ge III	25	88.51	V II	8 R
97.16	Be II	6	88.37	Co B	5
97.12	Ni I	5	88.33	Ru I	4
97.12	Rh B	5	88.22	Th B, F	5
97.08	Cr II	10	87.90	Ar III	6
96.93	Fe I	20	87.74	He I	8
96.59	Ru B	4	87.70	V II	8 R
96.3	Zn I	7	87.7	Tl II	15
3196.2	X G	5	3187.3	Be I	3
96.08	Fe II	5	86.85	In I	10
95.62	Y II	10	86.74	Fe II	5
94.98	Nb II	7 R	86.6	Tl II	15
94.82	Ce II	200	86.45	Ti I	60
94.7	Au I	4	86.03	Ru B	4
94.63	In II	5	85.58	Rh B	4
		5-1-3-3-2	85.56	Re I	40
94.28	In II	2	85.53	Cd III	5
94.42	Fe B	4	85.5	Se G	9
94.19	Hf II	100			
3194.10	Cu I	100 R	3185.5	Tl II	15
94.0	J III	8	85.40	V I	40 R
93.98	Mo I	10 R	85.2	X G	5
93.80	Fe II	4	85.1	Br III	7
93.8	Be I	8	84.89	Fe I	7
93.53	Hf II	15	84.75	Re I	50
93.31	Fe B	4	84.1	Te III	8
93.22	Fe B	4	84.00	V I	25 R
93.01	La II	25	83.96	V I	35
92.88	Yb II	50	83.92	Sm II	400
3192.80	Fe I	8	3183.52	Ce II	250
91.99	Ti I	80 R	83.42	V I	30 R
91.97	Zr B	5	82.87	Re I	25
91.78	Lu F	10	82.86	Zr II	35
91.66	Fe I	7	82.12	Co B	5
91.45	Cl III	9	82.08	Fe B	3
91.23	Zr I	25	81.7	J G	6
91.21	Kr III	80	81.52	Fe I	4
91.2	Po	4	81.50	Nb F	10
91.18	Rh B	7	81.28	Ca II	4

λ in I. Å.	Element	Intensität	λ in I. Å.	Element	Intensität
3181.09	Ar II	7	3170.34	Fe II	2
81.02	Hf I	15	70.34	Mo I	10 R
80.76	Fe I	5	70.28	Ta I	4
80.73	Cr II	10	69.76	Co B	6
80.6	As G	6	69.74	Ar II	8
80.22	Fe I	20	69.64	Co B	6
80.2	Th B, F	4	69.05	Yb F	8
79.71	Rh B	4	68.88	Ir B	5
79.42	Y II	5	68.53	Ru B	5
79.34	Ca II	15	68.52	Ti II	10
3179.3	X G	5	3168.5	Be I	6
79.06	Na II	5	68.39	Hf I	20
78.97	Fe B	3	68.36	Re I	30
78.53	Mn I	8	68.05	Co B	6
78.2	Se G	7	68.0	Br F	3
78.05	Os B	5	67.57	Ne G	5
78.01	Fe I	10	67.4	V F	6
77.58	Ir B	4	66.62	Ho F	8
77.26	Co B	5	66.44	Fe I	4
77.04	Ru B	8	65.98	Zr II	6
3176.85	Hf II	50	3165.86	Fe I	3
76.6	Pb III	10	65.72	Si IV	8
76.48	In II	2	65.43	Zr B	5
		2–3–4	64.32	Zr B	5
76.11	In II	4	64.15	Ce II	12
76.3	Mo F	5	63.73	Na II	6
75.96	La B	3	63.40	Nb II	10 R
75.45	Fe I	20	62.7	Br III	6
75.3	P G	5	62.57	Hf I	80
75.2	J G	6	62.57	Ti II	9
75.2	X G	5			
3175.04	Sn I abs LL	5 R	3161.95	Pd F	5
75.03	Mo F	5	61.95	Fe I	5
74.90	Co B	5	61.8	Cd III	5
74.73	F III	10	61.78	Ti II	7
74.7	Re I	5	61.43	Ar F	5
74.13	F III	12	61.21	Ti II	7
74.08	Br III	8	61.05	Mn I	4
73.78	Ho F	5	60.66	Fe I	10
73.66	Fe B	3	60.02	W F	5
73.57	Tu B	5	59.91	Ru B	4
3173.05	Y II	10	3159.83	Hf I	30
72.96	Ar I	9	59.66	Co I abs	6 R
72.94	Hf I	100	59.40	In II	10
72.84	Tu F	10	59.16	Ir B	5
72.26	Rh I	4	59.10	Pt F	5
72.2	Zn II	8	58.88	Ca II	10 R
72.07	Fe B	3	58.76	Co I abs	6 R
71.71	Ho F	8	58.15	Mo B	9 R
71.68	La III	300	57.88	Fe I	6
71.62	Ce II	12	57.42	Ar III	5

λ in I. Å.	Element	Intensität	λ in I. Å.	Element	Intensität
3157.34	Tu B, F	6	3148.71	Tb B	4
57.07	Cd F	4	48.60	Ne G	5
57.04	Fe I	8	48.19	Mn I	4
57.00	Zr II	5	48.04	Ti B	6
56.68	Hf I	50	48.0	Th F	7
56.58	Au F	3	47.97	F II	8
56.56	Pt B	8	47.81	Br III	8
56.28	Fe B	5	47.61	Rh B	4
56.25	Os B	7	47.20	Cr II	5
55.77	In II	15	47.06	Co I abs	7 l
3155.76	Rh B	5	3147.05	Ce III	30
55.67	Ti II	6	47.04	Tb B	5
54.78	Co I	6	46.86	Gd B	4
54.67	Co I	5	46.82	Cu B	6
54.20	Fe B, F	4	46.81	In II	8
54.20	Ti II	6	46.60	In II	5
54.0	J G	6	46.41	Ce II	12
53.86	Yb F	10	46.1	Ag II	8
53.80	Ru B	4	45.77	W F	2
53.59	Os B	4	45.70	Ni I	4
3153.49	F II	6	3145.41	Nb II	500 R
53.40	Ne G	5	45.28	Ce II	10
53.20	Fe I	5	44.49	Fe B	4
53.2.	Pd II	10	44.33	F II	6
52.80	Mo F	8	44.25	Ru B	4
52.70	Co B	6	43.99	Fe B	6
52.67	Os B	4	43.96	Ce III	20
52.60	Rh B	5	43.75	Ti B	6
52.5	Cs F	6	42.89	Fe B	4
52.47	W F	3	42.82	Pd I	50
3152.26	Ti II	6	3142.79	In II	3
51.9	X G	5	42.75	La II	50
51.37	Rh B	4	42.71	In II	5
51.35	Fe B	10	42.45	Fe B	4
51.33	V F	5	42.43	Cu I	6
51.29	W F	3	41.88	Kr III	20
51.03	Tu F	9	41.81	Sn B, F	4
51.0	X G	6	41.63	Pt B	4
50.93	Kr II	80	41.6	Cd III	6
50.73	Ca I	4	41.56	Ti B	5
3150.7	X G	6	3141.35	Kr III	60
50.25	Rh B	4	41.25	Ce III	25
50.1	Be I	4	41.1	Se II	9
49.85	W F	5	40.95	Ru B	4
49.7	J G	6	40.91	Yb F	10
49.56	Si IV	6	40.39	Fe B	4
49.4	Cs F	8	40.33	Cu B	6
49.30	Co I	6 R	39.94	Co I	7 R
49.27	Na II	5	39.9	J G	6
49.0	Rb F	5	39.77	O II	4

λ in I. Å.	Element	Intensität	λ in I. Å.	Element	Intensität
3139.75	V II	25	3129.76	Zr II	5
39.37	Pt I	8 R	29.37	Na II	6
39.34	Cl III	8	29.44	O II	7
39.08	Ar II	7	29.34	Fe B	4
38.66	Zr II	25	29.3	K F	3
38.64	In II	8	29.30	Ni B	3
38.56	In II	5	29.23	Cd III	3
38.44	O II	8	29.17	Zr II	5
38.3	X G	6	28.74	Y F	5
37.9	Pb III	10	28.67	Cu B	6
3137.70	Rh B	4	3128.38	Ir B	4
37.32	Co I abs	6 R	27.90	Ar III	7
37.32	Rh B	4	27.52	Nb F	8
36.53	Ru B	4	26.21	V II	6 R
36.52	V II	30	26.19	Ne G	6
36.48	Na II	5	26.18	Fe B	8
35.4	Pd II	3	26.11	Cu I	6
35.17	Y II	2	26.07	Yb F	10
34.94	V II	35	25.94	Ru B	4
34.90	Nd B	50	25.92	Zr II	5
3134.82	O II	10	3125.66	Hg I	10 R
34.72	Hf II	150	25.65	Fe I	15
34.5	Se G	5	25.29	V II	8
34.32	O II	3	25.05	V F	3 R
34.11	Ni I	6 R	24.97	Cr II	10
34.11	Fe I	10	24.96	Ta B	4
33.97	Tu F	9	24.83	Ge I	20
33.60	Nd B	100	24.39	Kr III	100
33.49	Zr II	25	24.15	Ru B	4
33.34	V II	6	23.68	Rh B	5
3133.31	Ir B	6	3123.07	Ti B	6
33.17	Cd I	5	22.79	Au I abs	15 R
32.86	Ru B	4	22.76	Rh B	5
32.86	O III	6	22.69	Er F	5
32.60	Mo I	10 R	22.62	O II	6
32.51	Pd F	5	22.5	Au F	5
32.05	Cr II	10	22.46	Kr III	20
31.84	Hg I	8 R	22.39	Ir B	4
31.81	Hf I	150	21.99	Mo F	10
31.55	Hg I	5 R	21.9	X G	8
3131.26	Tu B, F	10	3121.8	Cd III	4
31.10	Os B	4	21.78	Zr B	4
31.06	Be II	30 R	21.76	Rh B	5
30.80	Ti B	7	21.71	O III	5
30.78	Nb II	15 R	21.56	Co I abs	4 R
30.78	Rh B	4	21.55	Ce III	30
30.42	Be II LL	50 R	21.52	F III	12
30.27	V II	10 R	21.41	Co I abs	4 R
30.0	Ag B	3	20.77	Ir B	5
29.93	Y F	8	20.74	Zr I	30

λ in I. Å.	Element	Intensität	λ in I. Å.	Element	Intensität
3120.61	Kr I	30	3110.68	Ti B	5
20.44	Fe B	6	10.52	Ce III	20
20.37	Cr II	10	09.84	Hg II	10
20.14	V B	6 R	09.38	Os B	4
19.97	Hf I	10	09.16	Pd B	4
19.80	Ti B	7	09.11	Hf II	150
19.79	Pt B	4	08.81	As IV	8
19.72	Ti B	5	08.80	Re I	40
19.66	Ca III	8	08.60	Cu I	6
19.58	As I	50	08.26	Th F	5
3119.50	Fe B	6	3107.91	Yb II	30
18.9	Cd III	4	07.39	Ca I	—
18.7	S IV	3	06.97	Ce III	20
18.67	Ru B	4	06.58	Zr II	35
18.65	Cr II	10	06.4	X G	5
18.43	Lu I	30	06.23	Ti II	5
18.38	V II	10 R	05.7	Em G	7
18.20	Re I	20	05.47	Ni I	15
18.05	Ru B	4	05.2	Pd II	15
17.98	Yb F	10	05.08	Ti B	6
3117.67	Ti B	5	3105.0	K II	6
17.0	Au B	4	04.99	Rh B	4
16.63	Fe I	12	04.71	Mg II	30 d
16.5	As G	7	04.58	La B	4
16.33	Cu B	7	04.46	Cl III	6
16.15	Nd B	60	03.80	Ti II	50
16.09	Mo F	8	03.59	Pt B	3
15.85	Ta B	4	03.38	Ce B	6
15.30	Yb F	8	03.25	Ta B	5
15.18	Nd B	100	03.1	Pr F	4
15.0	Bi III	35	3102.8	Se G	7
3114.90	Rh B	4	02.52	Rh B	5
14.6	Em II	7	02.30	V II	10 R
14.55	Ir B	4	02.2	K I	2 R
14.4	X G	4	02.0	K I	4 R
14.13	Ni I	6	01.88	Ni I	9 R
14.05	Pd I	8 R	01.56	Ni I	9 R
14.04	Ir B	4	01.39	Hf II	100
13.47	Co B	5	01.01	In II	3
12.25	Kr III	60			3-3-4-4-3-2
12.12	Mo B	5	00.57	In II	2
3112.03	Y B	4	3100.98	Pt B	4
11.80	Y B	4	00.83	Ru B	6
11.43	Rb II	6	00.7	Em II	10
11.1	Se G	6	00.67	Fe I	20
10.95	Be I	6	00.53	Gd B, F	8
10.87	Zr II	6	00.42	Ir I	4
10.86	Re I	12	00.30	Fe I	20
10.83	Be I	7	00.00	Pt F	10
10.71	V II	10 R	3099.97	Fe I	4
10.69	Mn B	5	99.92	Cu I	6

λ in I. Å.	Element	Intensität	λ in I. Å.	Element	Intensität
3099.90	Fe I	4	3089.1	Pb III	4
99.87	In II	7	89.09	Yb F	5
99.74	In II	4	88.76	Re I	10
99.27	Ru I	5	88.03	Ti II	60 R
99.23	Zr II	5	88.03	Ir B	4
99.12	Ni I	12	87.72	V F	8 R
99.10	Ag B	3	87.61	Mo F	10
98.48	Nd B	50	87.41	Rh B	4
98.4	S IV	5	87.1	Ni II	20
98.19	Fe B	3	87.02	Al I	5
3097.92	Th B	6	3086.9	Rb F	5
97.58	Ru B	4	86.85	Yb F	5
97.18	Ti B	6	86.77	Co I	6 R
97.12	Ni I	15	86.44	Ir B	4
91.1	Kr G	4	86.43	Si III	3
96.90	Mg I	10 R	86.3	Pd II	4 d
96.79	Si III	4	86.22	Si III	3
96.76	Hf I	15	86.06	Ru B	4
96.55	Ru B	6	85.8	Pr F	8
95.88	Y II	6	85.58	Ta B	4
3095.7	Te III	8	3085.09	Ce III	20
95.50	Cd III	5	84.92	Cd III	4
95.39	Ta B	4	84.86	Pt B	4
95.07	Zr II	5	84.36	Ho F	5
94.3	Se G	8	84.10	Pt B	3
94.17	Nb II	20 R	83.96	Rh B	4
93.99	Cu I	40 R	83.74	Fe I	20
93.87	Ta B	5	83.6	X G	6
93.61	Si III	3	83.23	Ir B	4
93.42	Si III	6	83.0	J G	5
3093.40	Ar II	8	3082.61	Co I	5 R
93.13	V II LL	10 R	82.16	Al I abs LL	10 R
93.00	Mg I	8 R	81.5	J III	8
92.92	Nd B	60	81.47	Lu I	50
92.84	Al I abs LL	6 R	81.35	Mn B	4
92.73	Na II	10	80.84	Hf I	80
92.71	Al I abs LL	10 R	80.83	Cd I	8
92.52	Yb F	5	80.76	Ni I	6
92.10	Mo B	5	80.64	Hf II	100
91.8	J G	5	80.5	Pr F	8
3091.76	Tl II	18	3079.7	X F	4
91.58	Fe I	20	79.63	Mn B	5
91.08	Mg I	8 R	79.55	Pt B	4
91.06	X III	50	79.18	Ne G	5
90.60	Hg II	9	78.87	Tb F	8
89.82	Al I	1	78.87	Ne G	5
89.80	Ru B	4	78.77	J II	10
89.59	Co I	5	78.65	Ti II.	45
89.40	Ti B	5	78.44	Fe B	3
89.14	Ru B	4	78.32	Na II	6

λ in I. Å.	Element	Intensität	λ in I. Å.	Element	Intensität
3078.24	Ta B	4	3069.9	Se G	8
78.15	Ar III	10	69.68	V B	6
78.02	Fe B	3	69.21	Ta I	20
77.9	J G	6	68.9	Pd II	8
77.71	Os B	4	68.9	Em G	8
77.65	Mo F	8	68.90	Ir I	4
77.60	Lu II	150	68.24	Ru B	4
77.51	W B	—	68.18	Fe I	8
77.44	Os B	4	68.02	Zr II	2
77.24	Ta I	15 d	67.73	Bi I abs LL	10 R
77.2	Cd III	6			
			3067.41	Hf I	80
3077.04	Os B	4	67.39	Re I	50
77.0	Pr F	6	67.3	X G	4
76.97	Ne G	6	67.28	Rh B	5
76.68	Ir B	4	67.24	Fe I	30
76.6	Bi I	2	67.14	Ge I	10
76.6	Cl G	7	67.12	Fe B	4
75.90	Zn I LL	8 R	67.11	V II	6
75.72	Fe I	25 r	66.7	Cs F	10
75.38	Nd B	50	66.49	Fe B	3
75.32	As I	20			
			3066.37	V I	125 R
3075.27	V B	5	66.36	Ti II	20
75.22	Ti II	40	66.22	Ti II	30
75.15	Pd B	4	66.16	Al I	6
74.67	Al II	6	66.04	Mn B	4
74.38	Br III	10	65.30	Pd I	100 R
74.33	Na II	6	65.28	Sc F	5
74.2	Ca II	2	65.20	Zr II	2
74.1	Mg F	3	65.2	X G	6
74.09	Hf I	10	65.03	Yb F	10
74.07	Os B	4			
			3065.0	Cd III	4
3074.0	Se G	8	64.83	Ru B	7
73.81	V B	3 R	64.77	Ar III	10
73.80	Cu I	40 R	64.71	Pt I	6 R
73.5	Te II	8	64.63	Ni I	6 R
73.5	X G	4	64.6	Em II	8
73.32	Ru B	4	64.53	Nb II	250
73.14	Mn B	4	64.51	Ir B	4
72.97	Ti II	40	64.30	Al I	5
72.88	Hf I	300	63.69	Ne G	6
72.7	Se G	6			
			3063.56	Ta I	18
3072.34	Co I abs	5 R	63.5	O IV	6
72.10	Ti II	30	63.41	Cu I	80 R
72.06	Zn I	70 R	63.25	V II	20
71.95	Co I	5	63.13	Kr III	60
71.93	Pt B	5	63.01	Ce II	400
71.60	Ba I	8 R	63.0	Cl G	6
71.5	Sn III	8	62.82	Pr II	125
71.3	Cl G	7	62.6	Se G	5
71.24	Ti B	5	62.2	K II	5
70.29	Mn B	4			

λ in I. Å.	Element	Intensität	λ in I. Å.	Element	Intensität
3062.13	Mn B	4	3053.88	Cr I	6 R
61.82	Co I abs	5	53.65	V I	80 R
61.40	Ir B	4	53.64	Na II	6
60.98	Fe I	4	53.4	As G	6
60.8	Se G	10	53.07	Fe B	4
60.46	V I	125 R	52.66	Pb IV	30
60.05	Co B	5	52.1	K III	6
60.0	Al I	2	51.98	Ce B	5
59.96	F II	8	51.30	W B	6
59.74	Ti II	5	51.25	In I	8
3059.63	Pt B	4	3051.04	Mg I	3
59.30	O III	6	50.88	V B	3 R
59.3	Cd F	4	50.83	Ni I	10 R
59.09	Fe I	100 R	50.76	Hf I	60
59.07	Al I	4	50.14	Cr F	10
58.66	Os I	7	50.07	Al II	8
58.14	F II	7	49.68	W B	4 R
58.08	Ti II	50	49.56	Ta I	18
58.0	As F	6	49.43	Ir B	4
57.90	Lu III	100	48.89	Co I abs	6
3057.65	Ni I	10 R	3048.85	Ta B	4
57.58	Ce III	10	48.85	Cr B	1
57.45	Fe I	40 R	48.8	Cd F	4
57.39	Ne G	7	48.78	Ru B	4
57.21	Ce III	200	48.48	Ru B	4
57.16	Al I, II	10	48.22	V II	20
57.08	F II	6	47.80	In I	7
57.02	Hf B	100	47.61	Fe I	100 R
56.78	Ce II	15	47.6	Ne II	6
56.72	Lu II	40	47.5	Se G	5
3056.7	Kr G	4	3047.27	Mg I	2
56.56	Ce III	12	47.15	Ir B	4
56.34	V I	100 R	47.13	O III	8
56.16	Na II	6	47.0	Kr G	5
56.06	Ru B	4	47.0	Te II	10
55.59	Ce III	60	46.93	Kr III	50
55.55	Nb F	5	46.75	Rh B	4
55.37	J III	10	46.69	Ti B	6
55.28	Pt B	4	46.68	Be II	8
55.26	Fe I	12	46.52	Be II	6
3055.1	Pd II	35	3046.49	Pd B	4
54.92	Ru B	4	46.43	W B	3 R
54.84	Zr II	30	46.27	Mn II	30
54.82	Ar III	12	46.2	Se G	5
54.7	Ne II	5	45.95	Ta I	15
54.69	Al I	4	45.71	Ru B	4
54.5	X G	4	45.41	Mg I	1
54.38	Mn B	4	45.36	Y I	2
54.32	Ni I	8 R	45.08	Fe B	5
54.3	Em II	9	45.01	Ni I	4

λ in I. Å.	Element	Intensität	λ in I. Å.	Element	Intensität
3044.93	V B	4 R	3034.01	Sb II	12
44.57	Mn B	6	33.82	V II	5
44.01	Co I abs	30 R	33.6	Ar F	3
43.94	Ta I	20	33.45	V II	20
43.87	Pb III	10	33.44	Ru II	4
43.77	W B	2	33.44	Ra II	10
43.55	V B	3 R	33.3	Mo F	5
43.35	Mn B	3	33.2	Au B, F	2
43.12	V B	3 R	32.85	Gd F	8
43.02	O III	5	32.85	As I	40
3042.81	F III	10	3032.78	Sn I	3 R
42.67	Fe I	15	32.77	Nb II	400
42.63	Ir B	6	32.20	Pd B	6
42.62	Pt I	4 R	31.87	Ni I	10
42.47	Co I	5	31.64	Fe I	15
42.04	Ta B	4	31.56	Ce III	50
42.02	Fe I	15	31.21	Fe I	12
41.86	W B	3 R	31.16	Hf II	120
41.75	Fe I	4	31.11	Yb II	100
41.71	Mo B	4	30.70	Os I	4
3041.64	Fe B	3	3030.4	K II	2
41.3	Se II	7	30.31	Ne G	5
41.29	Al II	6	30.25	Cr B	5 R
40.90	Os I	5	30.15	Fe B	15
40.86	Ir B	4	29.82	Sb I	8 R
40.85	Cr I	10 R	29.73	Ti B	5
40.67	Sb II	12 d	29.57	Yb F	10
40.43	Fe I	15	29.52	Zr I	20
39.55	Mn II	40	29.37	Ir B	4
39.36	In I abs LL	10 R	29.19	Au I abs	15
3039.25	Ir B	5	3029.17	Cr B	4 R
39.09	Ge I	60	29.07	Na II	6
38.7	Se II	8	29.04	Mn II	50
38.4	J G	5	29.0	Ar F	4
37.94	Ni I	9 R	28.9	Ne II	4
37.39	Fe I	80 R	28.66	Ca III	6
37.05	Cr I	5 R	28.44	Nb II	300
36.8	Em G	7	28.43	Rh B	4
36.43	Pt B	7	28.05	Zr II	20
36.10	Cu I	100 R	27.91	Pd I	6 R
3035.79	Cd II	4	3027.60	Gd B, F	6
35.78	Zn I	10 R	27.48	Ta I	20
35.43	O III	4	27.48	Hg I	—
34.90	Bi B	5	27.29	Lu II	5
34.8	K I	4 R	27.16	Ar III	5
34.6	Ar B	3	26.67	Cr F	8
34.42	Co I	5	26.66	Yb F	10
34.20	Cr B	5 R	26.46	Fe I	15
34.12	Sn I abs	9 R	26.1	Pd II	25
34.06	Gd F	6	25.85	Fe I	50 R

λ in I. Å.	Element	Intensität	λ in I. Å.	Element	Intensität
3025.64	Fe B	4	3017.58	Cr I	6 R
25.62	Hg I	—	17.57	Yb F	10
24.65	Bi I	8 R	17.5	X G	4
24.50	W F	5	17.5	Te II	10
24.45	Kr III	80	17.44	W B	3 R
24.36	Cr I	5 R	17.35	Ne G	5
24.05	Ar III	12	17.32	Ir B	4
24.03	Fe I	15 r	17.3	Cd III	6
23.80	X III	100	17.26	Co I	5 R
23.66	Rb II	5	17.26	Os B	4
3023.47	Hg I	4	3017.24	Ru B	5
23.3	Mo B	5	17.18	Ti II	6
22.74	Ce III	20	17.18	Ce B	4
22.60	Cu B	4	16.71	Hf I	30
22.5	Rb F	4	16.46	W B	5
22.45	O III	5	16.4	Pb II	5
22.30	Kr III	50	16.20	V B	5
22.27	Y I	1	16.19	Fe I	12
22.19	Sb F	2 d	15.81	Au F	2
21.8	Ar B	3	15.40	Na II	6
3021.74	Pd B	4	3015.20	Cr I	4 R
21.70	Y I	2	14.92	Cr I	6 R
21.57	Cr I	6 R	14.82	V F	6
21.57	Cu B	4	14.80	Au F	3
21.50	Hg I	50 R	14.77	Cr I	5 R
21.07	Fe I	150 R	14.7	Pd II	4
20.70	Pd B	3	14.19	Nd B	60
20.67	Cr B	5 R	13.77	Cr B	4 R
20.65	Br III	7	13.6	Pd II	4
20.64	Fe I	200 R	13.59	Co I	5
3020.54	Hf I	100	3013.10	V B	5
20.54	Lu II	50	13.08	Os B	4
20.5	Ga F	3	13.03	Cr B	4 R
20.50	Fe I	100 R	12.96	Ne G	5
20.4	Se G	6	12.90	Hf II	100
20.00	Ir B	4	12.13	Ne G	5
19.60	Be I	3	12.01	Ni I	9 R
19.51	Be I	6	11.90	Ga II	2
19.34	Be I	8	11.88	Ta I	15
19.33	Sc I	4	11.73	Zr I	5
3019.23	Ir B	4	3011.48	Fe B	7
19.15	Ni I	5 R	11.11	Ta I	20
18.98	Fe I	15 r	11.07	Sb F	3 d
18.82	Cr I	4 R	10.84	Cu F	100 R
18.50	Cr I	5 R	10.8	Em G	8
18.35	Zn I	30	10.15	Gd F	6
18.32	Hf I	80	10.02	Ar III	10
18.04	Os I	5	09.8	In III	2
17.88	Pt B	4	09.78	Pd B	4
17.63	Fe I	15 r	09.57	Fe I	25 r

λ in I. Å.	Element	Intensität
3009.39	Yb F	8
09.21	Ca I	2
09.14	Sn I abs	9 R
09.10	Fe B	3
09.08	W B	5
08.62	V II	15
08.3	In III	14
08.14	Fe I	60 R
07.97	Nd B	50
07.15	Fe B	4
3007.07	O II	3
06.86	N II	7
06.86	Ca I	4
06.8	Em II	10
06.58	Ru B	5
05.76	Yb II	40
05.56	Hf B	100
05.24	Y I	1
05.07	Cr B	5 R
05	Po ?	—
3004.44	Rh B	5
04.4	X G	4
04.12	Ga F	6
04.1	Re I	5
03.8	As F	6
03.74	Zr B	5
03.64	Ir B	4
03.63	Ni I	9 R
03.03	Fe I	10
02.66	Pd I	50 R
3002.64	Fe II	5
02.49	Ni I	10 R
02.27	Pt I	6 R
02.25	Ir B	4
01.7	Ne II	7
01.20	V II	8 R
01.18	Pt F	5
00.95	Fe I	100 R
00.89	Cr I	4 R
00.87	Ca I	4
3000.86	Ti B	7
00.47	Yb F	8
00.45	Fe I	8
00.10	Hf II	10
2999.65	Ca I	4
99.58	Re I	80
99.56	Pd B	6
99.51	Fe I	30 R
99.50	In II	3
		3—5—3
99.32	In II	3

λ in I. Å.	Element	Intensität
2999.47	F III	6
99.39	Fe B	4
99.06	Gd B	5
98.80	Cr B	4 R
97.96	Pt I	7 R
97.79	W B	5
97.70	O II	3
97.51	F III	6
97.5	Pd II	8
97.36	Cu I	80 R
2997.31	Ca I	3
96.93	Y I	2
96.58	Cr B	4 R
96.5	Cl G	5
96.39	Fe B	4
96.08	Ir B	4
95.25	Y I	1
95.11	Cr B	4 R
95.00	Au F	6
94.96	Ru I	5 R
2994.95	Ca I	3
94.81	Yb F	8
94.73	Nb II	30
94.46	Ni I	7 R
94.43	Fe I	100 R
94.27	F III	8
94.07	Cr B	3 R.
93.93	Br III	8
93.62	W B	3
93.34	Bi I	8 R
2993.20	Nd B	50
93.0	X G	5
92.84	Ga II	1
92.63	C II	4
92.60	Ni I	6 R
92.56	O II	3
92.44	Ne G	6
92.42	Ne G	6
92.36	Re I	50
92.22	Kr III	60
2992.2	K III	6
91.90	Cr B	5 R
91.63	Fe B	5
90.99	As I	20
90.39	Fe B	6
90.28	Nb II	200
90.27	Au F	5
89.60	V II	10
89.59	Co I	6 R
89.48	Ta I	20

λ in I. Å.	Element	Intensität	λ in I. Å.	Element	Intensität
2989.4	As III	3	2980.96	Sb II	15
89.30	Ca III	—	80.92	Ne G	5
89.19	Cr F	10	80.82	Hf I	100
89.04	Bi I	8 R	80.79	Cr B	4 R
88.95	Ru I	6 R	80.67	Ir B	4
88.66	Cr B	5 R	80.66	Pd F	10
88.61	Ca III	7	80.62	Cd I	8 R
88.56	Ta I	15	80.53	Fe B	3
87.65	Si I	5	80.51	Pr F	8
87.5	Se G	6	80.16	Pb I	5
2987.29	Fe I	10	2979.94	Ru B	5
87.17	Co I abs	5 R	79.86	W B	5
86.99	Rh B	4	79.81	Ne G	5
86.62	Be I	5	79.74	Cr F	10
86.47	Cr I	6 R	79.72	Ru B	5
86.44	Be I	8	79.66	Na II	6
86.20	Rh B	5	79.4	X G	6
86.09	Be I	10	79.1	Ar F	6
86.00	Cr I	5 R	78.74	Ta I	20
85.85	Cr B	3 R	78.68	Th F	8
2985.81	Ir B	4	2978.2	Pb IV	—
85.77	Pr F	8	77.69	Rh B	4
85.6	X G	4	77.55	V B	8
85.55	Fe II	6	77.1	Te III	8
85.39	Zr B	5	76.9	Cs F	6
85.32	Cr B	10	76.90	Ce B	4
84.83	Fe II	10	76.58	Ru B	10
84.8	Ti III	10	76.53	V II	20
84.7	X G	4	76.5	C F	1
84.25	Y I	10	76.21	V B	8
2984.18	Na II	7	2976.13	Fe B	5
84.13	Ni I	4 R	75.89	Hf II	150
83.98	Yb II	5	75.65	V B	6
83.8	Ne III	5	75.54	Ta I	20
83.78	O III	10	75.48	Cr B	4 R
83.6	N III	6	75.07	V B	6
83.57	Fe I	125 R	74.99	Na II	6
83.30	Ti B	7	74.92	Ir B	4
83.08	Rh B	4	74.77	Ga II	5
82.9	In III	12	74.71	Ne G	7
2982.66	Ne G	7	2974.58	Y I	3
82.46	Hg II	12	74.24	V B	8
82.10	Au F	4	74.09	Nb II	400
82.0	As III	10	73.25	Au B	2
81.96	Fe B	4	73.24	Fe I	4
81.85	Fe B	6	73.14	Fe I	4
81.65	Ni I	7 R	73.0	Pb I	3
81.45	Fe I	20 r	72.62	Mo F	5
81.34	Cd I	4 R	72.6	Se G	6
81.21	V B	4	72.59	Nb F	8

λ in I. Å.	Element	Intensität	λ in I. Å.	Element	Intensität
2971.90	Cr I	10	2963.80	Mo II	4
71.60	Ga II	3	63.8	Au F	3
71.5	Se G	7	63.32	Ta I	35
71.4	Te III	8	63.32	Lu II	100
71.11	Cr I	4 R	63.2	K I	1 R
71.01	Ga II	1	63	Cs F	8
71.0	Se G	7	62.99	Ir B	4
70.85	Cs II	5	62.78	V B	6
70.56	Yb I	150	62.68	Zr B	5
70.51	Fe II	4	62.34	Os B	4
2970.4	Au B	2	2962.15	Os B	4
70.11	Fe I	40 R	61.43	Cd I	4
70.1	Se G	5	61.16	Cu I	100 R
69.82	Lu II	40	60.75	Pt B	3
69.47	Fe I	10	60.27	Ar II	4
69.47	Ta I	20	60.23	Eu B	5
69.41	Ga II	3	59.99	Fe B	10
68.96	Zr B	5	59.98	Ti II	50
68.95	Br III	9	59.6	As F	7
68.82	Hf II	120	59.4	X G	4
2968.67	Rh B	5	2959.10	Pt B	3
68.39	V II	30	58.02	Hf I	40
68.3	Ar G	2	57.7	X G	5
67.7	C B, F	1	57.52	V II	8
67.64	Cr B	4 R	57.4	Hg II	12
67.64	Hg I	10 R	57.37	Fe I	30 R
67.25	Kr II	80	57.01	In I	10
67.22	Ti B	8	56.90	Mo II	5
67.2	Te II	10	56.7	Ti B	7
67.2	Ar G	8	56.13	Ti I	70 R
2967.2	Br III	6	2956.12	Rb II	6
66.95	Hf I	40	55.80	V B	8
66.90	Fe I	125 R	55.77	Zr II	20
66.5	Pb I	6	55.7	Ne II	7
66.22	Sb F	5 d	55.50	Gd F	10
66.10	Sb II	12	55.4	Ar F	5
65.75	Re I	40	55.3	Pd II	5
65.71	Ti B	6	54.76	Ti II	60
65.55	Ru F	10	54.7	Nb II	1
65.54	Ta I	20	54.7	Co F	5
2965.28	Mo II	3	2954.5	Au F	4
65.26	Fe I	20	54.47	Ru B	4
65.17	Ru B	4	54.21	Hf I	100
65.12	Re I	20	53.94	Fe I	50 R
65.03	Fe II	12	53.78	Fe II	5
64.96	Y I	4	53.55	Ta I	20
64.88	Hf I	150	53.49	Fe B	3
64.53	W B	5	52.56	Kr III	60
64.08	Cu B	4	52.27	W F	4
64.0	Se G	7	52.08	V II	8 R

λ in I. Å.	Element	Intensität	λ in I. Å.	Element	Intensität
2951.92	Ta I	30	2943.7	Ga I abs	10 R
51.7	Se III	10	43.53	Na II	1
51.69	Lu II	50	43.20	V B	8
51.23	Na II	8	43.17	Ir I	5
51.23	Ir I	5	43.14	Re I	5
50.88	Nb II	80 R	42.9	Ar II	8
50.68	Hf I	125	42.77	Pt I	4
50.4	Bi II	20	42.7	K I	1 R
50.24	Fe B	20	42.35	V B	10 R
49.80	Cs II	5	42.13	Ta I	20
2949.5	Te IV	10	2942.1	X G	4
49.50	Ru B	4	41.99	Mg I	3
49.21	Mn II, Fe?	75	41.99	Ti I, II	60
48.7	Se G	7	41.54	Nb II	50 R
48.5	Pb II	5	41.43	V II	10
48.44	Fe B	4	41.4	Se F	4
48.41	Y I	4	41.34	Fe I	15 r
48.25	Ti I	60	41.23	Mo B	5
48.22	Os B	4	41.05	In II	10
48.1	Cd III	7	40.95	Cs II	7
2948.1	X G	4	2940.77	Hf I	200
47.88	Fe I	60 R	40.59	Fe B	3 d
47.65	Fe II	6	40.39	Mn I	6
47.6	X G	5	40.3	X G	5
47.5	Ni II	8	40.21	Ta I	25
47.5	Pb II	1	40.02	Ta I	20 b
47.39	W B	6	39.31	Mn II	60
47.30	Ne G	6	39.2	X G	4
47.08	Hg II	20	38.83	Pt B	4
46.99	Ru B	4	38.7	Ti F	5
2946.99	W B LL	20 R	2938.5	Ag B	4 R
46.98	Ir B	4	38.47	Mg I	2
46.91	Ta I	25	38.31	Bi I	10 R
46.13	Nb II	2	38	Cs F	8
46.0	Y III	20	37.81	Fe B	10
45.91	Yb II	15	37.79	Hf II	120
45.9	Ho F	5	37.70	V B	8
45.67	Ru B	10	37.30	Ti B	6
45.47	Ti II	50	36.90	Fe I	60 R
45.25	X III	60	36.8	Ho F	10 R
2945.11	He I	6	2936.74	Mg I	1
45.04	Tl I	5	36.71	Ir B	5
44.84	Mo F	8	36.52	Mg II	25
44.77	Pt B	4	36.2	Ti F	5
44.71	Hf I	15	35.92	Hg II	10
44.59	V II	8 R	35.9	X G	6
44.41	W B LL	200 R	35.87	V B	8
44.40	Fe II	6	35.23	Kr III	20
44.18	Ga I abs	5 R	34.99	W B	3 R
43.92	Ni I	6	34.8	Pd II	15

λ in I. Å.	Element	Intensität	λ in I, Å.	Element	Intensität
2934.63	Ir I	6	2925.59	Mn I	6 d
34.40	V II	8	25.41	Hg I	4
34.30	Mo II	5	25.36	Fe B	3
34.2	Ag II	30	25.3	Pd II	15
34.00	Kr III	10	25.21	Ta I	30
33.54	Ta I	30	24.78	Ir I	10
33.52	Ti B	6	24.66	Ar II	3
33.3	Se G	5	24.65	V II	8 R
33.06	Mn II	50	24.33	Mo F	6
32.8	X G	4	24.33	Ca III	8
2932.72	Ne G	5	2924.02	V II	8 R
32.67	Ta I	25 b	23.85	Fe I	7
32.63	In I abs	6 R	23.84	Ce III	10
32.48	Th F	5	23.63	V I	70
32.19	Au B	5	23.6	X G	4
31.96	Rh B	4	23.40	Mo II	10
31.86	Sr I	3	23.29	Fe B	7
31.56	Ce III	10	23.13	Rh B	4
31.5	Ar F	2	22.51	Pd I	7 R
31.30	Os B	4	21.52	Tl I abs	6 R
2931.3	Ti B	5	2921.38	Pt B	4
31.0	Cs F	10	20.69	Fe I	4
30.81	V II	10 R	20.54	F III	6
30.79	Pt B	3	20.0	Ag F	3
30.59	Os B	4	19.99	V B	8
30.50	Mo II	5	19.83	Os B	4
30.3	X G	5	19.61	Ru B	4
29.79	Pt I	8 R	19.59	Hf II	100
29.63	Hf B	100	19.41	Re I	80
29.51	Co B	4	19.35	Yb F	10
2929.4	Ag II	30	2919.34	Pt B	5
29.3	Cd II	6	19.06	V I	2
29.12	Fe B	4	19.1	Ne II	5 d
29.01	Fe I	25 r	18.58	Hf I	80
28.6	Mg II	10	18.4	Au F	3
28.33	Ti B	7	18.32	Tl I abs	10 R
28.3	Cr F	5	18.25	Zr B	5
28.1	Cr F	2	18.1	B II	2
28.11	Pt B	3	18.02	Fe B	10
27.80	Nb II	60 R	17.84	Os B	4
2927.67	Co B	4	2917.7	X G	4
27.42	Re I	20	17.64	He I	—
27.10	Cr B	2	17.27	Cs B	4
26.99	Zr II	25	17.0	Y F	10
26.86	Br III	10	16.49	Hf I	300
26.8	Pb	—	16.36	Ir I	4
26.58	Fe II	10	16.34	F III	10
26.3	As III	10	16.27	Hg II	10
26.2	X G	4	16.26	Ru I	8 R
25.90	Fe B	3	16.00	Zr B	5

λ in I. Å.	Element	Intensität	λ in I. Å.	Element	Intensität
2915.50	Mg F	8	2908.81	V II	8 R
15.49	Ta I	25	08.24	Nb II	20
15.33	Ta I	20	07.90	Pt B	3
14.93	V I	50	07.52	Fe B	3
14.9	Se G	9	07.47	V II	6 R
14.7	Cd II	6	07.43	Ni B	5
14.61	Mn I	8	07.24	Ir B	4
14.23	Yb F	10	07.22	Mn B	4
14.2	X G	4	07.2	X G	4
14.12	Ta I	20	07.07	Au F	4
2914.00	Rh B	4	2907.05	Al III	10
13.8	Mo F	5	07.0	Se G	6
13.72	Cr B	3 R	06.68	Eu B, F	5
13.6	Ni II	15	06.56	X III	50
13.58	Au F	10	06.56	O II	4
13.55	Pt B	6	06.45	V B	6 R
13.54	Sn I	6 R	06.13	V B	6
13.51	Zn B	3	05.90	Au B	6
13.28	Tb F	10	05.90	Pt B	5
13.27	Sb F	3	05.50	Cr B	3 R
2913.17	Ne G	6	2905.23	Zr B	5
12.63	Rh B	4	04.92	Na II	7
12.5	X G	5	04.80	Ir B	4
12.26	Pt B	5	04.76	Hf I	80
12.16	Fe I	20 r	04.73	Gd F	10
12.09	Ti I	8	04.42	Hf I	80
12.0	X G	5	04.13	V B	6
11.91	Mo II	10	03.70	V B	6
11.86	Sb II	5	03.07	V II	6
11.76	O II	3	03.07	Mo F	10
2911.74	Nb II	20 R	2902.90	Mn II	10
11.50	Yb F	8	02.50	Re I	20
11.39	Lu II	200	02.08	Ag II	20
11.16	Cr B	3 R	02.05	Ta I	25
11.06	V II	6	02.0	Zn F	4
10.91	Cr B	4 R	01.91	Fe B	5
10.8	Cd III	6	01.38	Fe I	4
10.77	Ga II	2	00.34	Ta I	20 r
10.58	Nb II	40 R	00.30	Lu II	100
10.39	V I	6 R	00.04	Kr III	20
2910.18	Rh F	10	2899.78	Ca III	9
10.02	V I	6 R	99.73	Yb B, F	3
09.81	Re I	15	99.68	Pt F	3
09.55	Ir B	4	99.60	V B	6
09.24	Tb F	10	99.41	Fe B	8
09.17	Kr III	30	99.25	Nb II	20
09.11	Mo II	8	99.20	V B	6
09.08	Os I	7	98.92	Th F	6
09.06	Cr B	4 R	98.70	As I	50 R
08.92	Ta B	9	98.53	Cr F	5

λ in I. Å.	Element	Intensität	λ in I. Å.	Element	Intensität
2898.27	Be I	8	2891.38	Yb II	200
98.26	Hf I	125	91.29	Tb F	10
98.19	Be I	7	91.21	Sb II	10
97.98	Bi I LL	10 R	91.00	Mo B	5
97.88	Pt I	6	90.40	Pt F	3
97.80	Nb II	20 R	90.20	In II	5
97.15	Ir B	4	90.16	In II	7
97.07	Mn II	15	89.93	Sb F	2
96.75	Ce B	4	89.63	V B	6
96.7	Ar F	4	89.62	Hf I	80
2896.63	X III	30	2889.52	Mn F	10
96.48	Ag II	20	89.3	Em II	6
96.46	Cu F	5	89.26	Cr II	3 R
96.44	W B	4 R	89.11	Rh B	4
96.22	V II	6	88.82	Nb II	3
96.01	W B	3 R	88.20	Pt F	3
96.00	Re I	20	87.81	Fe B	4
95.9	Se G	6	87.8	Sn III	10
95.5	Te II	10	87.67	Re I	60
95.4	Tl I	3	87.2	Em II	9
2895.3	P G	5	2887.13	Hf I	15
95.3	X G	4	87.00	Cr B	3 R
95.03	Fe I	8	87	Cs F	10
94.84	Lu II	150	86.68	Mn F	6
94.50	Fe B	10	86.53	Ru B	4
94.46	Mo II	5	86.45	Ga II	1
94	Cs F	8	86.4	Y B	4
93.95	Na II	6	86.00	Rh B	4
93.87	Pt I	6 R	85.58	Au F	3
93.68	Kr III	40	85.14	La B	4
2893.60	Hg I	5	2884.79	V II	10
93.40	Au F	3	84.4	As G	6
93.32	V F	10 R	84.10	Ti II	8
93.26	Cr B	3 R	84.1	Ar F	4
93.22	Pt B	4	83.9	P G	5
93.08	La II	60	83.8	O I	6
92.7	Em G	10	83.73	Fe B	3
92.7	Se G	5	83.45	Au I	6
92.67	V B	10 R	83.17	Nb II	30 R
92.54	Ru B	4	82.93	Cu I	80 R
2892.49	Fe B	3	2882.62	Ir I	4
92.46	V B	10	82.51	V F	8
92.40	Mn F	4	82.39	Rh B	4
92.18	Kr III	100	82.11	Ru F	5
92.0	Au I	4	81.80	Ca III	7
91.84	Ta I	30	81.6	O G	8
91.8	X G	4	81.59	Si I LL	10 R
91.7	Ar F	4	81.2	Cd I	4 R
91.65	V B	10 R	81.14	Na II	6
91.40	Sb F	5	80.78	Cd I	8 R

λ in I. Å.	Element	Intensität	λ in I. Å.	Element	Intensität
2880.76	Fe II	5	2870.3	Se G	8
80.4	Se G	8	70.10	Mn F	4
80.04	V II	6	69.95	Ca III	7
80.00	Ta I	20	69.81	Zr B	5
79.49	Mn F	5	69.31	Fe I	10
79.40	Ir B	4	69.12	V F	3
79.40	W B	3 R	68.7	Em G	8
79.28	Cr B	3 R	68.62	Ta I	25
79.11	W B	3 R	68.52	Al II	9
79.04	Mo F	8	68.52	Nb II	4
2878.66	Rh B	4	2868.3	Cd I	6
78.64	J II	10	68.13	V B	6
77.92	Sb J	10 R	67.65	Cr II	5
77.9	Pd II	20	67.39	In II	2
77.9	Cu II	5			3—1—3—1
77.67	Ir B	4	67.11	In II	1
77.47	Pt F	6	66.75	Cr II	5
77.42	Ti II	60	66.68	Mo F	5
77.30	Fe I	8	66.67	Ir B	4
77.03	Nb II	20 R	66.66	Ar F	4
76.33	Hf II	100	66.63	Fe B	4
2876.13	Ta I	20	2866.63	Ru I	4 R
75.99	Ir B	4	66.62	Fe I	7
75.98	Cr II	5	66.61	V B	6
75.98	Zr B	4	66.6	Ne III	6
75.61	Ir B	4	66.57	Ca III	7
75.39	Nb II	30 R	66.38	Hf I	150
75.30	Fe I	5	66.05	W B	3
75.00	Ru I	7 R	65.9	Se G	5
74.96	Os B	4	65.74	In II	2
74.24	Ga I abs	10 R			2—8—2
2874.17	Fe I	10	65.64	In II	2
73.63	Rh B	4			
73.54	Ag II	20	2865.51	Ni I	5
73.4	Ar F	3	65.19	Fe B	3
73.32	Pb I abs	70 R	65.11	Cr II	3
72.9	J III	8	64.8	X G	4
72.66	Ne G	5	64.68	J IV	6
72.33	Fe I	7	64.55	Pb IV	20
72	Br F	3	64.5	Se G	6
71.7	Ar F	4	64.39	V B	6
			64.31	Pb IV	20
2871.68	X III	30	63.86	Fe I	8
71.64	Ru B	3			
71.50	Mo F	10	2863.84	Ir B	4
71.40	Ta I	25	63.80	Mo F	8
71.38	Rh B	5	63.8	Se G	6
71.2	Pd II	25 d	63.76	Bi B	3 R
70.61	Kr III	50	63.7	Ni II	25
70.57	V B	6	63.53	S III	4
70.47	Pt B	3	63.43	Fe I	8
70.43	Cr II	5	63.32	Sn I abs	8 R

λ in I. Å.	Element	Intensität	λ in I. Å.	Element	Intensität
2862.95	Rh B	5	2852.12	Mg I LL	300 R
62.58	Cr II	10	51.80	Fe I	15 r
			51.78	V B	6
2862.50	Fe I	3			
62.41	X III	30	2851.65	Mg I	3
62.32	Ti B	6	51.36	Cr F	8
62.3	N III	6	51.16	Kr III	30
62.2	Cd I	4	51.15	Yb F	10
61.69	Hf II	160	51.10	Sb II	12
61.40	Ru I	4 R	51.10	Ti B	5
61.36	Yb F	6	50.97	Ta I	25
61.23	Yb F	4	50.96	Hf I	25
61.22	Nb II	3	50.8	Pb I	4
			50.77	Os I	4
2861.01	Hf II	100			
60.96	Os I	4	2850.61	Sn I	6 R
60.94	Cr II	5	50.48	Ta I	20
60.76	Rh B	4	49.83	Cr II	10
60.56	Hf I	10	49.8	Tl II	10
60.45	As I	100 R	49.72	Ir I	7.
60.3	Hg II	10	49.21	Hf II	100
60.0	Te III	8	48.80	V B	6
60.00	Ru B	4	48.71	Fe I	5
59.99	V B	6	48.5	Sn III	10
			48.42	Mg I	5
2859.82	Yb F	6			
59.48	Na II	5	2848.34	Mg I	2
59.4	Cs F	10	48.21	Mo F	10
58.9	Cr II	4	48.05	W B	4
58.90	Fe I	4	47.67	Hg II	50
58.74	In I	15	47.66	X III	40
58.34	Fe B, F	3	47.60	V F	5
58.03	Sb F	3	47.51	Lu II	60
56.94	Hg I	—	47.4	Bi III	30
56.89	Au F	5	47.4	Kr G	4
			47.10	Au F	3
2856.16	Rh B	4			
56.03	W I	40	2846.71	Mg I	4
56.02	S III	4	46.60	V B	6
55.66	Cr II	10	46.27	Nb II	3
55.6	Bi III	80	46.19	Cs II	5
55.24	V B	6	45.83	Hf I	20
55.2	Ar F	3	45.60	Fe I	8 d
54.60	Pd F	10	45.47	Ge II	30
54.6	X G	4	45.34	Ta I	20
54.06	Ru B	4	44.57	Zr II	15
			44.5	Pb I	6
2853.77	Fe B	3			
53.5	Pd II	10 d	2844.39	Os I	4
53.19	Mo F	10	44.35	Rh B	4
53.10	Pt B	4	43.98	Fe I	20 R
53.0	Na I	4 R	43.63	Fe I	10
52.89	V B	6	43.53	Zr II	10
52.8	Na I	4 R	43.25	Cr II	10 R

λ in I. Å.	Element	Intensität	λ in I. Å.	Element	Intensität
2842.67	Nb II	3	2833.30	Ce B	4
42.6	Ar F	2	33.23	Ir F	10
42.15	Rh B	4	33.07	Pb I abs LL	50 R
42.1	Em G	10	33.00	Kr II	100
			32.44	Fe I	25 R
2841.94	Ti II	8			
41.79	Rh B	4	2832.3	Th	—
41.72	Na II	7	32.18	Ti B	7
41.18	Nb II	3	31.77	Ge II	20
41.05	Pd F	5	31.56	Fe II	4
41.00	Kr III	30	31.39	W I	5
40.42	Fe I	6	31.2	As G	6
40.22	Ir B	4	30.79	Mn B	4
40.11	Al I	10	30.48	Cr F	10
40.02	Cr F	8	30.4	As G	6
			30.29	Pt I	8 R
2839.99	Sn I abs LL	10 R			
39.34	Zr II	10	2830.13	W B	—
39.18	Ir I	6	29.09	Ge B	3
38.8	Se G	6	29.07	He I	4
38.79	Cr F	5	28.81	Fe B	7
38.63	Os I	5	28.15	Ti II	60
38.5	Em II	8	27.89	Fe I	4
38.17	Os B	4	27.86	Ru B	4
38.12	Fe I	10	27.75	Mo F	6
38.04	Au F	6	27.45	X III	30
			27.32	Rh B	4
2838	Cs F	8			
37.95	Al I	12	2826.68	Rh B	4
37.60	C II	8	26.5	Em II	8
37.5	Pd II	25	26.42	Rh B	4
37.3	Th F	5	26.16	Tl I abs	8 R
37.23	Zr I	15	26.13	F IV	5
37.2	Se G	8	26.1	X G	4
37.1	Pd II	40	25.56	Fe I	20
36.89	In I	15	25.54	Zr II	15
36.9	Cd I	8 R	25.45	Au F	5
			24.66	Ar III	6
2836.71	C II	10			
36.5	Ra B	5	2824.44	Ir I	6
36.39	Ir I	4	24.40	Ag B	6
36.31	Mn B	3	24.37	Cu I	120 R
36.3	Em II	6	23.27	Fe I	20
36.25	O IV	6	23.19	Pb I abs	30 R
35.71	Fe B, F	3	23.18	Ir B	5
35.64	Cr II	10 R	22.71	Au F	5
35.46	Fe I	6	22.68	Hf II	100
34.70	Pt B	4	22.59	W F	5
			22.55	Mn B	3
2834.19	Cd II	10			
33.7	W	—	2822.50	Pt B	—
33.63	Ta I	20	22.38	Cr F	10
33.5	Ar F	3	22.2	Se G	6
33.31	Tl II	6			

λ in I. Å.	Element	Intensität	λ in I. Å.	Element	Intensität
2822.04	Cr F	5	2811.79	Mg I	1
21.7	Pd II	15	11.67	Kr III	25
21.30	Ni I	8	11.42	F III	10
20.23	Hf II	200	11.07	Mg I	2
20.0	Se G	6	11	Cs F	6
19.98	Au F	9	10.91	Ta I	25
19.95	Re I	30	10.55	Ru F	6
			10.28	Ti II	50
2819.70	In II	2	10.24	V F	8
		2—1—1—1	10.02	Ru B	4
		—1—1			
19.34	In II	1	2809.79	Mg I	3
19.24	Rh F	6	09.7	Gd F	4
19.04	In II	6	09.63	Bi I	8 R
18.93	In II	3	09.51	Na II	5
18.76	Zr II	20	09.1	Hg II	12
18.7	Yb F	10	08.49	Pt B	3
18.39	Cr F	8	08.4	Em II	7
18.35	Ru B	4	08.39	La II	150
18.26	Ar III	6	08.30	Pd II	10
			07.73	Mo F	6
2818.24	Pt B	4	2807.63	Rb II	6
18.07	W B	3 R	07.3	Pd II	25
17.84	Ti II	10	07.2	X G	4
17.51	Fe I	6	06.99	Fe I	20
17.1	Se G	9	06.92	Os B	4
17.0	Y III	30	06.7	Hg I	—
17	Cs F	5	06.59	Ta I	25
16.9	Kr G	4	06.29	Ta I	6
16.5	Kr G	6	06.2	Ar F	20
16.5	O IV	6	06.07	Kr III	20
2816.33	Mn II	20	2805.93	W F	5
16.19	Al II	20	05.7	Ni II	10
16.15	Mo F	10	05.6	Cd III	6
16.0	X G	5	05.4	Mn F	5
15.6	Ag II	20	05.31	Au F	2
15.55	Co B	6	05.3	Hg I	—
14.93	Hg II	10	05.10	Ni B	7
14.5	X G	6	05.0	Ti F	10
14.48	Kr III	15	04.52	Fe I	25
14.38	Ni B	4	04.5	Se G	7
2813.97	Kr III	15	2804.4	Hg I	—
13.95	Eu F	5	03.78	Co I	4
13.88	Ca III	7	03.70	Bi II	11
13.76	Ra II	30	03.58	Bi II	9
13.58	Sn B	5 R	03.5	V	—
13.46	Mn B	4	03.5	Hg I	4
13.29	Fe I	30 R	03.42	Bi II	15
12.85	Mn B	3	03.4	Yb F	10
12.60	Sn B	4	03.23	Pt B	6
12.01	Cr F	10	03.2	Kr G	4

λ in I. Å.	Element	Intensität	λ in I. Å.	Element	Intensität
2803.15	Ni B	5	2793.2	Te II	10
02.71	Ta I	20	93.2	Se G	6
02.71	Mg II	10 R	92.75	W B	5
02.50	Ti B	7	92.5	Se G	6
02.30	Ni B	6	92.16	Cr F	10
02.2	Se III	9	92.1	Ne II	5
02.21	Au F	10	91.79	Fe B	3
02.1	Ar F	3	91.63	Ca III	6
02.06	Ta I	30	91.46	Fe B	2
02.00	Pb I abs LL	60 R	91.42	Ce B	4
2802.0	Zn I	3 R	2791.17	Rh B	4
01.08	Mn I abs LL	6 R	90.83	Mg II	40 R
00.87	Zn I	7 R	90.72	Ta I	25
00.80	Ir B	4	90.4	Li II	2
00.77	Cr F	10	90.27	Sb III	20
00.7	Pd II	10	89.80	Fe B	3
00.4	Pd II	20	89.32	Sn II	—
00.3	X G	5	88.87	Sb II	10
00.0	Zn I	8 R	88.4	Ge IV	8
2799.7	Ag II	30	88.11	Fe I	30
2799.03	W F	6	2788	Cs F	5
98.9	Rb F	5	87.94	Fe B	4
98.76	In II	6	87.94	Sn I abs	3 R
98.70	Bi B	3	87.83	Ru F	5
98.66	Ni I	8	87.7	Pd II	50
98.27	Mn I abs LL	6 R	87.69	Ta I	50
98.18	Ir B	4	87.0	O IV	8
98.02	Mg II	40	86.5	Ag F	3
97.78	Fe I	15	85.87	Sb III	5
97.71	Ir I	6 R	85.71	Cr F	8
2797.70	Sb II	10	2785.4	Pb II	2
97.35	Ir B	4	85.26	Ba I	6
97.0	Te III, IV	10	85.23	Ar III	5
96.95	Gd F	4	85.22	Ir B	4
96.7	Ar F	2	85.03	Sn I abs	3 R
96.63	Lu II	80	85.00	Mo F	8
96.63	Rh B	3	83.69	Fe II	7
96.33	Ta I	25	83.65	Ar III	5
96.11	Mn II	5	83.4	X G	4
95.81	Kr II	80	83.04	Rh B	4
2795.54	Mg II LL	50 R	2782.97	Mg I	6 R
95.54	Fe I	2	82.67	V II	10
95.21	Ra II	10	82.4	Cl G	6
95.10	Ne G	5	81.84	Fe I	4
95.01	Fe I	3	81.42	Mg I	6 R
94.9	X G	5	81.37	Ta I	25
94.82	Mn I abs LL	6 R	81.31	Zn I	4
94.21	Pt II	5 R	81.31	Ir B	4
93.94	Ge I	10	81.1	O IV	7
93.27	Pt B	3	80.84	Au F	5

λ in I. Å.	Element	Intensität	λ in I. Å.	Element	Intensität
2780.71	Cr I	7 R	2772.46	Ir B	4
80.70	Fe B	3	72.4	Se G	6
80.52	Bi I	7 R	72.4	X G	4
80.31	Cr F	5	72.11	Fe I	1
80.24	Nb II	150	72.08	Fe B	4
80.20	As I	200 R	71.67	Pt B	4 R
80.15	Ga II	15	71.52	Rh B	4
80.04	Mo F	10	71.41	Ba II	2
79.83	Mg I	8 R	70.98	Zn I	25 R
79.81	Sn I abs	4 R	70.90	W B	2 R
2779.36	Hf I	20	2770.87	Zn I	80 R
79.30	Fe II	3	69.94	Sb I	9 R
79.26	B F	8	69.91	Cr I	6 R
79.11	Ta I	35	69.85	Cu II	6
78.84	Fe B	3	69.83	Pt B	4
78.28	Mg I	6 R	69.76	Mo F	5
78.23	Ce IV	4	69.76	W B	2 R
78.22	Fe I	20	69.67	Fe B	3
78.08	Fe B	3	69.65	Te B	9
78.07	Cr F	5	69.6	Ar F	6
2778.06	Rh B	5	2769.36	Fe B	3
77.7	Se G	9	69.30	Fe II	6
77.70	V I	8	68.99	W B	2 R
77.16	V I	5	68.93	Fe II	6
77.0	X G	4	68.92	Ru F	3
76.70	Mg I	6 R	68.86	Cu I	3
76.6	Pd II	50	68.84	Zr II	15
76.51	W F	5	68.73	Zr II	15
76	Cs F	10	68.34	Ce III	15
75.90	Ta I	20	68.23	Rh B	4
2775.65	Mn II	5	2767.88	Tl I abs LL	10 R
75.55	Ir B	4	67.73	Rh B	4
75.40	Mo F	10	67.52	Fe I, II	20
75.39	In I	8	67.5	Ag II	75
75.26	Zr III	5	67.2	Cd III	6
75.0	Cd I	6	67.2	Se III	8
74.98	Os F	5	67.0	Li II	4
74.98	Ir F	5	66.91	Fe I	4
74.73	Fe I, II	3	66.73	Br III	5
74.7	Ho F	10	66.66	Pt B	3
2774.48	W B, F	3 R	2766.54	Cr II	10 R
74.40	Mo F	6	66.37	Cu I	50 R
74.01	W B	3 R	66.22	Co B	4
74	Cs F	—	65.7	V F	6
73.99	Pt B	4	64.60	Ca I	—
73.9	Se G	7	64.32	Fe B	3
73.36	Hf II	6	64.28	W F	8 R
73.23	Fe B	2	64.18	Co B	4
72.82	Pt B	3	64.1	Cd I	2 R
72.58	Lu III	125	63.9	Cd I	6 R

λ in I. Å.	Element	Intensität	λ in I. Å.	Element	Intensität
2763.80	He I	—	2752.87	Cr B	4 R
63.42	Ru B	3	52.78	Hg I	4
63.11	Fe I	4	52.76	Ru F	5
63.10	Pd I	100 R	52.50	Ta F	4
62.82	Al III	9	52.21	Zr II	20
62.77	Fe B	3	51.87	Cr II	10
62.60	Cr II	10	51.81	Hf II	15
62.6	V F	2 R	51.70	Ti II	8
62.3	Se G	5	50.87	Fe B	4
62.23	Ar III	7	50.73	Cr II	10
2762.09	Mn II	5	2750.47	Yb II	200
62.03	Fe I	15	50.14	Fe I	25
62.0	Ar F	3	49.9	Se G	8
61.97	Hg II	8	49.83	Ta B	3
61.81	Fe II	8	49.80	In II	5
61.78	Fe I	18	49.70	In II	8
61.62	Hf I, II	30	49.48	Fe II	6
61.6	X G	4	49.32	Fe II	40
61.37	Co B	4	49.18	Fe II	8
61.01	Hf II	20	48.99	Cr II	8
2760.08	Y B	3	2748.77	Ta I	20
59.89	Br III	5	48.67	Cd II	10
59.81	Fe I	4	48.29	Cr B	5 R
59.70	Hg I	—	48.26	Au I abs	6 R
59.59	F III	10	47.60	Pt B	4
58.80	Zr II	20	47.46	O II	6
58.31	Ta I	3 r	47.31	C II	6
58.07	Ti F	9	47.0	W	—
57.72	Cr II	8	46.98	Fe II	20
57.40	Ti B	5	46.75	Ni I	4
2757.32	Fe I	10	2746.7	Ti F	6
57.11	Cr B	4 R	46.50	C II	4
56.89	S III	4	46.48	Fe II	40
56.5	Ag II	35	46.30	Mo F	5
56.45	Zn I	60 R	46.0	Se G	5
56.33	Fe I	20	45.86	Zr II	20
56.16	Lu II	60	45.4	Cu II	5
56.06	Mo F	8	45.10	Co B	4
55.74	Fe II	50	44.99	As I	50 R
54.90	Pt B	5	44.8	Ar F	8
2754.60	Ge I	50 R	2744.53	Fe I	8
54.19	Lu F	10	44.07	Fe I	10
54.03	Fe I	4	43.99	Zr B	4
53.88	In I abs	6 R	43.8	Ag II	15
53.85	Pt B	3	43.62	Cr II	8
53.8	Ar F	8	43.56	Fe I	3
53.69	Fe I	4	43.20	Fe II	8
53.4	V F	5	43.0	Ni II	15
53.29	Fe II	10	42.54	Zr II	20
53.13	Nb II	200	42.41	Fe I	30 r

λ in I. Å.	Element	Intensität	λ in I. Å.	Element	Intensität
2742.33	Ti B	7	2733.51	Mg I	4
42.26	Fe B	4	33.34	O II	10
42.03	Cr II	8	33.32	He II 3–6	—
42.02	Fe I	4	33.3	Kr G	4
41.76	Rh B	4	33.3	X II	4
41.2	Li I abs	10 R	33.26	Ti B	6
41.0	Sb IV	10	33.24	He I	7
40.77	W F	5	32.9	Mo	—
40.47	Co B	4	32.8	Os I	4 R
40.44	Ge I	20	32.72	Zr II	15
2739.90	Rh B	6	2732.2	Re I	5
39.9	Tl F	3 R	32.01	Mg I	2
39.73	V II	5	32.00	Au F	3 d
39.55	Fe II	20	31.90	Cr I	5 R
39.3	P G	5	31.35	V I	80
39.26	Ba B	4	31.11	Co B	4
39.21	Ru B	4	30.98	Fe I	3
38.9	Se G	5	30.73	Fe II	5
38.77	Hf II	150	30.7	Os I	4 R
38.46	Pt B	4	30.50	Bi B	5 R
2738.2	Se G	5	2730.5	Li II	5
38.09	Be I	5	29.90	Pt B	5
37.9	Te IV	5	29.5	Kr G	4
37.83	Fe B	3	29.36	Eu B	5
37.8	Mo F	8	28.97	Lu B	3
37.40	Rh F	8	28.93	Rh B	5
37.31	Fe I	20 r	28.90	Fe B	3
37.05	Nb II	3	28.82	Fe B	2
37.0	Mo F	6	28.66	V B	6
36.96	Fe I, II	3	28.4	Pb II	2
2736.56	Mg I	3	2728.02	Fe I	3
36.45	Cr B	5 R	27.76	Eu F	6
36.24	Ta I	20	27.54	Fe II	10
36.0	Ge IV	8	27.39	Fe B	3
35.79	Zr III	20	27.26	Cr F	5
35.70	Ru B	4	27.22	Sb F	8 R
35.61	Fe B	3	26.97	Mo F	6
35.51	Mg I	2	26.9	Cd III	6
35.48	Fe I	8	26.8	Pd II	20
34.84	Zr II	5	26.6	Se G	7
2734.55	Mg B	4	2726.51	Cr I	5 R
34.48	Pt B	3	26.48	Zr II	15
34.34	Ru F	10	26.24	Fe B	3
34.27	Fe I	2	26.15	Mn I	4
34.2	X II	5	26.05	Fe I	6
34.02	Sc III	8	25.45	Ru F	5
34.00	Fe I	2	24.95	Fe I	10
33.94	Pt B	8 R	24.89	Fe II	3
33.9	Cd I	4	24.46	Mn II	12
33.58	Fe I	15	24.34	W B	6

λ in I. Å.	Element	Intensität	λ in I. Å.	Element	Intensität
2724.3	Se IV	8	2714.4	N III	1
23.58	Fe I	15	14.32	Pd F	5
23.22	Er F	5	14.23	V B	6
23.00	Y B	3	14.1	N III	3
22.75	Cr F	5	14.0	N III	5
22.69	W F	6	13.93	In I abs	6 R
22.62	Zr II	25	13.7	Cu II	7
22.56	V I	60	13.50	Mo II	5
22.10	Mn II	10	13.35	Mn I	3
21.99	Nb II	15	13.3	Bi II	20
2721.8	Cu II	5	2713.10	Pt B	4
21.77	Ag B, F	3	12.72	Ir B	4
21.65	Ca B	10	12.7	Se G	6
20.90	Fe I	40	12.6	Cd I	6
20.8	Zn III	5	12.49	Zn I	10
20.19	Fe B	3	12.40	Ru F	10
20.08	Zr III	7	12.40	Kr II	80
19.74	Mn II	10	12.31	Cr F	6
19.66	Ga I abs	8	12.2	V I	4
19.51	Ru I	5 R	12.1	Ag II	40
2719.5	Se G	6	2711.85	Fe B, F	3
19.42	Fe B	3	11.76	V II	5
19.03	Fe I	60 R	11.65	Fe I	4
19.02	Pt I	5 R	11.63	Mn II	15
19.0	Cu II	7	11.2	Ag F	6
18.91	Sb B	4 R	10.9	Cr F	5
18.90	W B	4	10.66	Tl I abs	4 R
18.44	Fe I	6	10.54	Fe I	2
18.35	Cr F	8	10.37	Cl III	7
17.79	Fe I	3	10.34	Mn II	18
2717.40	Ru F	5	2710.28	In I abs	10 R
17.4	X II	7	10.12	Ta I	20 r
17.34	Mo F	8	09.82	N II	6
17.30	Gd F	8	09.63	Ge I	40
17.3	Ge IV	2	09.32	Cr F	5
16.63	Nb II	15	09.3	Tl I	8 R
16.22	Fe II	6	09.06	Fe B	3
15.99	Co B	3	08.96	Ra II	20
15.9	Se G	8	08.80	Cr F	5
15.8	Zr III	14	08.57	Fe B	4
2715.69	V II	10	2708.45	Mn II	20
15.47	Re I	40	08.3	Ar F	8
15.30	Rh F	10	07.89	V II	5
15.22	Fe I	4	07.55	Mn II	10
15.0	X G	4	07.14	Cd II	30
14.90	Pd F	6	07	Cs F	10
14.87	Fe I	1	06.99	Fe B	5
14.66	Ta I	18 r	06.72	V II	8
14.64	Os I	10 R	06.71	Hf II	100
14.41	Fe II	2	06.58	Fe I	8

λ in I. Å.	Element	Intensität	λ in I. Å.	Element	Intensität
2706.50	Sn I abs	7 R	2698.85	Nb II	3
06.39	Nb II	3	98.8	Hg I	5
06.2	Sn III	9	98.54	Pd F	5
06.19	V II	20	98.52	Ti F	5 d
06.01	Fe B	4	98.41	Pt E	5
06.0	Se G	6	98.38	Er F	5
05.89	Pt I	5 R	98.29	Ta I	20
05.73	Mn II	25	98.16	Fe B	4
05.64	Hf B, F	6	98.16	Mg I	3
05.62	Rh B	10	97.91	Cr F	5
2705.56	Mn II	10	2697.74	V I	50
05.36	Hg II	8	97.7	W F	6
04.87	Ca III	6	97.5	Pb B	4 R
04.54	Os B	4 R	97.30	Kr III	25
03.99	Fe II	5	97.07	Nb II	30 R
03.97	Mn II	15	97.02	Fe I	2
03.72	Rh B	5	97.00	V I	40
03.56	Cr F	6	96.76	Bi B	6 R
03.5	W F	5	96.59	Kr III	25
03.5	X G	4	96.6	X G	4
2703.3	Cu II	6	2696.50	Ni B	8
02.81	Ru B	3	96.4	Se G	5
02.7	Se G	5	96.28	Fe B	5
02.65	Ba I	6	96.06	Ce B	4
02.50	Nb II	3	96.00	Fe B	2
02.48	Hg II	8	95.85	Co B	4
02.38	Pt I	20 R	95.49	O III	6
02.21	V II	15	95.36	Mn F	5
02.18	Nb II	3	95.2	Mo F	6
02.1	W F	10	95.19	Mg I	2
2701.71	Lu II	120	2695.04	Fe B	3
01.70	Mn II	20	94.81	Kr III	20
01.42	Mo II	10	94.68	Co F	8
01.33	Ru B	3	94.54	Fe B	4
01.2	Cs F	10	94.30	Rh B	4
01.17	Mn II	12	94.22	Ir I	6
01.1	Cu II	7	94.19	Mo II	6
01.04	Mn II	10	94.0	Th IV	30
00.96	V II	20	93.74	Mg I	1
00.88	Au I abs	12	93.7	Pd II	35
2700.8	Hg I	—	2693.53	Cr F	6
00.47	Ga II	20	93.19	Mn II	15
00.12	Zr II	18	92.60	Fe II	4
00	Cs F	8	92.34	Ir B	4
2699.8	Hg I	5	92.27	Sb B	4 R
99.79	Cl III	1	92.10	Ru B	10
99.4	Hg I	5	92.0	Se G	6
99.4	Mo F	5	91.75	Nb II	2
99.10	Fe I	6	91.52	Cl III	5
99.04	Sc III	10	91.35	Ge I	30

λ in I. Å.	Element	Intensität	λ in I. Å.	Element	Intensität
2691.29	Ga I	8	2683.1	Zn III, IV	5
91.05	Cr F	10	83.09	V I	80
90.83	V II	25	82.91	V II	20
90.51	Zr III	20	82.76	Sb B	3 R
90.28	V II	25	82.46	La III	30
90.07	Fe I	3	82.18	Zr III	20
89.92	V II	20	81.8	Sb IV	6
89.83	Fe I	2	81.59	Fe B	2
89.80	Os B	4	81.40	W B	5
89.5	Cu II	7	81.4	Mo F	4
2689.21	Fe I	8	2681.4	Ag F	6
89.0	J II	8	81.19	Kr III	40
88.83	Ti B	5	80.62	Rh B	4
88.76	V II	20	80.45	Fe I	2
88.72	V I	60	80.4	P G	7
88.70	Au I	10	80.4	Na I	4 R
88.55	Pd F	5	80.32	Kr III	30
88.4	Cr F	10	80.3	Cd III	6
88.3	Cu F	4	80.3	Na I	3 R
88.3	Se G	7	79.93	Ti B	5
2688.15	Au F	3	2679.8	Mo B	5
88.03	Cl G	6	79.62	Kr III	15
87.99	V II	35	79.6	W F	6
87.98	Mo F	8	79.41	Gd F	8
87.78	Ca III	8	79.40	Os I	20
87.66	Pd F	5	79.35	V II	25
87.62	Au F	3	79.06	Fe I	10
87.29	Os I	40	79.0	Pd II	12
87.08	Cr F	8	78.79	Cr II	10
86.91	Rh B	4	78.73	Ru F	10
2686.50	Rh B	4	2678.64	Nb II	2
86.30	Zr III	20	78.60	V II	25
86.17	Th F	6	78.6	Ne III	25
86.14	O III	10	78.59	Zr II	25
85.9	Se G	8	78.09	Na II	5
85.40	Cl G	5	77.9	Ne III	30
85.34	Co B	3	77.83	V II	25
85.14	Ta F	3	77.6	Cd I	8 d
84.90	La III	50	77.3	P F	5
84.75	Fe F, B	9	77.2	X II	8
2684.75	Cl Ǵ	5	2677.16	Cr I	6 R
84.62	Os I	10	77.13	Pt I	5 R
84.6	Co F	5	77.05	Os I	30
84.4	Ni II	20	76.9	Pd II	10
84.19	Zn I	6	75.99	Co B, F	4
84.13	Mo II	10	75.95	Au I abs LL	10 R
83.35	Hf II	150	75.93	Nb II	3
83.22	Mo F	8	75.64	Ne G	3
83.12	V II	12	75.64	Ta I	6
83.12	In II	8	75.24	Ne G	6

λ in I. Å.	Element	Intensität	λ in I. Å.	Element	Intensität
2674.99	Hg I	2	2666.5	Cl II	2
74.63	In II	7	66.41	Fe B	3
74.57	O III	9	66.40	Fe I, II	2
74.55	Pt B	4	66.1	Yb F	8
74.48	In II	7	66.03	Cr F	8
74.48	Ta I	10	65.8	Se G	8
74.33	Re I	40	65.69	O III	8
73.60	Ir B	4	65.57	Tl I abs	10 R
73.58	Ta I	10	65.54	Cl III	6
73.57	Nb II	250	65.40	S III	4
2673.38	Mn II	12	2665.4	Se IV	10
73.28	Mo F	5	65.05	Ga I	10
72.84	Mo II	10	64.78	Ir I	5
72.83	Cr II	6	64.73	Ru B	3
72.59	Mn II	20	64.67	Fe F	4
72.56	Mg I	3	64.3	W F	6
72.04	V II	20	64.3	Zr F	5
71.93	Nb II	5	64.04	Fe B	3
71.9	Cl G	5	63.53	Co F	10
71.83	Ir B	4	63.43	Cr II	5
2671.83	Na II	6	2663.30	V F	6
71.82	Cr II	8	63.16	Pb I abs	90 R
71.8	Mo F	6	62.77	Os I	12
71.47	W B	3	62.69	In II	5
71.18	Os I	15	62.67	Fe B	3
71.04	Rh B	4	62.61	Ir B	4
70.69	Os I	20	62.58	In II	5
70.67	Kr III	20	62.29	Cl III	3
70.66	Sb I	4 R	62.1	Se G	6
70.57	Zn I	4	61.99	Ir B	6
2669.63	Mg I	6	2661.97	Ti B	5
69.60	Ti B	6	61.9	Po	3
69.52	Cl III	3	61.89	Hf II	100
69.50	Fe B	4	61.65	Cl III	5
69.39	Sb III	20	61.59	Ru F	6
69.3	W F	5	61.47	V B	4 R
69.17	Al II	10 R	61.42	V I	70 R
69.0	X G	4	61.33	Ta I	30 r
68.72	Cr II	6	61.25	Sn I	5 R
68.69	In II	8	61.15	Ru F	5
2668.62	In II	6	2661.00	Na II	7
68.30	Eu F	5	60.8	Mg II	10 d
68.23	Mg I	3	60.58	Mo II	10
67.80	Zr B	4	60.5	Ag II	60
67.27	Nb II	2	60.4	Cd I	4
67.4	Cl II	3	60.39	Al I abs	10 R
67.03	Mn II	12	59.87	Ga I abs	7
67.0	Yb F	8	59.44	Pt I LL	10 R
66.81	Fe I	8	58.9	Tb F	10
66.57	Nb II	3	58.74	Pd F	10

λ in I. Å.	Element	Intensität	λ in I. Å.	Element	Intensität
2658.7	Cl G	4	2651.01	Ne G	5
58.61	Sn III	10	50.86	Pt B	4 R
58.60	Cr II	3	50.78	Be I	2
58.58	Os B	4			2–2–4–2–2
58.2	Zn II	5	50.47	Be I	2
58.16	Pt B	3	50.5	Pb B, F	5
58.03	Nb III	100	50.27	Co I	3
58.02	W F	8	49.47	Mo B	6
57.80	Lu II	60	49.4	Se G	7
57.57	Pd F	6	49.4	V B	5
			48.77	Ru F	5
2657.4	W	—			
57.1	Pb I	2	2648.65	Co I	10
56.9	Ag II	6	48.2	Kr G	4
56.61	Ta I	30 r	47.71	V I	40 R
56.6	Ag II	4	47.7	W F	5
56.55	Sb II	12	47.57	Fe I	3
56.50	W B	4	47.5	Ar G	9
56.5	Zr III	40	47.47	Ta I	30 r
56.22	V I	60 R	47.42	Ne G	6
56.22	Ru F	6	47.30	Hf II	200
			47.28	Ba II	4
2656.15	Fe B	3	2646.9	N IV	8
55.93	Mn II	10	46.87	Pt I	10 R
55.7	V F	6	46.65	Ti I	40
55.59	Gd F	6	46.5	Ba B	8
55.13	Hg I	4 R	46.48	Mo II	8
55.04	Mo B	5	46.42	Co I	3
54.76	In II	5	46.36	Ta I	20 r
54.65	In II	4	46.26	Nb II	15
54.1	Se G	7	46.21	Ta I	25
53.74	Yb II	10	46.1	N IV	7
2653.7	Co F	8	2646.08	Ti II	50
53.68	Hg I	4 R	45.6	N IV	7
53.59	Cr II	5	45.70	Ne G	5
53.34	Mo II	8	45.51	Ne G	5
53.27	Ta I	50 r	45.36	Pt B	3
52.65	Rh B	4	44.6	S III	4
52.60	Sb B, F	3 R	44.4	P G	9
52.48	Al I abs	10 R	44.4	V F	5
52.23	J IV	8	44.33	Mo II	10
52.2	Yb F	5	44.28	Ti I	40
2652.04	Hg I	5 R	2644.20	Ge B, F	2
52	Cs F	5	44.11	Os I	4
51.90	V I	50 R	44.00	Fe I	8
51.84	Ru B	4	43.8	Zr III	5
51.71	Fe I	2	43.73	Ra II	10
51.7	Yb F	5	43.6	Sn III	5
51.60	La III	300	43.4	Se G	5
51.58	Ge I	20	43.14	V I	5
51.18	Ge I	30 R	42.98	Rh B	4
51.02	Ce B	4	42.94	Ru B	4

λ in I. Å.	Element	Intensität	λ in I. Å.	Element	Intensität
2642.55	Yb III	150	2632.62	P III	7
42.29	V I	4	32.42	Ti I	7
42.1	Cr B	—	32.4	Co II	10
41.65	Fe I	3	32.36	Mn II	20
41.50	Au I abs	12	32.24	Fe I	4
41.41	Hf II	400	32.1	Sb IV	10
41.4	Ba II	2	31.87	Sn F	4
41.3	C B	2	31.80	Rb II	5
41.26	Eu B	4	31.55	Al II	7
41.12	Ti I	40	31.54	Ti I	7
2640.9	V F	5	31.33	Fe II	6
40.75	Tu B	5			
40.1	Hg I	4	2631.31	Si I	5
39.86	Mn II	20	31.26	O G	4
39.76	Kr III	60	31.2	Te III	8
39.70	Ir I	4 R	31.05	Fe II	6
39.50	Cd I	6 R	30.91	Zr II	15
39.32	Pt B	5	30.9	Se G	8
38.76	Mo II	10	30.66	Kr III	15
38.74	Eu B	4	30.66	V F	6
2638.71	Hf II	200	30.6	Cs F	10
38.69	Al II	3	30.5	X II	5:
		3–1–0–4			
		–1–0–5	2630.2	Pd II	25
37.69	Al II	5	30.08	Fe II	3
38.67	Os I	10	29.85	Mo B	4
38.31	Mo B	4	29.69	F III	8
38.2	Se G	6	29.58	Fe I, II	4
38.18	Mn II	20	29.6	X II	4
37.12	Os I	4	29.08	Fe I	5
37.1	P G	7	29.0	Cd I	4
36.90	Ta I	30 r	28.90	Kr III	25
			28.74	Mo B	3
2636.9	Ho F	5	2628.6	Ag F	4
36.73	Al II	6	28.3	Zr III	30
36.67	Ta I	25 r	28.29	Fe I	8
36.66	Mo II	7	28.29	Fe II	8
36.64	Re I	20	28.29	Pb B	2 R
36.49	Fe B	3	28.29	Pd II	10
35.92	Pd F	10	28.25	Gd F	10
35.82	Ru B	4	28.12	Pt B	7 R
35.81	Fe I	8	28.02	Bi I	8 R
35.6	Te III	10	27.93	Al II	7
2635.17	Al II	1	2627.38	Pt B	3
35.03	Al II	3	27.04	Au F	3
34.80	Ba II	8	27.00	Os I	10
34.58	Os I	10	26.5	Br III	6
34.3	Ir	—	25.67	Fe II	12
34.17	Ca III	6	25.61	Mn II	25
33.5	Mo F	5	25.6	Ag F	4
33.2	Se G	5	25.50	Fe B	4
33.10	W B	4	25.40	Rh B	8
32.66	Ga I	10	25.32	Pt F	5

λ in I. Å.	Element	Intensität	λ in I. Å.	Element	Intensität
2625.24	Hg I	1	2613.61	Hf II	100
25.1	Pd II	30	13.60	Rh B	4
24.82	Ga I	8	13.40	Lu II	30
24.72	Cl G	6	13.4	Ne III	12
23.54	Fe I	5	13.11	Br III	5
22.75	Hf II	150	13.10	Mo B	—
22.57	Rh B	4	13.08	Os I	10 R
22.43	Co I	3	13.07	W B	3
22.06	Co I	3	12.77	Fe I	6
21.67	Fe II	6	12.31	Sb I	8 R
2620.82	Ca III	6	2611.88	Fe II	25
20.70	Fe II	3	11.82	Na II	7
20.7	Cl G	6	11.47	Ti I	5
20.57	Zr III	40	11.4	Cl G	5
20.42	Fe II	6	11.28	Ti I	7 R
20.4	Kr G	4	11.07	Fe II	6
20.25	W F	5	11.05	P III	7
19.94	Ti I	5	10.76	Fe I	3
19.57	Pt B	3	10.34	La II	150
19.35	Mo II	3	10.21	Mn II	30
2619.26	Lu II	40	2610.1	Ni II	25
19.08	Fe II	3	10.0	Ne III	15
19.0	Cd III	7	09.75	Tl I abs	4 R
18.9	Pd II	12	09.59	O III	4
18.8	Zn IV	5	09.50	Cl G	7
18.72	Fe I	3	09.3	Mo F	5
18.37	Cu I	100 R	09.17	Rh F	5
18.14	Mn II	30	09.05	Ru B	4
18.02	Fe I	5	08.99	Tl I	6 R
17.62	Fe II	8	08.64	Zn I	5
2617.32	Sb III	10	2608.58	Fe B	3
17.3	Se G	9	08.56	Zn I	30
17.0	Ag II	12	08.22	Ir B	4
16.99	Cl G	8	08.11	Ce III	15
16.74	Pt F	5	07.89	Fe II	15
16.57	Au F	3	07.47	Ga I	5
15.42	Lu II	250	07.38	Mo B	4
15.33	W F	4	07.10	Fe II	10
15.2	Ni II	15	07.04	Hf II	30
15.1	Pd II	25	06.83	Fe I	6
2614.68	Sb F	3	2606.45	Rh B	4
14.5	Ar G	4	06.38	Hf II	100
14.5	Ag F	6	06.2	Br III	6
14.49	Fe I	4	06.14	Ag F	6
14.21	Pb IV	6	06.0	P F	3
14.18	Pb I abs	80 R	05.70	Mn I, II	75 R
14.13	Co I	—	05.66	Fe I	6
13.86	W B	3	05.6	X II	10
13.82	Fe II	12	05.41	O III	6
13.66	Pb I abs	40 R	05.15	Ti I	7

λ in I. Å.	Element	Intensität	λ in I. Å.	Element	Intensität
2603.73	Mn II	15	2593.8	Na I	3 R-
03.65	Ce III	40	93.8	Nb III	25
03.5	Cl G	6	93.73	Mn I, II	50 R
03.41	Rh B	4	93.73	Fe II	8
03.33	Lu III	200	93.7	Zr III	40
03.2	Br III	5	93.67	Ta I	18
03.13	Pt B	4	93.6	Ne III	30
03.0	W F	5	93.41	Hg I	1
02.9	As G	6	93.4	J III	10
02.82	Mo II	5	93.27	Pd F	8
2602.77	Pd F	5	2593.09	Ta I	15
02.5	Se G	7	93.05	V F	3
02.5	W F	5	93.0	Zn III	5
01.76	In I abs	6 R	92.95	Mn B	5
01.29	Nb II	100	92.78	Fe II	7
01.2	Cl G	5	92.55	Ge I	30
01.05	Ta I	15	92.48	Kr II	60
00.4	Cs F	8	92.31	Mn B	3
00.4	Cu II	6	92.06	Ir B	4
00.2	Mo F	5	91.86	Cr I	4 R
2599.91	Ti I	25	2591.55	Fe II	9
99.57	Fe B	3	91.4	Se G	10
99.40	Ta I	15	91.11	Ru F	5
99.39	Fe II	30	90.94	Nb II	200
99.23	F III	8	90.77	Os I	4
99.1	Ir	—	90.2	Sb III	10
99.0	Cu II	5	90.07	Au I	8
98.91	Mn II	15	90.0	Ne III	40
98.88	Nb III	100	89.73	Mn II	10
98.8	W F	5	89.20	Ge I	12
2598.5	X II	4	2589.2	W F	8
98.37	Fe II	20	89.1	Kr G	4
98.08	Sb I LL	7 R	89.10	Br III	5
97.69	O III	8	89.02	Zr II	15
97.18	Al II	6	88.01	Fe B	5
97.1	X I	4	87.96	Fe B	3
96.9	Cs F	10	87.23	Co F	10
96.68	Ba I	6	87.2	Pd II	50
96.59	Ti I	5	86.95	Al II	6
96.00	Pt B	4	86.06	Ir F	6
2595.98	Pd F	5	2586.0	Pd II	10
95.77	Mn B	4	85.9	Mo F	6
95.7	Ne III	20	85.89	Fe II	20
95.26	Ta I	15 r	85.88	Fe I	7
95.10	V F	4	85.6	Tl I abs	4 R
94.43	Sn B	4 R	85.2	Se G	6
94.41	Th F	6	84.54	Fe I	8
94.17	Pd II	10 d	84.32	Mn B	4
94.1	Sb IV	6	84.06	Ta F	5
93.9	Na I	2 R	83.98	Nb II	150 R

λ in I. Å.	Element	Intensität	λ in I. Å.	Element	Intensität
2583.38	Zr II	15	2573.80	Ta I	15
82.81	J II	10	73.54	Ta I	18
82.7	Se G	5	73.47	Co I	4
82.59	Fe II	8	73.1	Cs F	8
82.51	Hf II	15	73.04	Cd II	10
82.5	Zn I	8 R	72.77	Mn B	5
82.31	Fe B	6	72.63	Pt F	4
82.2	Co F	10	72.34	Mo B	5
82.17	Mo B	4	72.3	W F	6
81.71	Rh F	5	72.15	Hg II, IV	10
2580.8	Co I	5	2571.76	Hg I	1
80.8	Ag II	35	71.68	Hf II	150
80.7	Cl G	8	71.60	Sn I abs	5 R
80.49	W B	6	71.6	Th F	5
80.4	Ti III	5	71.48	O II	4
80.35	Co I, II	100	71.46	W F	6
80.14	Tl I abs	8 R	71.42	Zr II	50
79.6	W F	6	71.3	Se G	8
79.58	Yb III	200	71.23	Lu II	60
79.3	W F	5	71.04	Ti B, F	4
78.79	Lu II	80			
2578.46	Ni B	8	2570.86	Fe II	3
78.15	Hf II	15	70.72	Zn F	2 R
77.92	Fe II	9	70.54	Fe B	5
77.39	Ta I	5	69.92	Zn I	6 R
77.3	Ir	—	69.75	Fe I	4
77.27	Pb I abs	6 R	69.61	Fe I	6
77.13	Pd F	5	69.57	Pd F	8
77.1	Cl G	6	69.50	Sr I	3 R
76.92	Fe II	9	69.26	W F	5
76.84	Hf II	20	68.85	Zr II	40
2576.80	Mn I abs LL	10 R	2568.76	Ru B	3
76.69	Fe I	8	67.98	Al I abs	10 R
76.4	Ti III	5	67.92	Zn I	4
76.29	Hg I	3	67.75	Sb II	10
76.11	Mn II	50	67.63	Yb III	300
75.8	Zn III	7	67.62	Zr II	20
75.74	Fe B	4	67.5	Ti III	8
75.51	Mn B	5	67.28	Rh B	4
75.5	Ag B	4	67.06	Mo B	3
75.47	Ta I	15 r	67.05	Zr II	7
2575.4	O II	10	2566.92	Fe II	4
75.39	Al I ab	3 R	66.6	Se G	5
75.09	Al I abs	10 R	66.26	J II	10
74.88	Co F	8	66.1	Ni II	15
74.38	Ta I	15	65.71	Au F	3
74.37	Co B	3 R	65.54	Sb F	3
74.37	Fe I, II	8	65.53	Pd II	6
74.09	Sb F	4	65.4	Ti III	8
74.02	V I	50 R	65.22	Mn II	20
73.91	Hf II	100	65.13	In II	7

λ in I. Å.	Element	Intensität	λ in I. Å.	Element	Intensität
2564.6	Te IV	9	2558.06	Sn I	3
64.51	Gd F	6	58.0	Nb III	30
64.5	Pd II	40	57.96	Zn II	20
64.42	Ag F	3	57.71	Al II	5
64.41	Th F	6	57.54	Mn II	15
64.17	Ir B	4	57.15	Cr I	4
64.1	J II	8	57	Br F	4
64.04	Co II	10	56.93	Nb II	120
63.9	Hg I	1	56.89	Mn II	12
63.9	Fe F	4	56.78	Al II	3
2563.64	Mn II	50	2556.6	Ti III	5
63.62	Hf II	15	56.57	Mn II	20
63.52	Lu III	50	56.50	Re I	20
63.48	Fe II	5	56.35	Hg I	1
63.4	Ti III	10	56.29	Ge I	10
63.25	Kr III	20	56.01	Al II	4
63.21	Sc II	4	55.81	Sc II	4
63.1	W F	5	55.36	Rh B	4
62.86	Ag III	10	55.28	Ga II	4
62.54	Fe II	9	55.14	W F	4
2562.5	J II	8	2555.1	Ni II	10
62.40	Nb II	120	54.93	P I	30
62.31	Li I abs	5 R	54.89	W F	4
62.3	Pb III	10	54.65	Sb B, F	2
62.2	Ar F	5	54.48	In II	8
62.13	V I	60 R	54.40	In II	8
61.92	Rb F	4	54.1	Se G	7
61.7	Se G	8	53.7	Pd' II	20
61.5	J II	8	53.6	Cd I	4
61.45	Ni B	5	53.56	In II	7
2560.9	Se G	5	2553.37	Co I	—
60.71	Cr I	6	53.28	P I LL	40
60.68	Ta I	15	53.06	Cr I	3
60.3	Ni II	10	53.03	Co I	—
60.28	Fe II	8	53.0	V F	5
60.28	Sc II	6	52.99	Cd II	2
60.15	In I abs	8 R	52.9	Tl I	3 R
60.1	Co F	8	52.87	Ga II	3
59.77	Ni B	4	52.64	V B	3
59.61	Al II	3	52.5	Tl I abs	6 R
2559.43	Ta I	25	2552.38	Sc II	8
59.41	Mn II	10	52.25	Pt B	3
59.41	Co II	10	52.17	Cd II	20
59.22	Si III	7	52.12	Al II	5
59.20	Hf II	15	51.78	Pd F	10
58.62	Rh B	4	51.7	Li II	1
58.61	Mn II	20	51.40	Hf II	150
58.3	Cr II	12	51.38	W B	5
58.1	Po	—	51.26	Ga II	2
58.06	O III	8	51.09	Fe B	8

λ in I. Å.	Element	Intensität	λ in I. Å.	Element	Intensität
2551.07	Br III	5	2543.26	Ru F	6
50.75	Ir B	5	43.2	Ba B	10
50.71	Zr II	18	42.93	Mn II	12
50.68	Fe II	8	42.68	Mo F	10
50.6	Pd F	5	42.65	Cl III	2
50.23	Al II	3	42.50	Os B	4
50.03	Fe II	6	42.5	Ge IV	8
50.0	K II, III	6	42.4	Zn I	3
49.85	Cl II	4	42.11	Fe B	5
49.62	Fe I	10 r	42.09	Zr II	18
2549.51	Cr I	5	2542.0	Pd II	30
49.4	Cr II	40	41.95	Co F	10
49.3	V F	5	41.93	Ti B	5
49.30	Al II	2	41.83	Fe II	6
49.2	Se G	8	41.83	Si III	8
48.75	Mn II	15	41.49	Ca III	6
48.7	Ti III	2	40.98	Fe I	10 R
48.26	Mo B	6	40.66	Fe B	6
47.98	Se I	30	40.6	Co F	6
47.75	Cl II	2	40.3	Hg B	2 R
2547.6	Ge IV	2	2540.0	Ti III	10
47.10	W B	3	39.9	Tb F	8
46.93	Cl II	3	39.8	Cr II	10
46.9	Ti IV	12	39.77	Rh B	4
46.55	Sn I abs	5 R	39.66	Mn B	3
45.98	Fe I	10 r	39.62	Zr I	10
45.92	Ni II	20	39.4	Li II	2
45.70	Rh B	4	39.36	Fe I	7
45.67	J IV	8	39.3	Pd II	10
45.63	Nb III	200	39.21	Pt B	3
2545.60	Al II	6	2539.1	Cr II	60
45.35	Rh F	4	38.99	Fe B	5
45.18	Sc II	4	38.46	Mo F	10
45.0	Cu II	10	38.2	Tl I abs	2 R
44.82	Nb F	5	28.20	Fe II	6
44.82	Cl II	2	38.00	Os B	4
44.80	Nb II	200 R	37.93	Mn II	10
44.8	Pd B, F	4	37.8	Te IV	10
44.72	Fe B	6	37.6	Cr II	12
44.7	Ar F	4	37.45	Fe B	5
2544.5	Bi II	20	2537.18	Fe B	6
44.25	Co I	3	36.95	Lu II	20
44.22	Au I	6	36.52	Hg I abs LL	100 R
44.0	Cs F	10	36.49	Pt B	3
44.00	Cl II	2	35.93	Co I	5
43.98	Ir I	5	35.88	Ti F	5
43.93	Fe B	5	35.65	P I LL	50
43.85	Sb F	3	35.61	Fe I	8 r
43.46	Mn II	15	35.3	Ag II	30
43.38	Fe II	10	34.8	Ga I	6

λ in I. Å.	Element	Intensität	λ in I. Å.	Element	Intensität
2534.77	Hg I	4 R	2528.51	Ba II	6
34.7	Ar F	4	28.47	V B	3
34.63	Ti II	6	28.4	As F	5
34.42	Fe II	15	28.05	Ni B	5
34.4	Ir	—	28.00	Ti F	10
34.1	Pd II	35	27.92	V B	2
34.01	P I	25	27.8	Ti III	9
33.9	Pd II	10	27.44	Mn B	4
33.8	Co F	8	27.44	Fe I	15 r
33.8	Fe F	5	27.2	Mo F	6
2533.65	Au F	3	2527.16	Fe B	5
33.63	Fe B	8	27.0	Zn III	5
33.6	J II	8	27.0	X II	8
33.24	Ge I	15	26.9	X II	8
33.1	Ir	—	26.89	O II	4
33	Cs F	5	26.6	Co F	5
32.7	Bi I	5	26.29	Fe II	15
32.5	Cl G	7	26.21	V I	100 R
32.47	Zr II	20	25.81	Nb II	100
32.2	Pd II	15	25.62	Ti II	10
2532.10	Ni B	6	2525.6	Cs F	10
32.04	Ce III	10	25.5	Cr II	8
31.8	Cr.I	40	25.39	Fe F	6
31.55	Na II	6	25.4	Ni II	10
31.26	Ti II	8	25.16	C IV	8
31.20	Hf II	25	24.98	Co II	8
31.1	Sn B	3	24.97	Kr III	10
30.9	Cr II	60	24.7	Mo F	6
30.9	Tl II	7	24.52	Bi B	7 R
30.73	C IV	10	24.5	Cr II	40
2530.73	Te B	7	2524.40	C IV	8
30.7	Tl II, III	9	24.3	Pt I	3 R
30.70	Fe B	5	24.29	Fe I	8 r
30.5	Bi II	7	24.21	Ni B	8
30.4	Bi II	7	24.12	Si I	10 R
30.30	O II	5	23.91	Sn I abs	3 R
30.3	Bi II	7	23.66	Fe B	6
30.17	V I	80 R	23.23	O II	3
29.97	C IV	10	23.09	O II	1
29.87	Ti B, F	4	22.99	In I abs	4 R
2529.83	Fe I	6	2522.86	Fe I	40 R
29.5	Cu II	6	22.01	W F	6
29.55	Fe II	10	22.0	Zn III	5
29.14	Fe I	10 r	21.8	Br IV	5
28.97	Co I	3 R	21.72	J IV	6
28.90	V B	4	21.36	In I abs	8 R
28.61	Co II	5	21.36	Co I	3 R
28.6	O G	5	20.55	Ti B	5
28.54	Sb II, I LL	15 R	20.53	Rh F	10
28.52	Si I	10 R	20.4	Cr II	20

λ in I. Å.	Element	Intensität	λ in I. Å.	Element	Intensität
2520.3	Br III	6	2512.58	Ir F	5
19.8	Cr II	40	12.42	Kr III	10
19.8	Co F	10	12.37	Fe B	4
19.74	J IV	6	12.37	In II	6
19.63	Fe B	10	12.25	In II	5
19.62	V I	100 R	12.18	As IV	6
19.52	Cr B	6	12.04	Yb II	100
19.45	Cl III	5	12.03	C II	8
19.21	Si I	8 R	12.02	Ar F	3
19.21	Al I	6	11.94	V I	100
2519.04	Fe II	8	2511.76	Fe II	20
18.11	Fe I	12 r	11.71	C II	4
18.1	Pd II	40	11.64	V I	80
17.97	O II	4	11.22	He II 3–7	5
17.87	Co B	2 R	11.01	Co B	2 R
17.66	Fe I	8	10.92	Cl III	4
17.44	Tl I	4 R	10.89	Ni-II	30
17.4	O IV	7	10.84	Fe I	15 R
17.14	V I	80 R	10.66	Rh B	6
17.12	Fe I, II	10	10.58	W F	3
2516.90	Cr B	4	2510.54	Sb F	4
16.88	Hf II	150	10.50	Au I	8
16.7	Cr II	30	09.25	Cd II	6
16.7	Ar F	8	09.2	Zn III	7
16.2	Ar G	4	09.2	O IV	8
16.17	V B	5	09.11	C II	7
16.12	Si I	10 R	09.10	Tu B	E
16.1	O G	7	08.98	Re I	40
16.0	Ti III	10	08.83	Li II	3
15.9	Zn I	6	07.9	Tl I abs	—
2515.68	Bi B	6 R	2507.90	Fe B	6
15.58	Pt I	3	07.85	V B	3
15.5	Ar F	8	07.8	O IV	7
15.3	Pd II	20	07.79	Sb F	3
15.2	Cr II	8	07.78	V I	100 R
15.03	Pt B	4	07.45	Ta I	15
14.70	V F	3	07.01	Ru F	6
14.48	Pd F	5	06.92	Co II	10
14.38	Fe II	8	06.90	Si I	10 R
14.33	Si I	7 R	06.90	V I	150 R
2514.29	O G	4	2506.83	O G	5
14.15	Ga II	3	06.65	Ag II	60
· 13.90	Pt F	6	06.6	Kr G	9
13.55	Ga II	5	06.47	Co II	10
13.32	Al I	9	06.4	Cu II	8
13.3	Os I	7 R	06.25	Mo F	—
13.02	Hf II	50	06.24	V B	3
12.9	Se G	6	06.09	Fe I.I	8
12.72	Th B	8	05.93	Pt B	3
12.68	Hf II	30	05.8	Ni II	20

λ in I. Å.	Element	Intensität	λ in I. Å.	Element	Intensität
2505.74	Pd II	15	2497.67	Ca III	5
05.10	Rh F	5	97.33	P II	4
04.45	Ta I	20	96.99	Hf II	20
04.31	Cr B	5	96.9	N II	4
04.30	Rh B	—	96.80	B I LL	10 R
04.23	Cl III	5	96.75	Pd II	6
04.07	Ag F	4	96.7	W F	5
03.9	Kr G	3	96.54	Fe B	5
03.87	Fe II	8	96.31	Cr B	4
03.59	Na II	1	96.24	S III	4
2503.29	Au F	6	2496.00	P II	3
03.03	V F	3	96.0	Se G	7
03.0	J II	8	95.82	Pt B	4
02.99	Ir B	4	95.73	Cd II	15
02.7	Cl II	10	95.72	Sn I abs	5 R
02.56	Cr B	4	95.17	Hf II	80
02.39	Fe II	7	95	Cs F	8
02.0	Zn II	6	94.74	Be I	20
01.41	Nb III	150	94.59	Be I	12
01.24	P II	4	94.55	Be I	8
2501.14	Fe I	20 R	2494.51	Rh B	4
01.12	Th F	5	94.2	Se G	6
01.08	In II	4	94.01	Kr III	40
01.0	Bi II	10	93.9	Tl I	2 R
00.9	P II	4	93.78	O IV	10
00.90	In II	5	93.74	O III	1
00.71	Ga I abs	2 R	93.70	Ru F	6
00.3	Ar F	4	93.6	Zn I	3
2499.94	Cd II	6	93.40	O IV	8
99.8	Te III	10	93.37	O III	1
2499.75	Nb III	300	2493.26	Fe II	10
99.60	In II	10	93.15	Na II	6
99.5	Bi I	10	92.91	As I	50
99.4	Ar F	4	92.53	Cr B	3
99.25	Br III	7	92.15	Cu I abs	150 R
99.22	O III	1	92.09	Hg II	5
99.0	Mn F	4	91.98	Fe B	8
98.90	Fe II	30	91.87	Rh F	8
98.8	Co F	5	91.7	Te III	10
98.79	Pd F	10	91.5	Zn I	6
2498.59	In II	8	2491.16	Fe I	20 R
98.58	Ru F	5	91.08	Ar F	5
98.50	Pt I	4	90.8	Se G	5
98.42	Ru F	5	90.8	X II	4
98.42	Os I	2 R	90.76	Rh F	10
97.97	Ge I	15	90.64	Fe I	30 R
97.85	Al II	2	90.0	Mo F	4
97.82	Fe II	15	89.76	Fe I	15 r
97.72	B I LL	10 R	89.64	Cu II	7
97.71	Kr III	15	89.61	Pd F	5

λ in I. Å.	Element	Intensität	λ in I. Å.	Element	Intensität
2489.4	Bi B	5	2481.75	Sb B	3
89.23	W F	5	81.72	Lu II	100
89.2	X II	7	81.53	Ar F	10
88.95	In II	9	81.48	W B	4
88.92	Pd F	10	81.2	Mo F	8
88.77	W F	6	81.15	Ir I	7 R
88.72	Pt F	5	80.91	Ar F	15
88.7	Pr F	5	80.45	Sb B, F	3
88.67	In II	7	80.42	Ag F	6
88.56	In II	4	80.27	Au F	3
2488.55	Os I	4	2480.16	Fe II	6
88.3	Ge IV	8	79.78	Fe I	20 R
88.15	Fe I	40 R	79.78	Zn I	3
88.15	Mn B	4	79.57	V F	3
87.9	Sn II	8	79.45	Fe I	6
87.50	Rh B	4	79.09	Ar F	10
87.37	Fe B	4	79.09	V F	3
87.28	Zr II	20	78.92	Ru F	6
87.18	Pt B	4 R	78.9	Kr III	4
87.07	Fe B	12	78.8	La III	20
2486.91	Cl III	5	2478.6	Cd F	3
86.8	Zn III	5	78.6	Ti F	5
86.69	Fe I	10	78.57	Fe II	8
86.53	Pd F	10	78.53	C I LL	10
86.4	Cd F	5	78.5	O G	6
86.4	X G	4	78.35	Sb F	6
86.38	Fe II	10	78.2	P G	8
86.0	Cu II	6	77.81	W F	5
85.99	Fe B	10	77.6	Cs F	10
85.8	Ag F	4	77.5	Mo F	4
2485.5	Cs F	10	2477.30	Ag F	7
85.40	In I	6	76.72	La III	100
84.6	N III	4	76.67	Fe B	3
84.36	F III	9	76.6	Pd II	20
84.27	Cl III	4	76.43	Pd I	50 R
84.19	Fe I	15 R	76.38	Pb I abs	60
84.15	P II	5	75.9	X II	10
83.83	Hg I	2	75.64	Rh F	6
83.54	Fe I	10	75.53	J IV	6
83.5	Sn II	12	75.51	Ar F	5
2483.28	Fe I	60 R	2475.50	Ra II	10
83.11	V F	2	75.11	Ir B	4
82.76	Ga I	5	75.06	Li I abs	4 R
82.72	Hg I	3	75.00	Rh B	4
82.40	V F	2	74.81	Fe B	8
82.3	Ar F	4	74.58	Sb B	3
82.12	Fe II	7	74.2	Mo F	4
82.1	Pt B	—	74.05	Ar F	5
82.01	Hg I	3	74.01	Th F	5
81.98	P II	3	73.8	Ag II	80

λ in I. Å.	Element	Intensität	λ in I. Å.	Element	Intensität
2473.46	Cu II	5	2462.35	Ne III	6
73.4	Ne III	4	62.28	Fe II	15
73.2	Br III	5	62.2	Ag F	6
73.16	Fe B	4	62.19	Fe I	6
73.1	Ni II	15	61.86	Fe II	20
72.95	Ni B	3	61.59	Y F	4
72.91	Fe I	12 R	61.51	Pb IV	20
72.9	Se G	6	61.43	As IV	9
72.87	Fe I	5	61.43	Os B	4
72.34	Fe B	7	61.28	Fe II	15
2472.32	Pd F	3	2461.27	Ag F	4
72.3	Rb I	3	61.05	Rh F	6
72.23	Ni B	5	60.58	Y F	4
72.12	Ni B	1	60.50	S III	4
71.66	Sr B	8	60.47	Hf II	6
71.18	Pd F	5	60.40	Nb III	100
71.1	Cl G	4	60.32	Ag F	6
70.66	Fe II	10	60.08	In I abs	6 R
70.59	In I	6	59.98	Ar F	5
70.02	Pd F	7	59.64	Lu II	6
2470.00	Ce III	15	2459.6	Kr G	7
69.84	Cd II	40	59.5	Se III	10
69.62	Ag III	10	58.92	Rh F	6
69.6	Te III	10	58.78	Fe II	40
69.27	Pd F	10	58.58	Mn II	10
69.2	Tl F	5	57.8	Mo F	4
68.88	Fe B	5	57.73	Pd F	5
68.20	Ne III	4	57.72	Kr III	10
68.02	In I abs	4 R	57.60	Fe I	6
67.76	S II	6	57.43	Zr II	20
2467.44	Pt I	6 R	2457.28	Pd F	6
67.0	Zn III	7	57.00	Nb III	400
66.68	Fe II	8	56.86	Ce IV	125
66.53	W F	3	56.58	Ru F	6
65.91	Fe II	15	56.53	As I	200 R
65.40	Zr B	5	56.44	Ru F	6
65.15	Fe I	8	56.1	Kr G	8
64.83	F III	7	55.9	Cs F	10
64.77	Kr II	100	55.71	Rh F	5
64.7	J II	10 R	55.53	Ru F	6
2464.53	Yb B	10 R	2455.24	Sn F, B	3
64.3	Er F	4	54.99	O III	8
64.21	Co F	8	54.98	Ne III	5
64.19	Hf II	100	54.75	Pd F	5
64.06	Hg I	4	54.29	Ar F	25
64.00	Fe II	12	54.21	O III	1
63.72	Th F	7	54.03	As IV	10
63.59	Rh B	4	53.9	N III	4
63.5	Zn I	3	53.54	O III	2
62.65	Fe I	10 r	53.48	Fe B	4

λ in I. Å.	Element	Intensität	λ in I. Å.	Element	Intensität
2453.37	Ag II	30	2443.39	Si I	3
53.3	Kr G	6	42.7	X II	7
53.13	Mn II	15	42.6	Pt F	6
52.49	Mn II	25	42.57	Fe B	20
52.4	Pd II	20	42.47	Cl III	5
52.29	Kr III	10	42.0	Zn III	7
52.0	Tl III	8	41.64	Cu I abs	120 R
51.91	O III	2	41.62	F III	8
50.96	Pt B	3	41.44	Pd B	6 R
50.5	Pt B	5	41.4	Hg I	1
2450.45	Ti F	6	2441.30	Th F	9
50.08	Ga I abs	6	41.0	Kr G	5
50.06	O III, IV	2	40.9	Se G	5
50.0	Co F	6	40.2	Ti F	5
50.0	Po	—	40.11	Fe B	15
49.83	Zr II	20	40.08	Pt I	4 R
49.8	Sn II	8	39.9	Zn I	3
49.4	O IV	8	39.87	Ce III	25
49.38	O III, IV	8	39.74	Fe B	25
48.86	Zr III	40	39.33	V B	3
2448.58	Cl III	6	2439.30	Fe II	30
48.06	Bi B	4	39.2	Kr G	8
47.92	Pd I	10 R	39.10	V I	50
47.91	Ag II	8	38.88	Ga II	5
47.90	In II	10	38.83	O III	5
47.71	Fe I	40	38.77	Si B	3
47.7	Co F	10	38.7	Ar F	6
47.22	Br III	5	38.19	Mn II	10
47.14	Cl III	6	38.18	Fe I	20
46.90	Hg I	3	37.88	Ni II	20
2446.72	Pd II	7	2437.85	Mn II	15
46.5	Kr G	8	37.8	Pd II	10
46.47	Fe II	15	37.77	Ag II	100 R
46.4	W F	8	37.6	Bi III	10
46.3	Ag F	4	37.37	Mn II	20
46.18	Pb I	20	37.23	As I	50
46.18	Pd II	10	36.69	Pt I	3 R
46.06	As IV	8	36.4	Pd II	25
45.6	Cd F	3	36.34	Fe B	10
45.57	Fe II	20	36.10	O II	4
			35.9	W B	6
2445.55	O II	10	2435.8	V B	5
45.53	Sb I	3 R	35.52	V I	100 R
44.57	Zr III	20	35.33	Pd F	10
44.51	Fe II	35	35.16	Si I	5 R
44.26	O II	5	35.0	W F	5
44.26	Rh B	4	34.95	Fe B	25
44.20	Ag F	4	34.85	J IV	6
44.00	Nb F	4	34.73	Fe B	20
43.87	Fe I	20	34.45	Pt B	—
43.86	Pb B	4 R	34.0	Cl G	5

λ in I. Å.	Element	Intensität	λ in I. Å.	Element	Intensität
2433.56	Hf II	15	2424.94	Co I	3 R
33.56	O II	9	24.88	Pt F	10
33.4	Bi B	3	24.48	Pd F	8
33.11	Pd II	10	24.26	Ti B	4
33.0	Ho F	10	24.14	Fe F	20
32.87	Fe II	15	24.1	Ar III	12
32.7	Ar F	4	24.07	Ni B	5
32.5	Co F	5	23.71	Ni B	5
32.3	Fe F	3	23.7	Ga III	6
32.21	Co I	3 R	23.38	Ni B	5
2431.96	Fe II	20	2423.3	Zn III	6
31.74	Th F	7	23.17	In I	6
31.51	Ce III	30	22.84	O III	5
31.5	Pd II	25	22.76	Ar F	5
31.02	Fe B	20	22.72	Ar F	4
31.0	W B	1	22.59	In I	5
30.99	In I abs	3 R	22.47	Cl III	4
30.95	Pd F	8	22.20	Y B	4
30.5	V B	4	22.2	Mo F	4
30.25	Ce IV	6	22.15	Sb B, F	3
2430.08	Fe II	15	2421.98	V I	140 R
29.86	In I abs	5 R	21.91	Nb II, III	150
29.65	Ag F	9	21.69	Sn I abs	6 R
29.49	Sn I abs	6 R	21.31	Ti B	4
28.8	Pb F	4	21.3	X II	5
28.36	Fe II	10	21.06	V I	120 R
28.27	V I	100 R	20.98	Rh F	5
28.3	Kr G	10	20.8	Pt F	5
28.20	Pt I	30 R	20.7	Co F	6
28.11	Sr I	3 R	20.62	Zr III	20
2428.03	Pt I	10	2420.48	Ar F	15
28.0	Mn F	4	20.4	Se G	6
27.98	Th F	8	20.20	Y F	8
27.98	Au I abs LL	10 R	20.2	Kr G	10
27.94	Mn II	10	20.12	V I	100 R
27.72	Mn II	8	20.12	Ag II	30
27.63	Ta I	18	19.31	Ni I	20
27.48	W F	5	18.73	Pd F	10
27.4	V B	5	18.71	Cd II	30
27.38	Mn II	7	18.70	Ga I abs	4
2427.11	Rh F	4	2418.7	Zn III	10
26.9	Zn III	10	18.69	Nb II	150
26.4	Kr G	9	18.64	Rh B	3
26.37	Sb B, F	3 R	18.60	O II	1
26.10	J IV	9	18.54	Os I	20
26.1	Pd II	30	18.48	O II	6
25.62	O II	5	18.36	Ti B	4
25.43	Li I abs	3 R	18.2	Kr G	10
25.1	X II	6	18.2	Te III	9
25.00	Os I	20	18.06	Pt I	3

λ in I. Å.	Element	Intensität	λ in I. Å.	Element	Intensität
2417.87	Fe II	8	2410.85	Li II	1
17.69	Hf II	15	10.52	Fe II	15
17.66	Co F	5	10.1	Mo F	4
17.53	As IV	10	09.1	Kr G	8
17.5	Ga III	5	08.68	Os I	10
17.4	As G	5	08.67	Cr B	10
17.38	Ge I	20	08.5	Kr G	7
17.35	V I	100 R	08.5	Zn III	6
17.1	Nb III	50	08.18	Sn B	4 R
16.99	Nb II	150	07.92	Ru F	7
2416.9	Co F	5	2407.90	V I, III	40 R
16.75	V I	150 R	07.49	O II	4
16.6	Pd II	20	07.37	O II	1
16.42	Cl III	7	07.35	Hg II	7
16.14	Ni II	50 R	07.26	Co I	2 R
15.85	Rh F	8	07.10	Kr III	5
15.47	Ar F	8	06.75	V I	50 R
15.33	V I	110 R	06.66	Cu I	6
15.30	Co I	3 R	06.66	Fe II	10
15.2	Pd II	20	06.55	Ta I	10
2415.0	Kr G	9	2406.4	Kr G	6
14.75	Pd F	8	06.34	Pd II	60
14.7	Y III	15	06.18	Zr III	10
14.6	V III	40	05.78	Zr III	12
14.6	Bi III	75	05.75	Pt F	3
14.56	Os I	10	05.73	As IV	6
14.49	Nb III, II	60	05.64	W B	5
14.45	Co I	2 R	05.52	Zr I	10
14.13	Hg II	8	05.42	Hf II	100
14.00	Nb III	70	05.2	Ni II	15
2414.0	Ti F	10	2404.9	V III	100
13.94	Nb II	200	04.88	Fe II	20
13.9	Kr G	9	04.43	Fe II	20
13.8	Ne III	2	04.38	Ar F	25
13.52	Se I	60	04.2	V F	5
13.50	Th F	6	03.86	Os I	10
13.31	Fe II	20	03.6	Mo F	4
13.22	Ag II	90 R	03.6	Te IV	8
13.03	V I	60 R	03.4	Cu F	5
12.9	Ne III	12	03.32	Cl III	5
2412.8	Mo F	8	2403.10	Pt I	40 R
12.7	Ne III	15	02.75	Ag F	3
12.69	V I	80 R	02.73	Au F	3
12.65	Ni I	10	02.72	Ru F	10
12.46	Nb II	150	02.60	Fe II	8
11.75	Pb B	4 R	02.40	C II	2
11.62	Co I	3 R	01.95	Pb I abs	25 R
11.6	Ag II	20	01.90	V I	60
11.06	Fe II	10	01.87	Pt I	20 R
10.97	Ar F	10	01.85	Ni I	20

λ in I. Å.	Element	Intensität	λ in I. Å.	Element	Intensität
2401.4	Pd II	40	2392.63	Cu I	100 R
01.14	Os I	15	92.6	Ni II	10
01.1	Pd II	12	92.19	Lu II	100
01.0	Pd II	12	92.18	La F	3
00.90	Bi I	8	92.00	J IV	6
00.63	Ta F	7	91.47	Fe II	10
00.52	Hg I	1	90.57	Ag F	4
00.4	V III	75	90.44	O III	8
00.10	Cu II	5	90.4	W F	5
2399.95	V I	50 R	90.04	Zn II	5
2399.76	Hg I	4	2390.0	Se G	6
99.60	Pb B	3 R	89.97	Fe I	25
99.24	Fe II	10	89.7	Br II	8
99.18	In I	4 R	89.54	In I abs	8 R
98.8	S III, IV	3	89.5	Pt I	25 R
98.75	Ir F	5	88.90	Co II	100 R
98.7	Pd II	25	88.8	Pb B	3 R
98.58	Ca I	8 R	88.63	Fe II	30
98.3	Kr G	10	88.33	Pd F	5
97.92	Ge B, F	1	88.2	Au F	3
2397.4	Co II	10	2387.78	Ni II	25
97.11	W F	10	87.75	Au I abs	10
97.0	Kr G	5	87.3	Os	—
96.68	Pt B	4	87.17	Zr II	15
96.53	Rh F	5	87.11	J IV	8
96.44	Er F	5	87.1	Ta F	5
95.88	Os I	10	86.9	S III, IV	5
95.69	Ag III	30	86.9	Mo F	4
95.62	Fe II	35	86.84	Ag III	10
95.6	Ar F	4	86.8	Br F	3
2395.42	Fe II	20	2386.59	Ni I	10
95.40	Os I	8	86.34	Co F	5
95.22	Sb F	3	86.3	Pd II	20
95.1	B II	5	86.10	Rh I	10 R
94.8	Ni II	12	85.78	Te II	10
94.5	Ni II	50 R	85.76	Te I abs	17
94.39	Li I abs	1 R	85.39	He II 3—8	—
94.33	O III	5	85.00	Ar F	5
94.30	Os I	8	84.73	Ir F	4
94.3	V III	125	84.43	Ti B	3
2393.94	Kr III	40	2384.39	Fe II	12
93.85	Os I	5	84.16	Zr I	12
93.83	Hf II	100	84.04	Mn B	2
93.80	Pb I abs	30	83.92	O III	6
93.80	Zn B	4	83.7	Pt I	40 R
93.7	V F	5	83.63	Sb B, F	3 R
93.36	Hf II	10	83.50	Ar F	5
93.2	Zn F	4	83.45	Co II	8
92.96	Ni I	15	83.4	Rh I	10 R
92.8	Kr G	7	83.29	Cr B	4

λ in I. Å.	Element	Intensität	λ in I. Å.	Element	Intensität
2383.27	Te II	10	2374.52	Fe I	10
83.26	Li II	1	74.43	Zr I	10
83.24	Fe II	10	73.8	Mn III	50
83.24	Te I abs	15	73.74	Fe II	6
83.2	V III	150	73.74	Sb B	4 R
83.17	Ag II	8 u	73.73	Fe II	20
82.9	Rh I	8	73.7	Kr G	6
82.60	Zr III	4	73.62	Fe I	20
82.5	Pd II	35	73.55	Al I	6
82.5	V F	5	73.54	Li I abs	—
82.32	O III	7			
			2373.35	Al I abs	2 R
2382.04	Fe II	40	73.12	Al I abs	8 R
81.80	Ir F	4	73.12	Ba B	3
81.6	Ta F	4	72.82	O III	2
81.3	Rb III	8	72.78	Ir B	4
81.18	As I	150 R	72.7	Se G	5
81.2	Ta F	4	72.5	N III	2
80.76	Fe II	20	72.45	J IV	6
80.75	Sn B	3 R	72.39	Ce III	30
80.4	Rb III	8	72.21	O III	3
80.18	Ce III	20			
			2372.16	Pd F	10
2379.58	Tl I abs	8 R	72.12	Al I	10
79.5	Pd II	15	72.04	Al I	3
79.47	Cl III	5	71.8	V III	200
79.38	La III	200	71.62	Au F	3
79.3	Pd II	10	71.5	Kr G	8
79.28	Fe II	25	71.43	Fe I	15
79.2	Cs F	4	71.33	Ga I abs	3
79.14	Ge I	12	71.1	Se G	6
79.00	In I	1 R	71.1	V F	5
78.62	Co II	100			
			2370.77	As I	100 R
2378.6	Pd II	30	70.70	Al I	2
78.37	Al I	3	70.50	Fe II	15
78.34	Hg I	3	70.5	N III	3
78.14	In I	2 R	70.4	Cl G	4
77.92	Pd F	4	70.21	Al I	6
77.27	Pt B	8	70.03	W B	—
77.1	Mo F	4	69.9	Te IV	7
77.0	Os	—	69.89	Cu I, II	120
76.84	Cd II	20	69.67	As I	80
76.71	Hg II	6			
			2369.4	Au F	3
2376.46	J IV	7	69.29	Al I	8
76.40	Nb II	100	68.59	Fe II	15
76.25	Au I	4	68.54	Bi II	8
75.73	O II	4			8-9-10-16
75.6	Kr G	10	68.12	Bi II	16
75.43	Ni II	30	68.3	Sn II	15
75.27	Ru I	20 R	68.3	Rh I	15 R
75.19	Fe II	20	68.3	Pt I	50 R
75.0	Ag B	8	68.09	Al I	5
75.0	Ti F	6	67.96	Pd F	10

λ in I. Å.	Element	Intensität	λ in I. Å.	Element	Intensität
2368.03	Ir B, F	4	2357.63	Pd F	5
67.96	Pd F	10	57.45	Zr II	25
67.60	Al I	5	57.10	Pt I	60 R
67.4	Ni II	20	56.63	Cu F	4
67.4	N III	4	56.4	Ni II	25
67.2	Y III	20	55.6	Pd II	20
67.05	Al I abs	8 R	54.89	Fe II	6
66.85	Cr I abs	5	54.84	Sn I abs	6 R
66.6	Ni II	10	54.47	Fe B	7
66.59	Fe B	5	54.3	Se G	5
66.3	V F	4			
			2354.3	Sr I	1 R
2365.96	Cr I abs	4	54.20	Y B	3
65.7	Kr G	5	54.2	Hg III	8
65.7	Ag II	10	53.68	Kr II	50
65.5	Pd II	20	53.4	Co II	6
65.20	Cr B	5	52.67	Au I abs	8
64.83	Fe II	25	52.5	Hg I	1
64.74	Cr I	5	52.2	V F	3
64.59	Au I	4	51.88	Pd F	4
64.3	Rb II	10	51.34	Pd F	7
64.1	Ar F	4			
			2351.34	Ru I	20 R
2364.0	Ag II	30	51.21	Hf II	100
63.8	Co F	10	51.20	Fe B	7
63.52	Zr I	10	50.83	Be I	8
63.4	Pd II	18	50.69	Be I	7
63.3	Gd F	4	50.5	Ar F	4
63.05	As I	10	50.16	Ce IV	20
63.05	Ir B	4	49.84	As I LL	500 R
62.9	Kr G	8	48.9	V III	30
62.33	Pd F	7	48.8	Cu II	—
62.19	Ag II	20			
			2348.61	Be I LL	50 R
2362.02	Fe II	10	48.30	Fe II	35
61.9	Rh I	10 R	48.22	Li I abs	—
61.2	Pd II	15	48.12	Fe II	50
61.13	J IV	7	47.8	Pd II	25
61.0	Pd II	30	47.8	V III	30
60.50	Sb B, F	2	47.58	Ba II	7
60.29	Fe II	20	47.44	Hf II	120
60.1	Mn III	50	47.0	V III	30
60.00	Fe II	25	46.8	Ti III	6
59.9	Kr G	10			
			2346.65	Ni I	4
2359.7	Mo F	3	45.55	Ni I	30
59.6	Cl G	4	45.55	Hg II	8
59.10	Fe II	30	45.5	Kr G	6
59.1	Pd II	75	45.44	Ni II	15
58.93	Li I abs	—	45.43	Hg I	4
58.85	Ag II	35	45.4	Rb III	8
58.7	V F	4	45.26	Ni II	30
58.70	In I	—	44.5	X II	6
57.92	Ag II	70	44.28	Fe II	40
57.9	Sn B	3			

λ in I. Å.	Element	Intensität	λ in I. Å.	Element	Intensität
2344.23	Ar F	8	2331.93	Au F	3
44.03	As I	50	31.8	V F	3
43.96	Fe II	20	31.7	Ti III	3
43.60	Ir I	10	31.46	Ar F	15
43.5	Ni II	12	31.41	Pd F	4
43.49	Fe II	150	31.4	Ag II	80 R
43.4	Ge IV	2	31.35	Ag F	6
43.32	Hf II	10	31.31	Fe II	45
43.18	Ir I	10	31.1	V III	100
42.4	J II	8	30.9	Mo F	4
2342.2	V F	2	2330.4	V F	4
41.2	Ni II	40	30.38	Zr II	18
41.1	Co F	5	29.97	Ni I abs	50
40.8	Kr G	5	29.27	Cd I abs	10 R
40.6	Cs F	4	29.2	Kr G	8
40.55	Hg I	1	29.1	Te IV	7
40.48	V I	50	27.92	Ge I	15
40.22	Au F	5	27.39	Fe II	45
40.2	Pt I	30 R	27.3	Y III	5
40.19	In I	6 R	27.3	Po	4
2340.15	Li I abs	—	2326.5	Kr G	5
40.0	Pd II	15	26.11	W F	6
39.0	Ti III	5	26.1	Pt I	40 R
38.60	Ga I abs	1 R	25.80	Ni I	50
38.01	Fe II	75	25.8	V III	40
37.80	Ar F	10	25.77	Mn B	2
37.8	V III	75	25.1	Ag II	40
37.49	Ni I	50	24.9	Cr III	80
37.3	Th IV	10	24.77	Zr II	15
37.10	Ni I abs	25	24.7	Ag II	70 R
2337.1	Rb III	9	2324.3	Co F	5
36.59	Pd F	5	24.25	Os I	20
36.47	Hf II	50	24.20	Al II	4
36.43	Pd F	5	23.98	Os I	10
36.3	S III, II	6	23.2	Hg I	1
36.25	Ba II	10 R	23.1	W F	5
36.2	Lu F	5	22.46	Hf II	15
34.9	V III	75	22.43	Sr F	8
34.80	Sn I abs	5 R	22.29	Au F	4
34.7	Rh F	5	21.57	Al I	8
2334.60	Ni II	30	2321.56	Al II	6
34.57	In II	8 u	21.52	Ag F	3
34.3	Ti III	3	21.39	Ni I abs	60 R
33.94	Li I abs	—	21.35	Mn B	2
33.79	Bi B	3	21.2	Cd I	5
32.80	Fe II	100	20.8	X II	6
32.6	S III, II	5	20.5	Mn F	3
32.57	Y B	2	20.36	Fe I	40
32.47	Pb B	4 R	20.3	Ag II	80 R
32.4	V III	75	20.20	Os I	15

λ in I. Å.	Element	Intensität	λ in I. Å.	Element	Intensität
2320.03	Ni I abs	100 R	2312.5	Rb II	8
19.91	Pt B	—	12.49	Al I	2
19.8	X II	5	12.4	Ag B	4
19.7	V III	40	12.34	Ni I abs	50 R
19.66	O II	4	11.9	Kr G	8
19.6	Cu I	4	11.6	Co II	6
19.52	O III	2	11.50	Sb I	7 R
19.1	Cr III	70	10.96	Ni I abs	100 R
19.07	Al I	4	10.97	Pt F	5
18.70	Ce III	20	10.6	Pd II	10
2318.3	Pt I	35 R	2310.03	Ni I abs	30
17.79	Ru I	35 R	10.01	Fe I	5
17.49	Al I, II	5	09.54	Ag B	6 R
17.40	Ce III	10	09.49	Ni I abs	30
17.21	Sn I abs	6 R	09.45	Au F	4
17.16	Ni I abs	50 R	09.16	Ar F	5
17.1	Ag II	70 R	09.3	Bi B	4
17.00	N II	1	09.00	Fe I	30
16.8	X II	6	08.9	N II	5
16.31	Ar II	7	08.6	N II	5
2316.10	O II	3	2308.59	Pd F	3
16.04	Ni II	80 R	08.32	Os I	15
16.0	Tl I abs	6 R	08.08	Hg I	—
15.91	Sb F	3	08.04	Pt B	3
15.86	Au F	4	07.9	Co II	6 R
15.52	O III	4	07.5	Sr B	5
15.5	Pt I	40 R	07.4	Pd II	25
15.4	Kr G	9	06.86	In I	—
15.23	Hg II	5	06.63	Cd I abs	5 R
15.21	Hg I	1	06.48	Sb B	4 R
2314.98	Ar F	7	2306.44	Hg II, IV	5
14.8	V III	50	06.12	He II 3—9	—
14.67	Au F	5	06.12	In II	3
14.6	Cr III	60			3—3—4
14.4	Kr G	9	05.99	In II	4
14.39	Hg II	5	05.88	As IV	5
14.20	Ge I	10	05.33	Yb II	100
13.98	Ni I abs	100	04.22	Ba II	8 R
13.8	Zn III	6	04.20	Ir I	30
13.75	Os I	10	04.1	Rb II	9
			03.9	W F	4
2313.72	Ar F	10	2303.58	Fe I	20
13.7	X II	5	03.50	Hg II	8
13.66	Ni I abs	50 R	03.42	Fe B	15
13.53	Al I	4	03.4	Hg I	1
13.31	Nb II	200	03.32	Os I	10
13.27	In II	5	03.12	Cu I	130 R
13.17	In II	4	03.1	Si F	3
13.10	Fe I	40	02.97	Ni II	60 R
12.9	Ni II	20	02.82	O II	5
12.8	Cd II	8 R	02.8	Kr G	6

λ in I. Å.	Element	Intensität	λ in I. Å.	Element	Intensität
2302.52	Ru I	20 R	2292.8	V F	3
02.14	Ce III	10	92.7	V F	2
02.1	Ar III	10	92.6	Rb F	10
02.09	Nb II	200	92.52	Fe I	30
02.09	Hg I	2	92.5	X II	6
02.03	Pd F	4	92.4	Pt I	12 R
01.68	Fe I	20	92.25	Ar III	4
01.6	Kr G	8	91.81	Cl III	4
01.17	Fe B	6	91.51	Au F	4
01.04	As IV	9	91.38	Cl III	4
2300.77	Ni I	20	2291.15	Zr II	15
00.70	Ce III	80	91.12	Fe B	15
00.35	O II	8	90.86	O II	4
00.3	Kr G	8	90.61	Ar III	6
00.14	Fe I	30	90.55	Fe B	9
2299.22	Fe I	25	90.39	Nb III	150
98.9	Kr G	6	90.08	Ni I abs	20
98.8	Pt I	15 R	90.06	Fe I	3
98.66	Fe B	6	90.00	Rh F	3
98.3	Ni II	30 R	89.82	Ar F	5
2298.17	Ar F	5	2289.69	Hg II, I	5
98.16	Tl II	6	89.32	Os I	20 d
98.08	Tl II	10	89.3	Pt I	15 R
97.88	Tl II	9	89.03	Fe B	10
97.87	Ga I abs	—	89.0	Sb B	3
97.79	Fe I	35	88.19	Pt B	6
97.75	La III	200	88.12	As I LL	500 R
97.5	Ni II	20 R	88.02	Cd I LI.	80 R
97.31	Os I	15	87.8	Ar F	6
97.1	Ni II	30 R	87.7	Kr G	10
2297.0	S III	6	2287.67	Ru I	20
96.93	Fe I	15	87.63	Fe B	15
96.89	C III	15	87.25	Fe I	30
96.6	X II	7	87.16	Ni B	2
96.6	Ni II	30 R	87.11	Ni II	20 R
96.51	Pd I	40 R	87.08	Si IV	10 d
95.68	Nb II	250	86.73	Cu B, F	3
95.53	Zr II	10	86.68	Sn B	4 R
94.91	Ar III	5	86.4	P G	7
94.70	Cd II	5	86.17	Co II	150
2294.6	X II	4	2285.11	P II	7
94.41	Fe I	25	84.5	Y III	100
94.37	Cu II	5	84.08	Fe I	40
94.20	Ga I abs	2 R	84.04	Ar F	8
94.08	Zr II	12	84.0	Fe II	4
93.85	Fe B	25	83.93	Cl III	7
93.84	Cu I	120 R	83.91	Hg I	1
93.45	Sb B	3	83.68	Os I	25
93.32	O II	6	83.65	Fe I	12
93.0	Ge IV	2	83.6	Co B	3

λ in I. Å.	Element	Intensität	λ in I. Å.	Element	Intensität
2283.33	Au B	4	2273.0	V II	10
83.30	Fe I	9	72.82	Fe B	8
83.08	Fe B	9	72.09	Ru I	30 R
83.00	Nb II	200	72.06	Fe I	15
82.8	Kr G	10	71.78	Fe B	40
82.7	Se III	5	71.36	As I	50
82.63	Ar III	10	70.86	Fe I	18
82.3	Sn B	3	70.3	W F	4
82.25	Os I	40	70.24	Ni II	40 R
82.10	Sr B	—	70.18	Os I	20
2282.05	Ar F	5	2270.1	Pd II	40
81.51	Nb III	200	70.1	Sb B	—
80.6	Ar F	6	69.22	Al I abs	2 R
80.4	Pd II	25	69.14	Ti B	—
80.22	Fe B	8	69.10	Al I abs	4 R
80.0	Ag II	75	69.09	Fe I	18
79.93	Fe II	10	68.95	Cl III	5
79.7	Kr G	5	68.90	Sn I abs	6 R
79.57	Ru I	30 R	68.8	Pt I	30 R
79.55	Ni B	5	68.30	Os I	15
2279.11	Os I	10 d	2268.3	Cs F	10
78.81	Ni II	30 R	67.57	Fe II	12
78.34	Cl III	5	67.5	Cd I abs	5 R
78.20	In I	1 R	67.47	Fe B	15
78.19	Ru I	20 R	67.16	Sn I abs	4 R
77.66	Fe B	12	67.08	Fe I	9
77.16	Hf II	150	66.9	B F	2
77.1	Kr G	7	66.90	Fe B	10
77.09	Fe B	9	66.70	As I	25
76.9	Pt I	15 R	66.3	B F	2
2276.6	Co B	3	2266.13	As IV	5
76.58	Bi I abs	6 R	66.06	Sn F	2
76.4	Pt I	10 R	66.00	Fe II	9
76.25	Cu I	100	65.52	Te I	5 R
76.02	Fe I	12	65.51	Zn II	10
75.9	Pd II	10	65.05	Fe I	20
75.5	Sr B	—	65.02	Cd II LL	70 R
75.5	Ca I	4 R	64.7	Rb F	10
75.22	Nb III	150	64.60	Os I	25
75.2	Ag F	3	64.60	Ir I	15
2274.8	Pt I	10 R	2264.56	Nb II	120
74.6	Co B	5	64.45	Ni II	30 R
74.5	Cs F	10	64.39	Fe B	45
74.4	Pt I	20 R	64.1	Rh I	20 R
74.09	Fe I	9	63.73	Al I	4 R
73.91	Nb III	100	63.64	Hg II	5
73.9	Ni B	5	63.46	Al I abs	4 R
73.7	Ne III	5	63.2	Ne III	12
73.18	Sc F	3	63.17	As IV	9
73.1	Kr G	6	63.08	Cu I	110 R

λ in I. Å.	Element	Intensität	λ in I. Å.	Element	Intensität
2262.5	Sb B, F	3	2251.5	Cr III	60
62.3	Pd II	15	51.5	Pt F	3
62.23	Hg II	10	51.12	Sn I abs	4 R
61.7	Pd II	20	51.0	Cl G	5
61.43	Ni I	10	50.93	Fe II	12
61.3	Pd II	20	50.78	Fe I	10
61.1	Ne III	15	50.31	Nb I	100
60.86	Fe II	12	50.17	Fe II	8
60.08	Fe II	12	50.05	Ti B	—
60.5	Pd II	18	49.9	W F	4
2260.48	Cu I	4 R	2249.3	Pt I	15 R
60.26	Hg II	10	49.17	Fe II	20
59.99	In I	1 R	48.88	N III	5
59.51	Fe B	15	48.86	Fe B	25
59.23	Ga I abs	—	48.73	Ag II	75 R
59.02	Te I	8 R	48.7	Rh I	15 R
58.87	Ir I	10	47.92	N III	6
58.8	Hg I	1	47.56	Hg I	1
58.52	Ir I	8	47.00	Cu II	120
58.00	Al I	2	46.90	Pb B	6 R
2258.0	Cr III	50	2246.75	Nb II	100
57.89	Nb I	160	46.70	As IV	5
56.97	V I	50	46.38	Ag II	100 R
56.7	Co F	3	46.1	Ag II	20
55.86	Fe B	45 R	46.05	Sn II	10
55.84	Os I	30	46.02	Sn I abs	6 R
55.64	Cl III	2	46.0	Ar F	2
55.60	Nb II	150	45.6	Ba II	8
55.53	Ru I	20 R	45.65	Fe I	15
55.50	Te I	5 R	45.5	Pt I	25 R
2255.1	Rb F	10	2245.3	Kr G	6
55.03	Ga I abs	—	45.13	Co II	100
54.73	Ba II	10	44.93	Pt I	8 R
54.56	Nb I	150	44.4	Hg III	7
54.26	Pd II, I	20	44.27	Cu I	130 R
53.9	Pb B	3 R	44.1	Cr III	70
53.87	Ni II	20 R	43.67	Ar III	10
53.68	Ni B	1	43.4	Ag II	40
53.5	Sr II	1	43.03	Y B, F	3
53.45	Ag II	30	42.7	Au F	4
2253.26	Ti F	1	2242.7	Ir F	3
53.12	Fe II	30	42.61	Cu II	100
53.11	As IV	8	42.10	Os I	10
53.07	Cl III, II	7	42.0	Rh I	15 R
52.78	Hg II	7	41.66	In I	1 R
52.72	He II 3–10	—	41.20	Pt I	4
52.26	Ar III	4	40.6	Fe B	5
52.21	Nb II	200	40.6	Cu II	—
52.03	Os I	20	40.31	Pt I	3
51.87	Fe II, I	12 R	39.86	Cd I abs	5 R

λ in I. Å.	Element	Intensität	λ in I. Å.	Element	Intensität
2239.30	Ir I	8	2228.16	Fe I	10
38.82	Ir I	10	28.03	Nb II	100
38.44	Cu I	2 R	27.98	Os I	12
38.2	Ar F	6	27.92	Kr II	30
37.82	Tl I abs	6 R	27.78	Cu I	100 R
37.6	Cr III	60	27.29	Ar III	8
37.50	Nb II	100	27.10	Ti B	—
37.42	Pb B	3 R	26.7	Cr III	100
37.23	V I	50	26.3	Ni II	18 R
37.0	Kr G	5	26.0	Ag II	15
2236.9	S II	5	2225.70	Cu I abs	150 R
36.3	Cu B	1 R	25.44	Os I	10
36.29	Fe B, Cu B?	18	25.28	Os I	5
36.17	Lu III	100	25.26	Pd I	15
36.10	Ga I abs	—	25.12	Ce III	12
35.9	Cr III	80	24.9	Ni II	20 R
35.77	Ar F	5	24.9	Sb B	2
35.77	P I	5	24.71	Hg II	20
35.5	Ba I	—	24.51	Pt I	4
35.46	Pt I	3	24.4	Cd III	4
			24.26	Bi B	2
2234.99	P I	3	2224.19	Hg I	4
34.91	Pt I	8 R	24.0	Te III	10
34.69	Ar III	10	23.6	Pd II	25
33.9	Fe II	5	23.35	P I	3
33.8	Cr III	50	23.0	Ni II	20 R
33.5	V III	70	22.93	Ar F	6
33.5	Ar G	1	22.60	Pt I	8 R
32.9	V B	—	22.59	P I	1
32.8	Ba I	—	22.2	Pd II	25
31.8	Cr III	40	22.06	Ce IV	10
2231.68	Sn I abs	4 R	2222.02	Sb B, F	—
31.6	Hg I	1	21.80	Mn I abs	9
31.56	Pd I	40	21.3	Cs F	10
31.21	Fe I	15	21.3	Fe B	4
31.16	Cl III	3	21.0	Sn III	9
30.91	Ti B	—	20.8	Sb B, F	2
30.70	In I	1 R	20.4	Ni II	10 R
30.63	Bi I abs	10 R	20.4	Fe II	5 R
30.08	Cu I	160 R	20.35	Ir I	10
30.0	Hg II	5	19.8	Ar F	4
2229.72	Nb II	100	2219.7	Ag II	—
29.72	Ar F	5	19.0	V III	30
29.51	Ag II	60	18.5	V III	25
29.28	J II	10	18.22	In I	1 R
29.2	Sn III	9	18.10	Cu II	120 R
29.0	Au F	4	18.1	V III	30
28.9	Fe II	5	18.04	Ga I abs	—
28.86	Cu II	120	17.8	Rb F	10
28.66	As I	20	17.33	Pt I	7 R
28.24	Bi I abs	8 R	17.1	Rb II	8

λ in I. Å.	Element	Intensität	λ in I. Å.	Element	Intensität
2216.69	Si I	5	2205.16	As I	10
16.6	V III	40	05.0	V III	20
16.6	Ba B	2	04.66	Al I abs	2 R
16.5	Ni II	100 R	04.59	Al I	2 R
16.08	La III	100	04.4	Ag II	10
16.00	Ir I	10	03.6	Ag II	15
15.65	Cu I	70 R	03.53	Pb II	15
14.67	Au F	3	03.2	Pt I	30 R
14.6	Ba B	2	03.1	Bi B	4
14.58	Cu I	80 R	03.0	Sb B	2
2214.47	Hg III	5	2202.96	Co II	100
14.19	Os I	10	02.72	V I	60
14.0	Bi II	40	02.24	In I	1 R
14.00	Os I	8	02.20	Pt I	8 R
13.9	Co B	3	02.1	Ag II	40
13.8	Ne III	12	01.4	Ni II	20 R
13.80	Mn I	9 R	01.3	Au F	4
13.6	Fe B	4	01.1	Ba I	—
13.6	Bi III	30	01.08	Pt I	7
13.5	Hg I	1	00.8	Ca I	3
2213.0	Ar F	6	2200.72	Fe I	15
12.8	Rh I	10 R	00.6	Hg I	1
12.4	Co B	4	00.3	Fe B	6
11.97	Os I	10	2199.97	Nb II	100
11.75	Si I	3	99.75	Cu I	100 R
11.2	Ag B	—	99.7	Pt I	5
11.14	In I	1 R	99.58	Cu I	200 R
10.91	Si I	3	99.29	Sn I abs	6 R
10.6	Tl I abs	2 R	99.15	Al I	1
10.4	Ni II	20 R	98.83	Ir I	25
2210.26	Cu II	120	2198.8	Rb F	10 d
10.05	Al I abs	2 R	98.73	Ge I	15 R
09.9	V III	8	98.7	Ge III	20
09.7	Sn II	10	98.7	Fe II	5
09.60	Sn I abs	6 R	97.79	Ca II	2
08.88	Te B	6	97.41	In I	1 R
08.73	Mn I	8 R	97.38	Ni I	10
08.61	Ca II	3	96.9	Pt I	5
08.53	Sb F	4	96.6	Co B	5
08.5	Ag II	—	96.2	Pd II	20
2208.0	Pt I	50 R	2196.04	Fe I	50
07.9	Co B	5	95.54	Lu II	30
07.1	Tl I abs	4 R	95.4	O II	2
06.7	Ni II	25 R	94.7	Cd II	5
06.3	Cs F	10	94.42	Sn I abs	5 R
06.2	Fe II	5	93.9	Pd II	15
06.0	Ag II	35	93.61	Co II	100
05.97	As I	15	92.5	Pt I	3
05.67	Ir I	—	92.26	Cu II	160
05.4	Pd II	25	92.1	As F	2

λ in I. Å.	Element	Intensität	λ in I. Å.	Element	Intensität
2191.84	Fe I	60	2177.3	Bi I abs	3 R
91.62	Ir I	12	77.2	Ar III	10
91.20	Fe I	10	77.00	V I	100 R
91.2	Y III	200	76.5	Pt I	3
90.84	In I	1 R	76.26	As I	15
90.8	Pt I	5	75.88	Sb I	6 R
90.74	Hg II	4	75.6	Pb B	4 R
90.66	O II	2	75.59	Ar F	15
90.24	Ni I	15	75.5	Fe II	5
90.2	Pt I	6 R	75.22	Ir I	15
2190.0	K II	6	2175.2	Ni II	25 R
89.92	N II	2	75.07	Be I	6
89.62	Cu II	120	74.94	Be I	4
89.59	Bi B	6 R	74.7	Ni II	30 R
88.91	Au F	3	74.6	Pt I	10 R
88.62	N III	5	74.2	Mn III	80
88.52	N III	3	74.03	Al I	1 R
87.45	Ir I	12	73.21	Fe I	8
87.40	In I	1 R	73.15	V I	80 R
87.35	Ar III	10	72.87	Pd I	10
2187.19	Fe I	40	2172.17	Ir I	12
86.94	Bi II	60	71.59	Ca III	5
86.8	Ag II	45	71.29	Fe I	40
86.8	Co B	4	71.21	Sn I abs	3 R
86.48	Fe I	40	70.74	V I	60 R
85.76	Ag F	3	70.7	Pt I	4
85.69	Yb II	100	70.2	Sb F	2
85.5	Ni II	12 R	70.0	Pb I LL	6 R
84.6	Ni II	25 R	69.9	Ra II	10
82.94	As I	20	69.81	Al I	1 R
2182.8	Pt I	6 R	2169.8	Mn III	90
82.72	O II	4	69.3	Pt I	5
82.40	In I	1 R	69.1	Ni II	30 R
82.22	V I	120 R	68.81	Al I	1 R
81.95	Cd II	1	68.60	Tl I abs	4 R
81.9	Mn III	80	67.5	Pb II	2
81.72	Cu I abs	120	66.95	Ce III	10
81.0	Ne III	3	66.77	Fe I	100
80.70	Ce III	10	66.6	Pt I	6 R
80.5	Pt I	8 R			
2180.3	Pt I	6	2166.5	Ag II	45
80.2	Cs F	9	66.2	As III	5
79.90	In I	1 R	66.1	Ag II	10
79.40	Cu II	100	66	Sr II	1 R
79.25	Sb I	4 R	65.86	Fe B	5
78.94	Cu I	90	65.6	Co B	3
78.23	Pd I	10	65.6	Ni II	40 R
78.13	Ir I	12	65.52	As I	100
78.11	Fe I	40	65.2	Rb F	10
78.08	Fe I, II	40	65.1	Pt I	9 R

λ in I. Å.	Element	Intensität	λ in I. Å.	Element	Intensität
2165.09	Cu I	100	2150.50	Ir I	10
64.55	Al I	1	49.11	P I	8
64.3	Pt I	3	48.97	Cu II	100
64.17	Ar II	7	48.47	N III	3
64.16	Se I	50	48.45	V II	15
64.1	Bi B	4 R	48.44	Sn I abs	3 R
63.8	Ne III	15	48.40	Fe I	3
63.60	C II	5	48.38	Ar III	5
63.36	Fe B	10	48.16	Ir I	15
62.88	O III	5	48.09	N III	3
2162.84	Ir I	10	2148.00	Hg II	10
62.74	Ar F	6 d	47.9	N III	1
62.5	Cr B	6	47.79	N III	2
61.9	Fe II	6	47.78	Ni I	40
61.89	Ag III	60	47.5	As III	7
61.60	Yb II	250	47.5	Cs F	10
61.2	Ni II	10	47.48	V II	30
61.1	Ne III	5	47.38	Al I	1
60.27	Nb II	100	47.32	N III	1
60.12	Te B	6	47.3	Te B	8
2159.9	Fe B	5	2147.27	N III	4
59.6	Pb B	3 R	46.9	Cu II	—
59.5	Ne III	5	46.86	N III	1
59.1	Sb B	3	46.36	Nb III	50
59.0	Ar F	6 d	46.01	V II	15
58.34	Ni I	30	45.74	N III	1
58.01	Ir I	40	45.6	Ag II	60
57.84	Ni I	10	45.39	Al I	1
57.8	Cr B	6	45.0	Pt I	6
57.79	Fe I	5	45.0	Sb B	3
2156.95	Bi I	9 R	2144.6	Rb F	10
56.2	As III	9	44.4	Bi F	2
55.77	Ir I	10	44.4	Fe B	5
54.5	Cr B	4	44.38	Cd II LL	15 R
54.1	In F	7	44.2	Pt I	10 R
54.08	P I	7	44.10	As I	100
54.0	Ba II	—	43.46	Bi II	15
53.5	Pt I	8 R	43.40	Bi II	15
53.5	Bi B	4 R	43.35	Bi II	10
52.95	P I	6	43.07	V II	30
2152.9	Bi B	7 R	2142.75	Te I abs	20 R
52.6	Ar F	6 d	42.22	Al I	1
52.47	Ca III	6	42.2	Cs F	10
52.1	Pt I	6 R	42.18	Ir I	10
51.7	Fe III	6	42.01	V II	40
51.6	Sn II	12	41.80	Sb II	10
51.6	As III	8	41	Sn B	6 R
50.6	Pt I	5 R	40.39	Ca III	6
50.6	Fe II	5 R	40.10	V II	50
50.59	Al I	1	39.83	V II	30

λ in I. Å.	Element	Intensität	λ in I. Å.	Element	Intensität
2139.8	Sb B	3 R	2123.34	V II	25
39.81	As I	30	22.97	Cu II	90
39.7	Fe B	5	22.67	Nb III	20
38.59	Ar III	10	22.6	Pt I	5
38.56	Zn I LL	100 R	21.4	Sn B	2 R
38.18	V II	25	20.5	Ag II	40
37.32	V II	35	20.23	Nb III	25
37.1	Sb B	5	19.98	Ar III	6
36.20	P I	8	19.9	Pt I	4
35.98	Cu II	140	18.5	Sb F	2
2135.47	P I	6	2117.6	Cr III	60
35.2	Pt I	5	17.47	V II	8
34.95	Ni I	20	17.2	Sb B	2
34.70	Al I	1	16.65	Yb II	250
34.36	Cu II	30	15.0	Pb B	5 R
34.31	Bi I	8 R	14.9	Cr III	50
34.14	V II	50	14.6	Fe B	4
32.8	As III	3	14.3	Cr III	20
32.6	Bi B	7 R	13.8	Ag II	80 R
32.4	Cs F	10	13.8	Cr III	60
2132.25	Ca II	1	2113.8	Bi F	3
31.76	O II	5	13.8	Sn B	3 R
31.43	Ca II	2	13.5	Ni II	12
31.18	Nb II	60	13.19	Ca II	1
30.76	Cu I	10	13.08	Nb I, II	50
30.44	Ar F	15	13.01	As I	100
29.96	Ni I	10	12.77	Ca II	2
29.48	V II	20	12.09	Cu II	80
29.44	Al I	1	11.8	Pb I abs	4
29.44	Ar III	6	11.6	Cd III	8
2129.28	Tl I abs	—	2111.46	Co II	50
29.21	Ca III	6	10.7	Se III	8
29.10	Hf II	100	10.6	Au I abs	4
28.6	Ni II	12	10.26	Bi I abs	8 R
28.6	Pt I	8 R	09.7	Pt I	7
28.0	Y III	100	09.66	Zr II	12
27.9	Ir I	10	09.55	Mn I abs	5
27.5	Sb I	3	09.5	Pt I	6 R
27.48	Si IV	4	09.43	Nb II	150
27.43	Ir I	9	08.2	Te F	6
2126.72	Yb II	200	2107.9	Ni II	18 R
26.67	Ar III	12	07.23	Fe III	5
26.54	Nb II	—	07.13	O III	5
26.03	Cu II	100	07.1	Ge III	4
25.9	Rb F	8	06.9	Co B	4
25.70	Be I	5	06.07	O III	5
25.21	Nb II	60	06.03	Mn I	5
25.2	Au F	3	05.79	Pd I	10
24.48	Sr II	4	05.3	Sb IV	10
24.15	Si I	10 R	05	Co B	4

λ in I. Å.	Element	Intensität	λ in I. Å.	Element	Intensität
2104.89	Ar III	5	2092.78	Ar III	5
04.78	Cu II	60	92.7	Ir F	3
04.45	Ge III	25	92.6	Nb IV	50
04.4	Zn I	7	92.44	V I	60
04.25	Ru I	6 R	92.4	Ne III	12
03.7	Fe III	6	92.33	Mn I abs	5
03.33	Ar III	10	92.30	Ar III	5
03.3	Pt I	6 R	91.93	Mn I	5
03.24	Ca II	2	91.8	Rb F	8
03.1	Ti IV	10	91.63	Ar III	10
2103.1	Ge III	2	2091.5	Sn B	2 R
02.72	Yb II	200	91.5	Cd F	7
02.42	Ge III	15	91.34	Ga II	20
02.4	Cr F	10	91.20	N II	3
02.2	Zn II	2	90.81	Ru l	10 R
01.6	Pt I	5 R	90.1	Fe III	8
01.30	O II	4	89.79	As I	—
00.8	Sn B	2 R	89.6	B I	3
00.05	Ge III	15	89.4	Ne III	15
2099.9	Zn II, III	8	89.3	Ru F	3
2099.68	Al II	5	2089.2	Cs F	8
98.8	Tl F	9	89.0	Pt I	4
98.56	Ca III	5	88.8	B I	3
98.43	Sb B	5	88.4	Sn IV	25
98.0	S F	6	88.3	Pt I	5
97.6	Fe III	6	88.2	S F	10
97.5	S F	10	88.2	Pb F	8 R
97.48	Mn I	3	88.16	Kr II	20
97.4	Fe III	6	87.9	Sb IV	10
97.4	Pt F	5	87.84	Pd I	10 R
2097.16	Ru I	10 R	2087.1	Zn I	6
97.1	Ni II	12	87.1	Cl G	5
96.9	Zn I	5	85.6	Ne II	9
96.79	N II	3	85.29	Cu B	—
96.3	Ne II	10	85.29	As I	25
96.19	Sn I abs	4 R	84.6	Pt I	7
96.18	Hf II	150	84.4	Pt I	3
96.16	N II	2	84.3	Sn III	8
95.80	Zr II	15	84.3	Fe III	6
95.47	N II	6	84.2	Sn IV	20
2095.38	Yb III	200	2083.4	Nb IV	60
95.2	Al II	6	83.4	Pt I	5 R
94.8	Al II	4	83	Ba II	7
94.3	Al II	2	82.6	Pt I	5 R
94.27	Ge I	10 R	82.15	Pd I	10 R
94.12	N	2	82.1	Fe F	7
93.69	Fe I	5	82.0	Au I	4
93.6	Cl G	4	81.8	Sn III	8
93.5	Ru F	3	81.04	Ag III	20
93.29	Mn I abs	5	81.03	Te I	12

λ in I. Å.	Element	Intensität	λ in I. Å.	Element	Intensität
2081.01	Pd I	10 R	2066.6	B I	7
80.6	Cs F	8	65.9	Ag II	40
80.36	Ar III	10	65.8	B III	12
80.1	Sn B	4	65.7	Te F	6
79.9	Cu II	—	65.55	Co II	50
79.86	N III	6	65.5	Cr II	70
79.69	Ar III	7	65.5	Ne II	7
79.5	Sb B	2	65.41	As I	40
79.3	In II	25	65.22	Ge I	6 R
79.0	Zn I	6	65.2	Ne III	3
2078.7	In II	12	2064.2	Zn I	2
78.1	Fe III	8	63.99	N III	10
77.79	B III	—	63.7	Fe B	3
76.7	Rb F	10	63.7	Se F	8
75.2	V F	30	63.7	Sn B	3
75.15	O II	4	63.50	N III	50
74.79	Se I	50	63.5	Sb F	5
74.6	Ti F	5	63.4	Ni I	10
74.5	As F	12	63.13	Ce IV	10
74.32	O II	1	62.8	Pt I	5 R
2074.0	Pb F	20	2062.79	Se I	40
73.4	Bi III	14	62.7	Ga F	6
73.2	Bi III	10	62.01	Zn II LL	7
73.1	Bi III	8	62.0	Cd F	5
72.86	Sn I abs	6 R	61.7	Bi I abs	10 R
72.6	Si II	10	61.5	Se F	8
72.23	O II	6	61.5	Cr II	80
71.94	Si II	8	61.4	J I	10
70.9	Pt I	6 R	61.2	Ag I	4
70.7	Sn III	10	60.8	Pt I	5 R
2070.63	N III	5	2060.7	Ru F	3
70.1	Zn I	4	60.7	Pb F	8
70.1	Cu II	—	60.0	Ru F	3
69.9	Ag I	4	59.9	Ni I	12
69.83	As I	30	59.5	Ne III	20
68.9	Bi II	45	58.14	Si I	5
68.68	Pd I	10 R	57.3	Pb F	30
68.66	Ge I	9 R	57.25	Ge I	5 R
68.47	Sn I abs	4 R	56.99	Ag III	20
68.4	Sb B	4 R	56.9	Zn II	15
2068.3	Ti F	5	2056.9	Se III	8
68.25	N III	6	55.9	Be I	20
68.2	Fe III	7	55.6	Cr II	90
67.5	Pt I	5 R	55.5	Ni I	15
67.5	Ti I	15	55.3	Cd F	3
67.2	B III	10	54.98	Cu II	8
67.16	As I	25	54.0	Sb F	4
66.9	Pt I	4 R	53.7	Sn B	4
66.8	Th IV	20	53.4	As III′	5
66.8	Tl F	4	53.0	Ba II	2

λ in I. Å.	Element	Intensität	λ in I. Å.	Element	Intensität
2052.93	Hg II	10	2032.45	P I	6
52.18	Sr II	3	32.4	Pt I	5 R
52.0	Ni I	12	31.9	As F	10
51.1	Ir F	5	31.9	Nb IV	65
49.8	Pt I	3	30.6	Pt I	6 R
49.6	Ir F	3	29.3	Sb F	4
49.5	Sb F	7	29.2	Ni II	10
49.4	Pt I	6	28.8	Ru F	3
49.2	Pt I	6	28.5	Cd F	5
47.59	As I	50	28.5	Zn B	4 R
2047.4	Ni I	10	2027.2	Cu II	—
46.1	Cu II	—	26.97	Hg II	9
45.41	O III	5	26.6	Ni I	20
44.8	Ir F	3	26.1	Ga F	8
44.6	Sb F	4	25.82	Mg I	15
44.48	Au B	3	25.49	Au B	7
44.4	Ru F	4	25.49	Cu II	4
44.2	Ir F	3	25.49	Zn II LL	8
43.80	Cu II	8	25.4	Ni I	10
43.79	Ge I	7 R	24.55	P I	6
2043.4	Ru F	3	2024.4	Ir F	5
41.72	Ge I	8 R	24.2	Ba	4
40.6	Fe II	6	24.0	Zn II	2
40.3	Pt I	3 R	23.9	Sb I	4
40.3	Ca B	4	23.47	P I	7
39.85	Se I	50	22.8	Ir F	3
39.7	Sb F	5	22.2	Hg II	5
39.7	Pt I	3 R	21.5	Ir F	3
39.6	Au F	5	21.4	Au I	6
39.5	Sn F	50	21.2	Bi III	20
2039.3	Cr B	3	2021.0	Bi I abs	3
39.3	Ru F	3	21.0	Ni II	10
39.3	Zn II	10	20.8	Bi III	20
38.3	Ru F	3	20.6	Fe B	3
38	Se B	8	20.44	O II	2
37.95	Ce IV	18	19.2	Cd F	2
37.3	Ru F	4	19.08	Ge I	6 R
37.13	Cu II	6	19.0	Ni II	10
36.5	Pt I	8 R	17.4	Ir F	3
36.13	Cd II	4	16.9	Cu II	—
2035.86	Cu II	7	2016.60	O II	2
35.8	Pt I	4 R	16.26	Al II	10
35.7	Cs F	8	16.0	Ag II	2
35.1	Ni I	20	15.6	Cu II	—
35.1	Ca B	4	14.3	Ni I	12
34.8	Sn F	5	13.32	As I	50
34.4	Ni I	10	12.77	As I	20
33.9	Ag II	2	12.7	Ir F	3
33.49	P I	7	12.0	Zn II	10
32.6	Be I	4	12.0	Au I abs	10

λ in I. Å.	Element	Intensität	λ (vac) in Å.	Element	Intensität
2011.5	Co F	7	1991.9	Au I abs	6
11.49	Ag III	20	91.64	N II	—
11.31	Ge I	4 R	91.6	Pt I	2
10.18	C III?	5	91.14	As I	50
10.04	As I	20	90.53	Al II	20
09.9	Ce IV	2	90.4	Ga F	7
09.2	Ru F	4	90.36	As I	200 R
09.18	As I	100	89.85	Cu II	3
08.9	U F	5	89.8	Pt F	5
07.6	Cd F	2	89.6	Ni F	6
2007.3	Tl I b abs	4	1989.4	Bi II	25
06.4	Ru F	3	89.1	Pt I	2
06.4	Ra II	2	89.01	Si I	6
05.6	Ru F	3	89	Co F	4
04.1	Pt I	3	88.39	Ge I	4 R
04.0	Cd III	6	88.05	C II	1
03.4	Mn I	9	87.93	.Hg II	6
03.34	As I	300 R	87.8	Pt I	1
03.1	Ce IV	35	87.4	Fe III	6
02.54	As I	20	87.2	Hg II	10
2002.4	Th IV	40	1987.02	Ag III	20
00.8	Au II	12	86.81	Cd II	3
00.7	Ag II	20	86.39	Si I	4
00.4	Ce IV	100	85.9	Ba II	1
	λ (vac) in Å		85.56	Cd II	2
00.35	Cu II	—	85.4	U F	5
00.3	Fe F	3	85.2	Sb B, F	5
00.24	Ag III	60	85.1	Be I	3
1999.5	Ba	3	84.50	Si I	1
99.1	Mn I abs	9	84.5	Te F	5
98.90	Ge I	7 R			
1998.0	Be I	10	1983.25	Si I	4
97.2	Ru F	3	83.2	Co F	4
96.5	Ir F	3	83.2	Rb F	4
95.9	Pt I	3	83.1	Pt F	8
95.89	Zr II	7	81.9	Ni F	5
95.8	Mn I abs	9	81.45	Hg II	2
95.58	Hg II	4	81.2	U F	5
95.44	As I	100	80.64	Si I	3
95.37	Hg III	6	80.5	Ga F	5 d
95.34	Cd II	10	79.97	Cu II	4
1995.2	Sr II	5	1979.8	Pt I	2 d
94.90	As I	25	79.79	C III	3
94.87	As I	5	79.35	C III	4
94.8	Ir F	3	79.3	Ni F	6
94.7	Se F	5	79.23	Si I	3
94.35	Ag II	20	78.91	Hg II	4
93.65	C I	2	78.5	Pt F	3
93	Se F	5	78.2	Nb IV	60
92.6	Ru F	4	78.1	Au I abs	12
91.94	Si I	2	77.94	Hg II	—

λ (vac) in Å.	Element	Intensität	λ (vac) in Å.	Element	Intensität
1977.62	Si I	3	1957.42	Co II	30
77.43	In II	20	57.39	Hg II	1
77.03	Ag III	50	56.5	Ga F	8
77.0	Cd F	2	55.4	Ga F	8
75.92	Ag III	60	55.2	Co F	4
74.2	Co F	4	55.13	Ge I	4 R
73.9	Ni F	6	54.4	Ga F	8
73.89	Hg II	8	54.2	Rb F	2
73.78	Ar III	4	54.1	Pt F	4
73.7	Ne III	2	54.0	Bi F	5
1973.48	Ar II	1	1954.0	Co F	4
73.2	Bi B, F	2	53.80	N III	3
72.68	As I	1000 R	53.66	N III	3
72.6	X II	5	53.6	Fe F	2
70.9	Ge I	6	53.4	Ni II	1
70.9	Pt F	4	53.23	Mn II	30
70.52	Cu II	1	52.5	Mn III	50
69.7	Pt I	2	52.3	Ag F	9
69.3	Co F	4	52.2	Sn I abs	3 R
68.2	Cu II	—	52.20	N III	1
1968.03	Ca III	5	1951.9	Au I	3
67.38	Ag II	10	51.43	N III	2
66.89	Ag III	40	50.10	Co II	20
66.88	In II	10	49.96	Hg II	30
66.29	Zr III	20	49.81	N III	4
65.3	Se F	6	49.6	Sb B, F	5
65.3	Cd F	2	49.22	N III	6
65.23	Al II	4	49.2	Pt F	4
64.70	Ca III	5	48.66	Hg II	2
64.7	Sr II	3	48.31	Ca III	5
1964.6	Be I	9	1947.95	Mn II	20
64.25	O II	0	47.7	Ag B	4
64.1	Fe III	5	47.65	Hg II	2
63.84	O II	2	47.5	Mn III	80
62.74	Ar III	2	46.99	N III	5
62.24	O II	3	46.66	Zr III	10
62.05	Ge I	6 R	45.6	Ag B	3
61.36	Ar II	2	45.15	Mn II	12
60.91	Se I	50	44.79	Mn II	5
60.70	Al II	3	44.75	Ge I	2 R
1960.34	O II	1	1944.61	Cu II	2
60.2	Fe III	6	44.6	Ag B	3
59.6	Bi B, F	3	44.17	Mn II	10
59.22	Pb IV	20	43.8	Pt F	5
59.1	Th IV	40	43.7	Be I	5
58.93	As I	20	43.41	Cd II	7
58.6	Co F	5	43.3	Cd III	3
58.52	Hg II	1	43.12	Ca III	6
57.83	Ar III	1	42.9	Mn III	45
57.62	Ag III	70	42.65	Mn II	20

λ (vac) in Å.	Element	Intensität	λ (vac) in Å.	Element	Intensität
1942.32	Hg II	10	1929.7	Be I	3
42	Sn B	6	29.7	Pd F	4
41.3	Mn III	40	29.4	Ir F	3
41.28	Co II	50	29.3	Pt I	3
41.15	Zr III	40	28.5	Pt F	4
41.06	Ar II	2	28.2	As F	5
41.0	Pd F	5	27.9	Co F	4
40.7	Ru F	5	27.64	Hg II	1
40.32	Zr III	40	26.6	Sb F	5
40.3	Mn III	30	26.58	Mn II	15
1940.19	Mn II	6	1926.2	Fe III	8
39.96	P II?	3	25.51	Mn II	10
39.6	Cd III	5	25.30	Ag III	20
39.6	Ni II	4	24.8	Ba B	5
39.30	Al II	5	24.7	Au F	5
39.2	Pt F	6	23.87	Mg III	3
39.2	Au I	2	23.86	N III	2
38.82	Ne II	5	23.40	C III	2
38.32	Ge I	4 R	23.34	Mn II	10
37.66	As I	1000 R	23.22	C III	2
1937.51	Ge I	3 R	1923.11	N III	2
37.29	Zr III	15	23.06	Mn II	10
36.96	Al II	4	23.01	C III	3
36.72	Mn II	10	22.6	Sb F	5
36.63	Zr III	15	22.4	Nb IV	60
36.6	Pb F	4	22.15	Cd II	13
36.25	In II	10	21.9	Pd II	8
35.88	Al III	6	21.8	Cd F	3
35.7	Ga F	8	21.7	Au II	6
35.2	Cs F	8	21.49	N III	4
1934.75	Al II	10	1921.25	Mn II	25
34.54	Al II	10	20.86	N III	8
33.44	Ag II	4	19.99	N III	2
32.43	Al II	5	19.8	Be I	2
31.9	As F	10	19.6	Au I abs	8
31.41	Mn II	10	19.52	Ar III	4
31.03	C III	4	19.44	N III	1
31.0	Sb F	4	19.19	Se I	30
30.90	C I	5	19.0	Zn II	10
30.8	Co F	10	18.9	Au F	3
1930.8	Fe F	10	1918.67	Ar III	4
30.7	Ni F	10	18.4	Co F	3
30.64	Mg III	3	18.06	Ar III	1
30.52	In II	8	17.08	Ag III	60
30.1	Ru F	3	16.92	Ag III	40
30.03	Al II	5	16.48	O III	2
30.02	Ne II	7	16.2	Ru F	3
29.9	Ne III	2	16.09	Ne II	8
29.87	Ge I	4 R	15.56	Ar III	7
29.8	Ni F	5	15.10	Mn II	30

λ (vac) in Å.	Element	Intensität	λ (vac) in Å.	Element	Intensität
1915.0	Fe III	7	1889.9	Au F	4
14.8	Ce IV	35	89.57	Ag III	30
14.7	Mn F	5	89.5	Pt F	6
14.68	S I LL	15 R	89.2	Cs F	6
14.65	Ar III	3	88.9	Ag B	6
14.40	Ar III	9	88.65	P IV	10
14.0	Fe III	8	87.7	Si I	2
14.0	Pd F	5	87.5	Ru F	3
13.79	Se I	35	87.43	N II	4
13.7	Pb F	4	86.3	Au F	4
1913.3	Fe F	5	1886.1	Zn F	4
12.6	Sn I	15	86	Mg B	5
12.2	Ag B	4	85.25	N III	10
11.9	Cu II	—	84.0	Cs F	6
11.40	Mn II	12	83.2	Tl F	5
10.91	Al II	5	82.7	Tl F	5
09.12	N III	1	82.0	As I	5
08.7	Ra II	8	81.9	Fe F	10
08.64	Tl II	20	81.9	Co F	10
08.46	Mg III	3	81.15	Tl II	6
1908.27	N III	7	1881.05	Ce IV	18
07.8	Ag B	4	80.63	Ag III	25
07.6	Sn F	5	79.9	Au I abs	6
07.49	Ne II	5	78.60	N II	2
07.44	N III	4	76.5	Mn I abs	4
07.3	As F	5	76.4	J I	7
06.57	Al II	4	75.8	Mn I abs	5
06.0	Ga F	5	75.54	Hg II	3
05.0	Ga F	5	74.90	Si I	3
04.76	Hg II	4	74.9	Ru F	3
1904.38	Al II	2	1874.1	Cd III	15
04.3	Mn F	5	73.45	Ag III	40
03.9	Au F	2	73.1	As I	4
03.9	Ga F	5	72.8	Zn F	4
03.5	Cd III	5	72.7	Pt F	8
02.4	Bi II	100	72.55	Ag III	10
01.36	Si I	8 R	72.42	Au B	6
00.27	S I LL	20 R	72.39	Ca III	5
00.19	Hg II	2	72.3	Ca II	12
1899.8	Sn II	10	71.7	As I	5
1898.56	Se I	8	1870.78	Hg II	1
95.9	Ag B	4	70.4	Sb B, F	10
95.6	Fe F	6	70.28	Ca III	6
95.3	Ce F	3	70.2	Ca II	12
94.9	Fe F	5	70.1	As I	4
93.3	Ag B	4	69.24	Hg II	10
93.25	Si I	5	69.2	Ba II	5
92.8	Tl II	3 R	67.6	Sb B, F	8
92.72	Si I	16	67.12	Ag III	35
90.5	As I	15	66.06	Ag II	1

λ (vac) in Å.	Element	Intensität	λ (vac) in Å.	Element	Intensität
1864.62	Mn II	15	1851.60	Mn II	15
64.40	Mn II	10	51.3	Ca II	7
64.4	N II	—	51.14	P I	8
64	Mg B	4	51.1	Cd III	9
64	Zn F	5	50.70	Si I	5 R
63.5	Pb F	5	50.3	As I	6
62.82	Mn II	20	49.68	Hg I abs LL	100 R
62.75	Al III	10	49.5	Ba II	4
62.57	N II	2	49.3	Ga F	9
62.52	Mn II	10	48.5	Ag B	5
1862.48	Al II	10	1848.27	Mn II	20
62.38	Al II	15	48.16	Mn II	10
61.66	Mn II	10	47.78	Mn II	10
61.5	Au F	3	47.48	Si I	4 R
61.5	Co F	10	47.4	As I	6
60.5	As I	8	47.22	P I	6
60.1	Ge I	6	47.0	Ge I	5
59.9	Ag B	5	47.0	Sr II	3
59.6	N II	—	46.40	N I	6
59.40	P I	12	45.80	N III	4
1859.22	N II	5	1845.64	N III	5
58.92	P I	12	45.3	Co F	3
58.84	Se I	25	45.30	Ga II	15
58.5	Ag B	4	44.7	Cd III	12
58.47	N II	2	44.5	As I	3
58.13	Al II	7	44.4	J I	9
58.08	Al II	10	43.9	Fe F	2
57.92	Mn II	20	43.7	Ca II	6
57.83	N II	3	43.7	Te F	5
57.02	Mn II	10	43.19	Ar F	2
1856.70	Mn II	12	1842.80	B II	5
56.64	Cd III	15	42.2	Pd II	6
56.00	Al II	3	40.6	Cu F	3
56	Mg B	5	40.59	Hg II	1
55.97	Al II	8	40.14	Ag III	40
55.8	Cd III	9	40.1	Ca II	10
55.6	Ag B	4	39.6	Zn III	4
55.5	As I	2	39.59	N III	2
55.20	Se I	30	39.43	Ar F	9
55	Na F	5	38.0	Ca II	9
1854.90	Mn II	20	1836.74	N I	2
54.72	Al III	10	36.7	Zn II	8
54.72	Ca III	6	36.42	Ar III	5
53.33	Hg II	2	36.10	Ag III	25
53.3	As I	5	35.59	N III	6
53.27	Mn II	25	35.4	Zn III	1
53.0	Ag B	4	35.2	Pb F	10
53	Co F	10	34.82	Al II	6
52.81	Mn II	10	34.57	Mn II	25
52.49	Si I	3	34.5	P G	4

λ (vac) in Å.	Element	Intensität	λ (vac) in Å.	Element	Intensität
1834.31	Ag III	10	1814.6	Ca II	1
34.3	Bi III	20	14.07	Si I	6
34.3	Zn II	3	14	Sb B	6
34	Zn F	3	13.98	Ga II	10
33.3	Au I	5	13.86	Mn II	15
32.85	Al II	8	12.17	Ca III	5
32.8	U F	5	11.9	Sn III	20
32.7	Ni II	2	11.1	Sn II	8
32.33	Ag III	25	11	Zr F	3
31.9	Sn II	12	09.8	Mo F	20
1831.88	Zr III	4	1809.05	Si I	4
31.8	As I	6	08.29	Hg II	4
31.4	As I	6	08.23	Ag III	30
30.4	J I abs	10	08.09	Si II	3
29.2	Sb B	5	07.91	Ca III	5
28.83	Ag III	35	07.4	Ca II	1
28.6	Al II	10	07.4	Se I	8
28.25	Mn II	20	07.31	S I LL	25 R
27.97	Mg I	8	06.2	As I	5
27.86	Tl II	12	05.5	N III	7
1827.62	Cd II	11	1805.33	Zr III	30
27.08	Mn II	50	04.5	Ni II	5
26.52	B I	9	04.4	Tl F	5
26.3	Cu F	8	04.3	N III	6
26.25	S I LL	25 R	03.00	Mn II	12
26	Te F	10	02.3	Ga F	9
25.97	B I	8	02	Ag B	4
23.8	Bi II	70	01.8	Sb IV	6
23.70	Mn II	30	01.27	Mn II	50
22.50	Cl III	6	00.75	Mg III	4
1822.4	Te I	10	1800.6	Au II	7
22.21	Mn II	10	00.04	Zr III	20
22.1	Zn	5	1799.8	Sb B	5
22.0	Ag B, F	4	99.42	Ga II	5
22.0	Sn F	8	99.1	J I	7
21.7	Pb II	10	98.74	Hg II	8
20.73	Hg II	5	98.6	Tl F	5
20.4	Cd	1	96.7	Pb II	10
20.37	S I LL	25 R	96.6	Pb IV	—
20	Te F	10	96.20	Hg II	10 .
1818.41	B I	6	1796.2	In F	4
17.90	B I	5	95.28	Se I	30
17.7	Ni II	1	94.68	Mg III	3
16.98	Si II	4	93.96	Hg II	5
16.87	Mn II	10	93.38	Cd III	12
16.83	Ag III	25	93.3	Au II	7
16.4	Cr F	40	93.29	Se I	25
16.29	Mn II	20	92.76	Tl II	12
15.24	Mn II	20	92.46	Hg II	3
14.85	Tl II	25	91.9	Bi II	70

λ (vac) in Å.	Element	Intensität	λ (vac) in Å.	Element	Intensität
1791.88	Mn II	25	1773.6	Mn IV	90
90.79	Mn II	20	73.5	Na F	6
90.5	Mn III	50	73.09	Mg III	3
90.4	Co F	4	73.0	Cd III	12
89.9	As I	2	73	Fe F	5
89.2 ·	Cd III	2	72.8	Co F	5
89	Te F	5	72.5	Te F	6
88.5	Ni II	6	70.89	Si I	3 R
87.69	P I	6	70.8	Na F	6
87.5	Bi II	60	70.6	In F	5
1787.4	Na F	4	1770.5	Ga F	5
87.0	O G	7	69.81	Si I	3
86.7	Pb III	6	69.7	Sr II	6
86.1	Mn III	50	69.2	Cu F	4
85.75	Cd II	12	69.0	Pd I	4 R
85.4	Mn I abs	5 d	69.0	Al I	—
84.25	Mn II	15	68.8	Ag F	4
84	Cu F	5	68.77	Cd III	10
83.79	Hg II	1	67.76	Al II	7
83.72	Mn II	20	67.75	Zn III	7
1783.4	Sb F	20	1767.60	Al II	10
83.36	Mg III	4	67.6	Au F	5
83.34	Zr III	5	67.5	Ni F	5
83.2	Au II	7	67.1	Mn IV	100
82.83	P I	6	66.4	Mn IV	90
82.8	J I abs	9	66.3	Al I	—
82.25	S I	12 R	66.09	Si I	4
82.2	Mn III	40	65.82	Al II	4
81.8	Pd II	6	65.72	Al II	8
81.6	Pb II	8	65.15	Si I	3 R
1781.6	As I	5	1764.01	Al II	10
81.4	O G	7	63.95	Al II	10
80.6	As I	7	63.85	Al II	8
79.55	Zr III	30	63.82	N II	2
79.03	Ce IV	20	63.79	Al II	8
78.60	Mn II	20	63.4	Pd I	4 R
78.5	Sr II	7	62.8	Al I	—
77.6	Pt F	5	62.79	Cr IV	5
77.1	Bi II	80	62.00	Al II	5
77	Al F	3	61.94	Al II	7
1776.34	Be II	8	1761.9	Sb B, F	10
76.28	Be II	6	60.9	O G	8
76.12	Be II	6	60.82	C II	4
75.8	Au F	4	60.68	Mn II	10
75.3	Ce IV	20	60.45	Hg II	2
75.20	Hg I	2	60.41	C II	3
75	Cu F	4	60.15	Al II	7
74.94	P G	6	60.09	Al II	7
74.8	In II	10	59.9	Mn IV	120
73.9	Ni II	6	58.6	As I	3

λ (vac) in Å.	Element	Intensität	λ (vac) in Å.	Element	Intensität
1758.47	Cr IV	6	1741	Pb F	4
57.3	Sn II	10	40.3	Au F	5
56.07	Hg II	3	40.24	Hg III	6
54.8	Ni II	3	39.5	As I	2
54.74	Cr IV	5	39.5	Cu F	5
54.44	Zr III	6	39.17	Cr IV	5
53.7	Mg II	6	38.91	Mg III	6
53.11	Si I	3	38.49	Hg III	10
51.90	C I	8	37.9	Mg II	6
51.9	Ni II	5	35.9	Sb B	. 5
1751.75	N III	10	1735	Mg II	6
51.7	Mn IV	150	34.6	Pd I	4 R
51.6	Zr F	6	34.49	Mn II	12
51.24	N III	6	33.56	Mn II	15
51.03	Ag III	75	32.9	As F	15
50.9	Mg II	5	32.9	Sb F	2
50.1	Cu F	6	32.69	Ne	3
49.66	Zn III	9	32.6	Mn I abs	5
49.3	Bi II	20	32.5	Sb F	2
49.3	Na F	8	31.89	Hg II	10
1749.02	Mg III	5	1731.88	Fe II	—
49	Cu F	5	30.04	N III	8
48.8	Ga F	8	29	Zr F	8
48.8	In II	15	28.3	Pb F	8
48.7	In III	25	28.14	Ag III	25
48.3	Ni II	7	28.0	Cd B	4
48.14	Mn II	12	27.4	Si IV	4
48.1	Cd III	10	27.2	Cr III	100
48.00	Mn II	10	27.17	Hg II	2
47.9	N III	9	26.9	Au F	4
1747.86	N II	7	1726.8	Pb II	20
47.81	Mg I	5	26.5	Pb IV	—
47.7	Cd III	12	25.7	Au F	4
47.64	Mg III	4	25.30	Mn II	15
47.34	Ag III	20	25.2	Sb F	7
47.2	Zn II	20	25.01	Al II	15
46.94	Cr IV	7	25.0	Sn F	8
45.25	N I	2	24.98	Al II	5
44.84	Mn II	15	24.57	Fe II	2
44	Mg F	5	22.84	Cr IV	2
1743.22	N II	2	1722.7	Si IV	5
42.73	N I	3	22.27	Ag III	20
42.2	Mn IV	200	22.24	C II	2
42.0	As F	20	21.9	Cd III	7
41.6	In Il	5	21.8	Cr III	90
41.6	Ni II	7	21.8	Cu B	6
41.3	Cu F	5	21.67	C II	4
41.2	Na F	4	21.31	Al II	10
41.0	Pd II	6	21.01	C II	3
41	Mg F	5	20.37	C II	3

λ (vac) in Å.	Element	Intensität	λ (vac) in Å.	Element	Intensität
1719.43	Al II	8	1698.9	Ca II	2
18.52	N IV	10	98.16	N III	2
18.3	Fe F	2	97.92	Si I	4 R
17.5	Cr III	80	97.60	Si I	1
17.1	Mn I abs	4	97.53	Mn II	12
16.9	Ge I	4	97.18	Mn II	15
16.74	In II	8	96.54	N III	3
15.98	Mn II	12	96.3	Co F	3
15	Ni F	5	96.22	Si I	3 R
14.40	Mn II	20	95.85	Ga II	5
1714.1	Cr III	70	1695.60	Si I	2
12.4	Br II	8	95.18	Hg II	2
11.9	Pb III	4	94.31	Ba II	4
11.8	Sb F	6	94.06	P I	10
11.7	Cr III	60	93.51	Ag III	50
11.0	Si II	6	92.7	Ni F	6
09.7	Ni II	5	92.63	Hg II	3
08.7	Cu F	6	91.5	Bi III, II	20
07.3	Th IV	30	90.70	Se I	25
07.2	Co F	4	89.61	Mn II	15
1707.13	Hg II	4	1688.60	Zn III	7
07.11	Cd III	15	88.38	Ne II	4
07.10	Mg I	3	87.54	S I	20 R
06.67	Zn III	6	87	Cu F	4
05.52	Hg II	7	85.96	P I	11
05.3	Cu F	5	84.58	Mn II	10
05.06	Ag III	20	83.51	Mg I	1
04.87	Mn II	15	83	Co F	3
04.47	Si I	3 R	82.82	Ag II	12
04.3	Pd II	8	82.15	Pb II	8
1703.5	Na F	0	1682.2	Th IV	15
03.5	Ni II	4	82.1	Zn	5
02.86	Si I	2	81.70	Ne II	3
02.6	Cu F	3	80.5	Ca II	2
02.58	Hg II	1	79.73	P I	12
02.5	In II	6	79.7	Pt F	5
02.1	J I	8	79	Cu F	6
02.0	Cd III	4	79	Te F	20
01.4	Tl F	5	78.1	Cd III	12
01.2	As I	8	78.0	In F	8
1700.62	Si I	2	1677.91	Hg III	10
00.43	Si I	1	77.9	Ba II	3
00.0	Ga F	4	75.89	Hg II	8
00.0	In II	7	75.83	N II	5
1699.95	N III	4	75.64	Ar III	4
99.8	In F	2	75.48	Ar III	7
99.5	Sn II	12	75.27	Se I	25
99.32	N III	5	75.24	Si I	3
99.00	N III	2	75	Sn F	10
98.9	Na F	10	74.7	Tl F	5

λ (vac) in Å.	Element	Intensität	λ (vac) in Å.	Element	Intensität
1674.66	P I	12	1660.5	Pb II	8
74.5	Ba F	4	60.0	Tl F	10
74.5	Ag F	3	59.9	Te F	6
74.5	Cu F	6	59.7	Na F	4
74.1	Sb F	7	58.13	C I	3
74.0	In II	10	57.92	C I	3
73.5	Au F	6	57.38	C I	2
73.43	Ar III	7	57.2	Ag F	5
73.24	Ar III	3	57.04	Sb II	20
73.14	Ar III	1	57.01	C I	6
1673.05	Zn III	9	1656.7	Zr F	7
72.62	Hg II	10	56.28	C I	4
72.62	Si I	2	55.62	Cd III	10
72.50	P I	6	55.3	Pt F	5
71.9	In II	5	54.90	Cd II	6
71.72	P I	6	54.78	Hg II	6
71.7	Cu F	6	54.4	Cu F	6
71.5	Pb II	10	53.8	Tl B	6
71.5	Zn	3	53.69	Hg II	1
71.4	Te F	6	53.0	Ni F	5
1671.2	Ti F	20	1652.8	Bi II	20
71.15	Se I	25	52.48	Hg III	3
71.07	P I	6	52.0	Ca II	1
71.07	Hg III	7	52	Cu F	2
70.9	Al II LL	10	51.9	Cu F	6
70.81	Al II	15	51.8	Cd III	8
70.6	Cd III	5	51.74	Zn III	8
70.2	Zr F	2	50.1	Tl F	9
70	Cu F	6	50.1	In F	10
69.83	Ga II	3	50.0	Ga F	5
1669.67	Ar III	7	1649.96	Ca II	2
69.5	In II	5	49.96	Hg II	30
69.3	Na F	4	49.44	Cu II	9
69.30	Ar III	5	49.26	Ge II	20
69.10	Ar III	1	47.98	Cd II	6
68.7	Na F	4	47.6	In F	8
68.58	Cd II	6	47.49	Hg III	10
67.7	Ca F	30	47.2	Tl F	5
67.6	Pd II	7	46.5	Au I abs	2
67.0	Mn III	60	44.81	Zn III	10
1666.9	Sb IV	15	1644.50	Ag II	10
66.68	S I	25 R	43.8	Tl F	6
65.5	Au I abs	1	43.1	Mn I abs	5 d
64.31	Cd II	5	42.2	J I abs	7
63.01	Cu II	10	42.1	Cu B	8
62.74	Hg II, III	5	41.6	Ce IV	15
62.7	In F	4	41.0	Sb F	4
61.49	Be I	12	40.8	J I	7
61.18	Hg III	1	40.41	He II 2–3	—
60.6	As II	8	40.40	H 2	5

λ (vac) in Å.	Element	Intensität	λ (vac) in Å.	Element	Intensität
1640.1	In II	5	1616.6	As I	5
40.0	Fe F	3	14.9	As I	5
39.4	Ga F	6	12.98	Sr II	4
39.28	Zn III	10	12.0	Co F	3
38.30	H 2	5	11.85	Al III	8
36.75	Mn II	25	11.4	Bi II	40
36.44	H 2	5	09.7	Bi II	40
35.2	In III	20	07.4	In II	5
34.0	Tl F	7	06.98	Sb II	10
33.76	H 2	6	06.87	Cu II	9
1633.7	Mn III	45	1606.6	Cd III	7
33.6	Br I	10	06.46	Se I	25
33.1	Zn I	4	06.40	Bi III	60
31.6	Co F	3	05.78	Al III	7
30.9	Fe F	2	02.98	C I	5
29.85	Mn II	20	02.56	Ge II	20
29.17	Zn III	10	02.40	Cu II	9
28.91	Hf II	12	02.4	Tl F	5
28.5	Cd III	10	01.6	Bi II	25
26.25	Se I	12	01.5	Cd III	12
1625.4	Ga F	7	1601	Co F	3
25.35	Mn II	20	00.83	Zn III	9
25.3	In III	10	00.5	Sb F	8
25.2	Al F	5	00.3	Au F	3
24.37	B II	4	00.09	Ge III	9
24.16	B II	4	1599.42	Hg III	0
24	Co F	3	99.41	H 2	5
23.99	B II	5	98.6	Cd IV	7
23.96	Hg II	10	98.51	Zn III	8
23.77	B II	4	98.41	Cu II	9
1623.57	B II	4	1597.7	Fe F	2
23.3	Tl F	6	97.6	Pb F	3
23.06	Hf II	12	96.9	Tl F	6
22.79	Si I	2	96.6	Pt F	4
22.73	Se I	10	96.20	H 2	8
22.50	Zn III	5	93.8	Ca II	1
22.0	Au F	4	93.7	As I	9
21.5	Pt F	5	93.6	J I	6
21.39	Cu II	10	93.57	H 2	4
21.21	Se I	15	93.56	Cu II	13
1620.68	C III	1	1592.93	Hg III	10
20.62	C III	3	92.9	Ca II	6
20.4	Sr I	5	91.8	Bi II	60
20.33	C III	2	91.48	H 2	6
20.05	C III	3	91.10	H 2	10
19.59	Zn III	8	90.25	N II	1
19.40	Hg II	2	89.7	Zn I	10
18.94	P III	2	89.5	Au F	4
17.7	J I abs	6	86.5	U F	5
17.35	Se I	20	86.4	In II	15

λ (vac) in Å.	Element	Intensität	λ (vac) in Å.	Element	Intensität
1586.4	Ga F	8	1565.8	Sb F	8
86.26	Mg III	3	63.79	Fe II	—
85.3	Sb F	8	63.7	Bi II	20
83.2	Co F	3	63.1	Si II	3 d
83.16	Cd II	4	62.54	Zn III	9
82.7	J I abs	1	62.50	Ca III	6
82.4	Br I	8	62.3	Au F	3
82.09	Zn III	10	61.7	Ag F	5
81.9	Co F	3	61.58	Tl II	15
81.7	Al F	6	61.42	C I	8
			61.4	Hg III	10
1581.54	Zn III	15			
80.63	Fe II	—	1561.29	C I	2
80.04	Se I	20	61.0	Bi III	40
80	Co F	5	60.83	Zn III	7
79.49	Se I	15	60.8	Cd F	3
77.90	Se I	15	60.70	C I	5
77.89	C III	2	60.32	C I	4
77.61	Se I	15	60.19	Ar II	3
77.32	C III	2	58.7	Ti F	20
77.08	Hg II	1	58.6	Tl III	10
			57.24	Al IV	5 d
1576.93	Ge II	10			
76.8	Co F	3	1556.6	Cd F	2
76.49	C III	3	55.6	Ca II	10
76.4	Br I	6	55.16	Ag II	10
76.11	Sb II	8	55.13	H 2	2
75.7	Co F	3	55	Pb F	20
75.7	U F	10	54.7	Ca II	3
75.26	Se I	15	54.5	Ba F	3
74.99	Ar II	4	53.3	Ca II	2
74.9	Br I	9	53.1	Pb III	20
			53.01	Zn III	7
1574.8	As I	2			
73.82	Fe II	—	1552.6	Au F	5
73.7	Bi II	40	52.34	Zn III	7
73.5	Mn F	5	52.2	Cd F	2
73.41	Cd II	3	50.79	C IV	10
72.9	Ba F	2	50.66	H 2	4
72.72	Mg III	4	50.62	Nb III	10
72.6	Co F	10	50.27	Fe II	—
72.16	Tl II	10	49.1	Ag I abs	10
71.58	Cd II	12	48.21	C IV	12
			47.3	Cd F	2
1571.31	Ca III	5			
70.4	Sn III	20	1547.2	Cl F	3
69.3	Cd III	3	47.16	H 2	3
68.9	Cd III	8	45.5	In F	5
68.57	Tl II	12	44.24	H 2	2
68.46	Hg II	1	43.14	P II	2
66.82	Fe II	—	42.32	P II	3
66.3	Ag F	4	42.5	Fe F	2
66.2	Cd F	2	42.20	C I	2
65.9	Th IV	15	42.2	Co F	3
			41.94	H 2	5

λ (vac) in Å.	Element	Intensität	λ (vac) in Å.	Element	Intensität
1541.79	Hg II	2	1525.5	Fe F	2
41.77	Cu II	15	25.32	Ge III	10
40.6	Br I	6	24.4	Nb IV	60
40.36	Hg II	1	23.5	Cd III	5
39.74	Al II	10	21.7	In F	6
39.5	H 2	3	20.6	Bi II	40
39.11	Hg II	1	18.1	J I	7
38.3	Fe F	2	15.84	Zn III	8
38.2	Tl II	12	15.6	Ag I abs	10
38.1	Bi II	35	15.19	Ga II	3
1536.91	Ga II	1	1514.8	Zn II	10
36.8	Bi II	30	14.8	J I abs	9
36.46	P II	12	14.57	Ga II	5
36.37	Ga II	5	14.25	Cd II	8
36.00	P II	12	13.6	Pb F	5
35.86	P II	3	13.3	Sb IV	40
35.40	Ga II	8	13.1	Au F	4
35.2	Zn II	20	12.6	Cd III	5
34.5	Ga III	10	12.45	Be II	10
34.1	Co F	3	12.4	Pb II	10
1534.1	Nb IV	50	1512.35	Nb III	10
34.0	Au F	5	12.30	Be II	8
33.9	Ca F	2	11.57	Hg II	1
33.64	Hg II	3	10.7	Cd F	2
33.55	Si IV, II	10	08.5	Tl F	10
33.5	In F	9	07.5	Ag I	5 d
33.2	Bi II	40	07.1	J I abs	3
32.56	P II	3	06.4	Sb F	20
32.3	Fe F	2	06.2	Tl III	4
32.0	Cd III	7	06.1	Ti III	10
1531.91	Cu II	15	1506.0	Cd F	2
31.87	Nb III	15	05.95	Zn III	8
31.85	C III	2	05.01	Ga II	3
31.84	Se I	20	04.93	H 2	5
31.7	Br I	7	04.6	Ti III	10
31.33	Se I	15	04.41	Ga II	3
30.39	Se I	25	03.9	Ba F	4
30.27	Hg II	3	03.02	H 2	3
30.2	In F	5	02.5	Bi II	20
29.3	Cd F	2	02.4	Ti III	10
1528.5	Co F	2	1502.4	Cd F	2
28.4	Cd F	3	02.3	Nb IV	60
27.49	Hg III	8	02.3	Co F	3
27.4	Ni F	2	02.00	Si III	5
26.8	Cd I	8	01.99	Nb III	40
26.7	Ca II	2	01.32	Si III	5
26.4	Si II	8	01.2	Cd F	3
26.38	Si II	8	00.8	Ti F	3
26.2	Cd I	2	00.6	Ge IV	6
25.5	Te F	3	00.5	Au F	5

λ (vac) in Å.	Element	Intensität	λ (vac) in Å.	Element	Intensität
1500.47	Zn III	6	1483.24	S I	12 R
00.4	Sb B	7	83.05	S I	15 R
00.39	Si III	5	82.4	Cd F	2
1499.71	H 2	5	81.77	C I	7
99.7	Ni F	2	81.65	S I	15 R
99.49	Zn III	6	80.61	As IV	9
99.43	Nb III	80	78.5	Mn I abs	2 d
99.3	Tl II	12	78.30	C III	1
99.2	Ti III	20	78.05	C III	2
99.2	Sb IV	25	77.77	Hg II	7
1498.84	Zn III	5	1477.68	C III	3
98.7	Ti III	30	77	Zn B, F	4
95.92	Nb III	100	76.9	Tl III	4
95.9	J I	5	75.5	Ca F	5
95.37	H 2	10	75.2	Sn II	15
95.32	H 2	4	74.54	S I	6 R
95.21	Ga II	3	74.37	S I	12 R
95.1	Ga III	10	74	Pt F	4
94.9	Ge IV	6	73.98	S I	15 R
94.67	N I	4	73.73	Ga II	3
1494.67	N I	4	1473.43	Zn III	8
94.1	In III	10	72.97	S I	15 R
93.03	P I	7	72.88	N III	—
93.0	J I	5	72.5	Cu II	—
92.63	N I	5	72.4	In F	5
91.83	H 2	5	72.30	N III	—
91.36	P I	7	71.69	N III	2
91.02	Zn III	7	71.60	N III	—
90.50	Tl II	5	71.02	N III	1
90.09	J III	20	70.68	N III	0
1490.1	Cd F	2	1470.3	Cd III	4
89.5	Tl I b abs	10	70.20	C I	1
89.21	H 2	5	69.62	X I	10
89.2	Sn II	6	69.4	Cd I	3
88.72	Cu II	12	69.2	Ti IV	15
88.4	Br I	8	68.5	C I	0
88.0	Au F	4	68.01	Ar III	2
87.6	In III	12	67.84	Ar III	3
87.47	Be I	4	67.8	Ni II	3
87.12	S I	15 R	67.45	C I	3
1487.0	Ba F	2	1467.38	Hg III	4
86.9	Bi II	6	67.3	Ti IV	30
86.73	H 2	6	66.5	Cd F	5
86.4	Zn B	6	66.5	Pt F	4
86.0	J I	1	65.8	Zn III	4
85.61	S I	12	65.71	Ar III	3
85.4	Si II	3	65.53	Ar III	2
84.74	Nb III	10	64.26	Zn III	5
83.95	Ga II	3	63.94	H 2	7
83.52	Ga II	3	63.65	Ga II	2

λ (vac) in Å.	Element	Intensität	λ (vac) in Å.	Element	Intensität
1463.4	Br I	4	1442.8	As I	8
63.33	C I	3	42.59	Mn II	25
62.1	Bi II	6	40.95	H 2	6
61.0	Bi III	10	40.2	Cd I	3
61.0	Pt F	4	39.5	Te F	6
60.8	Te F	15	39.3	Pb III	9
60.23	Ar III	2	39.1	Zn II	30
60.20	H 2	4	38.9	Au F	2
60.08	Ar III	4	38.4	Sb F	30
59.38	Hg II	3	38.3	Sn F	4
1459.2	J I	6	1437.8	Mn F	5
59.05	C I	3	37.6	Sn IV	30
58.1	J I, III	6	37.59	H 2	4
57.56	H 2	5	37.3	Ti F	10
57.5	J II, I	4	37.3	V F	4
57.4	Zn II	10	37.1	Ga F	7
56.9	Zn II	50	36.94	S I	12 R
56.77	Zn III	8	36.8	Bi II	20
56.69	Nb III	50	36.49	Sb II	8
56.31	Se I	12	36.23	H 2	8
1456.0	Cd F	2	1435.75	Se I	12
55.2	Ti III	40	35.50	Hg I abs	6
55.1	Bi III	25	35.4	Au F	6
55.05	H 2	6	35.28	Se I	12
54.9	Ni II	4	35.14	H 2	5
54.4	Mn I abs	3	35.1	As I	9
53.8	V F	4	35.1	As I	8
53.3	J I, III	4	34.8	Tl IV	6
53.0	Cd F	2	34.7	Pb II	5
52.5	Mn I abs	3	34.0	Ca II	6
1451.8	Ti IV	30	33.7		
51.1	Zn B	5	1433.28	S I	15 R
49.8	Br I	3	32.90	H 2	10
49.7	Sn III	25	32.9	Cd F	5
49.49	Ga II	5	32.5	Ca II	1
49.16	Se I	15	32.23	Zn III	5
48.20	S I	12 R	31.9	Pb F	5
48.0	Te F	6	30.6	Fe F	2
47.8	Cd F	2	30.01	H 2	7
47.5	Nb IV	50	29.97	Hg II	1
1447.09	Nb III	30	29.27	Sb III	10
46.98	Se I	10	1428.95	C III	1
46.78	Se I	10	28.53	C III	2
46.3	J I	5	28.17	C III	3
46.0	Cd F	2	27.85	C III	3
45.98	Nb III	20	27.74	H 2	8
45.42	Nb III	15	26.78	C III	1
45.2	Zn B, F	5	26.45	C III	4
44.85	Se I	10	25.6	J I	8
43.9	Ga F	7	25.10	S I	15 R
			24.1	Ti III	20

λ (vac) in Å.	Element	Intensität	λ (vac) in Å.	Element	Intensität
1423.52	Bi III	8	1402.8	Ge F	6
23.33	Bi III	10	02.72	Hg I abs	8
22.4	Ti III	25	02.7	Ca F	4
21.7	Ti III	20	02.69	H 2	8
21.5	J I abs	4	02.4	Sn F	4
20.7	Cd F	20	02.2	Pt F	5
20.4	Ti III	15	01.50	S I	10 R
20.0	Ti III	15	00.7	Sn II	7
19.61	Mn II	40	00.7	Ca F	4
18.5	Cd F	2	00.53	Hg III	9
1417.95	Mn II	10	1400.41	Hg II	2
17.3	Ba F	2	00.1	J I	3
17.00	Hg II	6	1399.00	H 2	6
16.3	Cd F	20	98.5	Ni F	2
15.9	Ni II	2	96.9	Cd F	10
15.8	Ca II	1	96.5	Cl I	3
15.30	J II	10	96.24	H 2	6
14.95	Hg III	6	96.10	S I	15 R
14.9	Ca II	2	95.88	Se I	10
14.8	Ba F	3	95.7	Zn B	4
1414.44	Ga II	20	1395.6	Ge F	5
14.43	Hg II	9	95.43	Se I	10
14.40	Mn II	10	94.94	H 2	10
14.4	Ca II	2	93.9	Si IV	10
14.3	Ni II	4	93.9	Bi II	6
13.1	Tl II	2	93.8	Ge F	8
12.9	Ni II	2	93.6	Ca F	5
12.89	H 2	8	93.1	J I	2
12.85	S I	12 R	92.59	S I	12 R
11.94	N I	6	90.9	J I	5
1411.1	Ni II	3	1389.9	Cl I	4
10.91	Mn II	25	88.39	S I	12 R
10.68	Sn III	30	87.8	Fe F	2
09.32	S I	12 R	87.7	Zn IV	7
09.4	Fe F	2	87.31	N III	4
07.34	H 2	4	86.7	Sn III	20
06.60	Se I	10	86.13	H 2	3
06.6	Pb III	12	85.89	Mn II	10
06.37	Se I	10	85.51	S I	12 R
06.2	In F	8	85.4	Cu F	2
1405.37	Se I	10	1384.70	Sb II	8
04.72	Hg I	—	84.5	Br I	8
04.6	Tl IV	8	84.14	Al III	8
04.48	Hg II	5	83.3	J I	3
04.45	Se I	8	82.63	H 2	2
04.2	Sb III	20	82.30	Mn II	10
04.2	Zn I	4	81.76	As IV	6
03.27	J III	10	81.63	P III	8
03.0	In III	10	81.6	In F	6
02.9	Si IV	8	81.55	S I	15 R

λ (vac) in Å.	Element	Intensität	λ (vac) in Å.	Element	Intensität
1381.47	P I	8	1361.31	Hg II	9
81.4	Ni II	4	61.0	Ba F	2
81.11	P III	10	61.0	J I	5
80.46	P III	10	60.49	Hg III	8
80.07	H 2	4	59.33	C I	2
79.87	P III	5	59.13	C I	1
79.67	Al III	6	58.81	Cu II	17
79.6	Cl I	5	58.51	O I abs	5
79.41	P I	8	58.6	Tl F	5
79.0	Ca II	3	58.1	Sb IV	5
1378.95	B II	3	1358.1	J I	3
78.95	Hg III	8	57.32	Hg II	5
77.98	Se I	10	57.06	C I	3
77.95	P I	8	55.89	N I	6
77.94	Mn II	15	55.83	C I	6
77.9	Ca II	2	55.60	O I abs	8
77.9	Br III	8	55.2	J I	6
77.85	Hg III	8	54.13	J II	10
77.8	Pt F	3	53.93	As IV	6
77.8	Tl IV	7	53.9	Ga III	8
1377.6	Zn IV	6	1352.94	Hg III	5
77.1	Cu F	2	52.92	Al III	2 d
76.9	Zn I	2	51.7	Cl I	3
75.07	As II, IV	10	51.34	As IV	7
74.6	Tl F	5	51.1	In F	5
74.1	Ni II	3	50.4	Y F	3
73.9	Fe F	2	50.25	Hg II	2
72.7	Ce IV	75	50.2	Bi III	15
72.6	Bi II	8	50.15	Al II	16
72.50	Hg II	1	49.4	Tl F	5
1371.88	Cu II	5	1348.87	Pb IV	6
71.8	Pb III	6	48.45	N III	—
70.91	Cd II	5	48.3	Pb II, III	4
70.9	Tl F	4	47.8	Sn F	4
70.6	Ca II	3	47.51	As IV	9
70.2	Ni II	9	47.2	Cl I	5
69.76	Sn III	12	47.1	Ca F	1
69.6	Cd F	20	47.1	Sn F	50
69.1	Ca II	3	46.91	H 2	8
68.72	Si IV	—	46.70	N III	—
1368.3	J I	3	1346.41	N II	1
68.0	Cu II	2	46.27	N III	4
67.8	J I	2	46.1	Bi III	15
65.69	Si IV	—	45.69	N III	4
64.14	C I	6	45.29	N II	1
63.5	Cl I	5	44.6	In F	5
62.61	Cu II	5	44.5	Te F	15
62.5	Ge F	4	43.51	O IV	7
62.46	B II	5	43.37	N II	2
62.0	Fe F	2	43.00	O IV	4

λ (vac) in Å.	Element	Intensität	λ (vac) in Å.	Element	Intensität
1342.69	As IV	7	1323.52	S I	10 R
42.31	H 2	6	23.2	Ga III	6
42.07	Ca II	2	21.73	Hg II	10
38.62	H 2	3	21.7	Tl II	7
38.60	O IV	6	20.2	In F	5
38.2	Ga F	6	19.72	N I	8
37.2	Tl F	4	19.21	Mn II	10
36.8	Au F	7	19.04	N I	8
36.6	J I	6	18.3	Mo F	3
35.93	H 2	6	18.24	Se II	7
1335.8	Cl I	2	1317.4	Ni II	15
35.71	C II	40	17.4	Br I, II	6
35.3	Pb II	8	17.12	Bi III	30
35.27	Mn II	25	16.9	Br I	5
34.87	P III	10	16.5	Pb F	30
34.74	Sn III	3	16.32	N I	2
34.7	Tl F	6	15.90	C I	4
34.54	C II	30	15.48	N I	1
33.85	H 2	6	14.5	Sn IV	20
33.09	Cu II	8	14.40	Cu II	16
1332.4	Tl F	8	1314.0	Mn I abs	3 d
32.2	Ce IV	75	13.47	C I	6
31.76	Hg II	15	13.3	Br III	10
31.7	Pb II	10	13.06	Pb IV	40
31.1	Ba F	2	12.9	Tl F	5
30.9	In F	6	12.26	C I	2
30.82	N II?	3	11.99	C I	2
30.61	Mn II	12	11.6	Ca F	10
30.6	Br III	10	11.37	C I	8
29.58	C I	6	10.97	N I	8
1329.5	Bi II	8	1310.69	P II	4
29.10	C I	5	10.65	C I	4
28.83	C I	4	10.57	N I	8
28.1	Br III	15	10.0	Br I	5
27.96	N I	6	09.88	P II	3
27.81	Ga II	5	09.7	Ga F	5
27.6	Ti III	15	09.07	Hg II	2
27.45	Mn II	12	08.86	Se II	8
27.40	Sb II	8	08.73	C III	2
27.40	Sn III	30	08.50	Tl II	2 R
1326.8	Bi III	9	1308.5	Br III	10
26.61	N I	7	08.35	Cu II	10
26.50	Cd II	6	08.1	Pb III	15
26.40	Hg III	8	07.95	Hg II	9
25.5	Bi II	5	07.78	Hg I abs	—
25.4	Br III	10	07.5	Tl II	15
25.10	N III	—	06.8	Zn II	1
24.40	N III	3	06.7	Sb III	20
23.94	C II	15	06.2	Bi II	6
23.78	Mn II	15	06.04	O I	9
			06.01	Sn III	4

λ (vac) in Å.	Element	Intensität	λ (vac) in Å.	Element	Intensität
1305.7	As II	10	1283.10	H 2	5
05.63	Mn II	15	81.80	Cd II	7
05.6	Hg III	8	81.0	As II	8
05.53	P II	2	80.89	C I	4
04.86	O I	12	80.83	Hg III	9
04.69	P II	2	80.65	C I	2
04.6	Tl F	8	80.49	In II	10
04.48	P II	3	80.34	C I	6
03.6	Ga F	6	80.15	C I	2
03.30	Si III	—	79.90	C I	5
1302.19	O I	12	1279.4	Pb III	6
01.12	Si III	—	79.3	Ga F	5
01.88	P II	3	79.25	C I	6
00.98	Hg I abs	—	77.77	C I	3
1299.5	Ga F	6	77.55	C I	4
99.34	As IV	10	77.27	C I	9
98.93	Si III	4	77.15	C I	2
98.9	Ti III	40	76.64	H 2	3
98.7	Ti III	50	76.4	Ca F	3
97.1	Te F	10	76.18	N II	2
1296.72	Si III	—	1275.62	Cu II	8
96.47	Cd II	12	75.4	J F	10
96.30	C III	2 d	75.06	N II	1
96.0	In F	9	75.02	C I	5
95.9	Ti III	30	74.98	Sb II	8
95.7	Br III	20	74.88	C I	2
95.56	X I	10	74.5	Pb III	3
95.5	Ga III	2	74.3	As III	9
94.7	Ti III	50	74.13	C I	5
94.55	Si III	6	73.11	H 2	3
1294.4	Sn F	15	1272.2	Mo F	3
93.5	Ga III	4	72.2	Fe F	2
93.3	Ti III	30	70.53	H 2	4
92.0	Zn II	1	69.3	Te F	8
91.6	Ti III	20	68.91	H 2	2
91.38	C I	1	68.82	Hg I abs	5
91.1	Te F	10	68.64	H 2	6
90.94	Se II	8	68.2	Ca F	2
90.9	Sn II	20	67.63	C I	1
89.98	C I	3	67.6	As II	10
1289.4	Ce IV	50	1267.4	Mn I abs	2
89.3	Ti III	30	67.2	Ga III	3
88.63	C I	2	66.8	Pb III	6
88.45	C I	5	66.45	C I	3
88.06	C I	1	66.3	Tl III	10
87.6	As II	9	65.04	Si II	10
86.7	Pt F	5	64.68	Ge II	10
86.4	Ti III	40	64.6	Ti F	10
86.38	Ga II	5	64.4	Ca F	2
83.7	Bi II	6	63.8	As II	10

λ (vac) in Å.	Element	Intensität	λ (vac) in Å.	Element	Intensität
1263	Zn F	3	1234.14	S II	3
61.87	Ge II	18	34.1	J I	3
61.56	C I	8	33.97	J II	10
61.15	C I	7	33.0	Cr III	60
60.99	C I	6	32.5	Br I	5
60.8	Fe F	2	32.22	Hg I abs	—
60.75	C I	4	32.07	X III	25
60.67	C I	2	31.90	H 2	3
60.66	Si II	8	31.6	Tl III	6
59.97	Sn III	20	31.2	Pb II	9
1259.55	C I?	3	1231.18	P II	10
59.53	S II	5	30.72	H 2	4
59.22	Hg I abs	—	30.7	Sn F	10
58.8	Ga F	7	30.51	C IV	3
58.75	N II	3	30.16	B II	2
57.22	C I	2	30.05	C IV	2
57.19	Ne III	6	29.95	H 2	8
56.05	Cd II	—	29.8	Ge IV	12
55.69	Ne III	5	28.9	Fe F	2
55.03	Ne III	2	28.77	N I	6
1254.3	Ca F	2	1228.42	N I	4
54.1	Fe F	2	28.18	H 2	4
53.79	S II	5	28.0	Ga F	6
53.6	Zn F	4	27.79	N I	2
52.60	Cr III	5	27.23	N I	1
51.8	Br I	4	26.83	N I	1
51.43	Sn III	50	26.4	N II	4
50.68	Mn II	10	25.5	Pt F	5
50.56	Hg I abs	—	25.4	Bi II	6
50.5	Pb III	9	25.37	N I	4
1250.50	S II	2	1225.1	Sb F	30
49.82	P II	10	25.03	N I	4
47.39	C III	7	24.6	Bi III	10
46.8	Ti F	5	24.2	N II	3
45.5	Ga F	4	23.7	Sn II	10
44.76	X II	5	23.4	Zn F	3
44.0	Br I	2	23.2	Te F	15
43.70	Sn III	20	22.36	Hg I abs	—
43.30	N I	3	20.34	Hg I abs	—
43.17	N I	4	18.8	Te F	15
1243.1	As II	8	1218.23	Sn III, II	3
43.0	Sn II	100	17.65	O I	10
42.63	Cd II	5	16.1	Cu F	5
41.0	Bi II	10	15.7	Ge F	5
37.14	Al IV	4	15.66	H I abs 1–2	—
37.05	Ge II, III	20	15.31	D I abs 1–2	—
36.2	Cr III	50	15.14	Sn III	15
35.83	Hg I abs	—	15.13	He II 2–4	
35.82	Kr I	30	15.1	Al F	6
34.88	Se II	7	13.90	Hg I abs	—

λ (vac) in Å.	Element	Intensität	λ (vac) in Å.	Element	Intensität
1213.5	Pb F	8	1193.0	Ga F	4
12.7	Pb F	8	92.92	C I	2
12.66	Hg I abs	—	92.9	Sb IV	25
11.10	Cr III	5	92.48	C I	2
10.6	Sb III	50	92.31	Mn II	10
10.55	Sn III	30	92.29	Se II	10
09.3	As III	7	91.86	C I	1
09.11	Cr III	6	91.83	Al II	2
08.22	Hg I	—	91.49	H 2	3
07.34	Hg I	—	90.8	Ga F	4
1207.1	Bi III	3	1190.42	Si II	—
06.52	Si III	10	90.35	Ar IV	2
06.5	Ge F	4	90.22	H 2	3
06.43	Cr III	8	90.17	S III	6
06.4	Te III	10	90.1	Pb F	7
05.69	Se II	7	90.07	Al II	2
05.2	Sb III	50	89.66	C I	6
04.30	S I	15 R	89.56	C I	4
03.6	Pb II, III	4	89.33	H 2	5
01.71	S III	5	89.21	N I	3
1201.4	Cr III	40	1189.07	C I	3
01.12	Mn II	10	89.07	Al II	1
00.97	S III	8	89.0	Ge IV	12
00.71	N I	4	88.96	N I	4
00.22	N I	5	88.50	Mn II	12
1199.55	N I	6	88.5	Bi III	10
99.39	Mn II	11	87.77	H 2	7
99.1	Sb IV	25	86.81	Ga II	3
98.9	J F	10	86.4	Fe F	2
97.42	Si II	—	85.6	Pb F	4
1197.4	Cr III	50	1185.2	Ga F	4
97.19	Be II	10	84.54	N III	8
97.17	Mn II	13	84.33	Sn III	20
96.9	Te IV	2	83.4	Ge III	8
95.62	H 2	5	83.3	Ge III	10
95.0	Ga F	4	83.03	N III	7
94.66	C I	5	80.7	Sn II	10
94.50	Si II	—	78.21	H 2	7
94.49	C I	7	77.67	N I	5
94.29	C I	2	76.74	H 2	2
1194.17	H 2	8	1176.50	N I	6
94.09	C I	5	76.37	C III	10
94.03	C I	5	76.0	Al F	4
94.02	S III	7	75.99	C III	9
93.74	C I	4	75.79	H 2	6
93.46	C I	3	75.72	C III	15
93.31	Si II	—	75.58	C III	5
93.28	C I	10	75.26	C III	9
93.20	H 2	5	74.93	C III	10
93.01	C I	8	74.28	H 2	3

λ (vac) in Å	Element	Intensität	λ (vac) in Å.	Element	Intensität
1174.0	Te F	15	1159.00	C I	5
73.78	Ge III	10	58.73	C I	3
73.78	Ga II	2	58.40	C I	2
73.5	Br II	10	58.37	Sn III	20
73.4	S F	3	58.2	Sn II	60
72.2	As III	12	58.11	C I	8
71.4	Sb IV	20	58.02	C I	7
70.6	Ga F	5	58.0	Pb F	8
70.56	H 2	3	58.0	In F	3
68.99	C IV	5	57.83	C I	3
1168.87	C IV	5	1157.7	Sb III	40
68.84	J II	10	57.39	C I	2
68.53	Se II	8	57.33	C I	1
68.48	N I	6 v	56.97	P II	4
68.4	Te IV	10	56.91	Se II	8
67.7	Sb F	10	56.62	C I	5
67.62	Ga II	1	56.50	C I	1
67.42	N I	6	56.3	Ga F	4
67.16	H 2	3	56.2	Au F	4
67.1	Bi II	9	56.06	C I	2
1166.9	Pb III	7	1155.99	Se II	7
66.5	Se II	9	55.84	C I	1
65.57	N I	2	55.02	P II	4
65.1	Pb III	7	54.73	Si IV	—
64.87	Kr I	20	54.7	J F	10
64.75	H 2	3	54.00	P II	5
64.5	Ni II	10	53.77	O III	3
64.31	N I	5	52.80	P II	4
64.21	Mn II	12	52.14	O I	3
63.85	N I	6	51.5	Sb IV, III	40
1163.75	H 2	6	1151.2	Te III	10
63.6	Ga F	4	50.88	O III	2
63.32	Mn II	14	50.78	H 2	6
63.32	H 2	2	50.55	Ge III	12
63.2	Bi II	9	50.2	Ga F	4
63.0	Sn II	5	49.96	P II	4
63.0	S F	3	49.9	Te F	10
62.8	Tl F	4	49.3	As II	4
62.79	H 2	2	48.9	Ag I	2 d
62.25	H 2	5	48.44	H 2	2
1162.2	Sb F	10	1146.87	H 2	5
62.02	Mn II	16	45.9	Sb IV	15
61.62	Sn III, II	20	45.85	H 2	8
61.25	H 2	8	44.95	Pb IV	6.
61.09	Sn III	20	44.20	H 2	5
60.79	Ge III	8	44.1	Tl F	3
60.40	Hg II	4	44.0	Te F	5
59.68	H 2	5	43.61	N I	5
59.62	Ge III	8	43.4	Fe F	2
59.09	P II	4	43.03	Be II	7

λ (vac) in Å.	Element	Intensität	λ (vac) in Å.	Element	Intensität
1143.01	Be II	0	1122.33	C I	4
42.9	Pb III	5	22.18	C I	1
41.94	Se II	9	21.93	Si IV	—
41.62	C II	3	21.4	Au F	3
40.69	C I	3	21.4	Pb II	10
40.39	C I	1	21.3	S F	5
40.07	C I	1	21.15	H 2	5
39.89	C I	7	20.8	Ga F	3
39.8	J F	10	20.8	Sn IV	5
39.79	C I	6	20.5	Ti F	10
1139.35	Sn III	20	1120.4	Sb IV	10
39.34	C II	3	20.0	Nb IV	150
39.3	Tl F	3	19.6	Pb II, III	10
39.14	C I	2	19.52	H 2	4
39.04	C I	1	19.4	Sn IV	20
39.01	Bi III	20	19.25	Ga II	3
38.94	C II	2	19.2	Se III	8
38.63	C I	1	18.99	H 2	6
38.54	O III	2	18.80	Al IV	4 d
37.92	Ge III	10	18.7	Pb III	4
1137.86	Pb IV	7	1118.2	Mn F	5
36.9	Ga F	3	18.2	Pt F	3
36.80	Al IV	3	18.15	C I	1
35.8	Ga F	8	17.71	C I	3
35.4	Sb III	10	17.43	H 2	4
34.98	N I	7	16.8	Ge F	6
34.42	N I	5	16.5	Te F	10
34.3	Tl F	4	16.34	H 2	8
34.17	N I	5	16.2	Pb IV	4
33.8	Ga F	3	16.18	H 2	4
1133.6	Au F	3	1116.1	Nb IV	100
33.1	Pb II	7	15.4	Ga F	2
32.3	Sn F	40	15.0	Pb III	5
31.76	Pb IV	7	15.0	Sb IV	25
30.81	Ga II	5	14.92	H 2	5
30.34	X III	30	14.8	S F	5
29.18	Hg III	5	14.41	C I	2
29.16	C I	6	14.2	Mn F	5
28.75	C I	1	13.81	H 2	4
28.28	C I	0	13.5	Mn F	5
1128.0	Ce F	5	1113.4	Ti F	10
27.75	Si IV	8	13.20	Si III	5
27.6	Co F	3	12.8	Be F	3
26.6	Hg I b abs	100	12.57	H 2	3
26.3	Ga F	3	12.5	U F	2
26.3	Se III	5	12.1	V F	3
25.5	Tl F	4	12.05	C I	1
24.08	Hg III	3	12.01	H 2 abs	3
23.0	Te F	15	09.95	Si III	5
22.6	Si IV	8	09.8	Pb II	10

λ (vac) in Å.	Element	Intensität	λ (vac) in Å.	Element	Intensität
1109.5	Au F	3	1090.4	Ga F	2
09.4	Tl F	4	90.07	Hg III	3
09.1	Zn I b abs	20	89.4	Ge F	5
08.4	Pb III, II	4	89.0	Te III	8
08.35	Si III	4	88.9	X I	15
08.2	Sn II	4	88.8	Sn F	15
07.93	C IV	4	88.45	Ge III	40
07.60	C IV	3	88.4	Ce F	5
06.74	Ge II	10	87.6	Sb IV	15
06.5	As F	10	86.5	Ge II	5
1106.5	Te F	10	1085.74	N II	10
05.53	Hg III	4	85.55	N II	7
04.25	Hg II	2	84.94	He II 2–5	—
03.9	Pb II, III	10	85.0	Ga F	5
03.5	Bi III	15	84.58	N II	9
02.9	Ga F	4	84.1	Sb III	20
02.32	S II	3	83.90	N II	7
01.32	N I	3	83.4	Te III	10
00.5	X I	60	82.7	Tl F	4
00.5	Se III	5	82.4	As II	10
1100.43	X II	10	1082.2	In F	2
00.36	N I	4	82.06	B II	3
1099.6	Tl IV	6	81.85	B II	3
99.34	Hg II	2	81.6	Tl F	5
99.3	Sb IV	25	81.5	As F	50
99.2	Bi III	8	81.3	Te III	10
99.17	N I	2 n	80.6	Ce F	5
99.1	Se III	9	79.7	Tl IV	50
98.76	Ge II	7	79.7	Se III	5
98.4	Pb III	5	79.49	As IV	7
1098.28	N I	3	1079.07	Cl II	3
98.1	Hg II	2	79.07	H 2 abs	4
98.07	N I	3	77.9	Te IV	6
97.82	Se II	8	77.80	H 2 abs	4
97.22	N I	4	77.16	H 2 abs	4
96.74	N I	2	77.14	S III	8
96.5	Pb IV	—	75.8	Sb III	30
96.30	N I	2	75.2	Cl II	4
95.96	N I	4	74.63	Pb III	15
95.2	Te III	10	74.56	Pb III	10
1094.6	Mo F	3	1074.48	X II, I	15
94.16	H 2 abs	3	74.1	Tl F	5
93.5	As F	20	73.81	Sb II	6
92.74	C II	2	73.5	S IV	5
92.70	H 2 abs	3	73.5	Sn II	15
92.23	H 2 abs	3	72.9	S IV	10
92.0	Ga F	5	72.5	Ge F	6
91.93	C II	1	72.23	Ag II	12
91.7	Ga F	2	72.1	Pb III	6
90.7	Tl F	4	71.77	Cl II	3

λ (vac) in Å.	Element	Intensität	λ (vac) in Å.	Element	Intensität
1071.7	Br II	15	1054.67	Cu II	12
71.03	Cl II	5	53.0	Sn F	5
70.5	Tl F	4	52.21	Sb II	6
70.4	Sb III	20	52.2	In F	5
69.99	N I	3	51.92	X II	10
69.9	Sb III	20	51.81	Bi III	8
69.2	Pb IV	4	51.3	Sb IV	10
69.20	N I	2	51.22	H 2 abs	4
69.1	Ge F	5	50.8	Pb II	10
68.54	N I	3	50.4	Ga F	4
1068.3	Ge F	5	1049.9	Ge F	5
68.1	Tl F	5	49.8	Pb II	10
68.04	Hg III	2	49.65	Se II	10
67.95	Cl II	4	49.6	F III	—
67.61	N I	1	49.5	Se II	10
66.66	Ar I abs	9	49.0	Tl F	5
66.39	X III	12	48.9	Pb III	12
66.3	Si IV	8	48.8	Zn F	3
66.14	C II	5	48.39	Cd II	4
65.90	C II	7	48.23	Be II	6
1065.9	Sb III	40	1048.22	Ar I abs	10
65.49	Ag II	10	48.2	X I	50
65.1	Tl F	5	48.1	In F	3
64.78	P II	10	48.0	Sb F	10
64.74	H 2 abs	5	47.80	X III	10
64.6	Br II	10	45.8	Bi III	8
64.2	Te F	10	45.8	In F	5
63.77	Cl II	4	45.5	Ge F	7
62.80	Hg II	4	44.5	Sn IV	20
62.6	S IV	10	44.2	Tl F	5
1062.2	Ce F	10	1042.2	Sb IV	75
61.8	Sn F	10	41.69	O I abs	7
61.0	Cr III	6	41.3	X I	20
60.7	Pb II	10	40.99	Ge III	12
60.61	Pb III	4	40.94	O I abs	8
60.12	Cr III	7	40.9	Br II	10
58.91	Ge III	12	39.99	Bi III	25
58.9	Bi II, III	7	39.70	Hg II	2
58.5	Mo F	3	39.56	Cu II	5
58.1	Ga F	3	39.28	Cu II	5
1057.6	Sn F	10	1039.23	O I abs	8
57.41	Se II	9	38.52	H 2 abs	4
57.32	Sb II	8	38.13	H 2 abs	4
56.7	Tl F	5	38.12	Cr III	5
56.6	Sb III	10	37.93	Ar IV	1
56.27	Sb II	8	37.77	Cr III	5
55.83	Cd II	4	37.7	X I	10
55.81	Cu II	6	37.02	C II	10
55.8	Zn I b abs	20	36.98	H 2 abs	4
55.5	Pt F	3	36.56	H 2 abs	4

λ (vac) in Å.	Element	Intensität	λ (vac) in Å.	Element	Intensität
1036.45	Cu II	10	1022.5	Cd I b abs	20
36.33	C II	9	22.0	As II	10
36.31	Be II	8	20.9	Bi II	5
36.29	H 2 abs	5 d	20.75	Si II	—
36.01	Cr III	8	19.8	Sn IV	10
35.90	Cr III	8	19.65	Cu II	3
35.8	Te III	7	19.10	Ga II	3
35.51	P IV	—	18.92	Te III	10
34.7	Tl F	3	18.7	Cr F	5
33.69	Ga II	8	18.69	Cu II	11
1033.94	Cr III	2 / 2–8–8–8	1018.04	Cu II	3
33.18	Cr III	8	18	Zn F	2
33.60	Se II	10	17.68	X III	35
33.10	P IV	—	17.6	Fe F	6
32.9	Sb IV	30	16.69	Ge III	8
32.62	Ge III	8	16.6	Pb II	10
32.51	Te III	8	15.46	P II	—
32.5	X I	10	15.8	Ti F	2
31.8	Fe F	4	15.4	Br II	15
31.5	In F	5	15.4	As II	10
1030.9	Mn F	2	1015.02	Cl III	7
30.9	Tl F	3	14.80	H 2 abs	3
30.89	Mn I₁	10	14.21	H 2 abs	3
30.85	Cr III	4	14.01	Se II	9
30.51	P IV	—	13.40	Se II	9
30.43	Cr III	7	13.40	H 2 abs	3
30.4	Pb III	15	12.77	H 2 abs	3
29.3	Ge F	5	12.61	Cu II	8
29	Zn F	2	12.38	Ga II	5
28.69	Tl IV	30	12.31	Ge III	10
1028.61	Pb IV	30	1012.2	Mn F	2
28.6	In F	3	12.1	Br II	10
28.29	Cr III	5	11.9	Sb III	40
28.17	O I abs	7	11.21	Ge III	15
28.09	P IV	—	10.37	C II	7
28.00	Mn II	18	10.29	Cu II	7
27.44	O I abs	8	10.2	Nb IV	500
27.0	X I	10	10.09	C II	5
26.93	Be II	6	09.86	C II	5
25.78	O I abs	9	09.71	H 2 abs	3
1025.72	H I abs 1–3	—	1009.43	Sb II	6
25.56	P IV	—	09.4	As II	8
25.42	D I abs 1–3	—	08.9	Mn F	2
25.27	He II 2–6	—	08.78	Cl III	6
24.6	In F	4	08.62	Cu II	7
24.0	Au F	2	08.42	H 2 abs	3
23.80	Ga II	5	07.53	Mn II	15
23.75	Si II	—	07.5	Cs I b abs	10
23.55	Mn II	20	07.24	Bi III	5
22.8	Te F	5	07.14	Bi III	5

λ (vac) in Å.	Element	Intensität	λ (vac) in Å.	Element	Intensität
1007.1	Nb IV	500	992.60	H 2 abs	3
07.0	Te F	10	92.6	Te F	5
06.48	Te III	8	92.47	H 2 abs	3
06.02	N III	6	92.36	He II 2–7	—
.06.0	Fe F	2	91.86	H 2 abs	3
05.7	Nb IV	400	91.58	N III	17
05.6	Pb III	6	91.51	N III	14
05.32	Ag II	15	91.25	H 2 abs	3
05.28	Cl III	5	90.80	O I	4
05.02	Mn II	4	90.5	Ge F	5
1004.6	Pb F	10	990.21	O I	8
04.47	Te III	8	90.12	O I	3
04.4	Cr F	5	90.0	U F	10
04.2	Ge F	6	90	Zn F	2
03.59	P III	10	89.9	Bi III	12
03.5	Te F	10	89.80	N III	7
03.4	Kr I abs	—	89.6	Ga F	4
03.40	As IV	8	89.2	Y III	1
03.37	X III	35	88.96	Ge III	12
02.95	Ga II	3	88.78	O I	8
1002.90	Cr III	8	988.64	O I	3
02.8	Nb IV	50	87.9	Ge F	5
02.3	As II	8	87.5	Ge F	5
02.10	Ar III	3	87.5	Te F	5
01.6	Se IV	4	86.8	Ga F	4
01.13	Sb II	6	86.7	Pb II	10
01.1	Kr I abs	—	86.6	Au F	3
01.01	Cr III	6	86.5	Zn II	2
00.96	Mn II	25	86.14	H 2 abs	3
00.81	Cr III	6	85.9	X I abs	—
1000.43	Te III	10	985.0	Br III	15
999.6	Sb III	15	84.8	Cl F	4
99.49	O I	6	84.8	Ge F	4
99.33	Cr III	6	84.6	As F	10
99.25	As IV	9	84.2	Zn II	3
99.14	Ge II	5	83.8	Fe F	3
98.00	P III	8	83.57	Sb II	6
97.5	Si III	2	83.1	Te F	5
96.7	Se IV	6	80.58	As IV	10
96.50	Ge III	10	79.92	N III	9
996.4	Y III	2	979.84	N III	8
95.9	Pb II	10	78.76	Sb II	5
95.8	X I abs	—	78.62	O I abs	4
95.75	Pb III	7	77.96	O I abs	5
95.72	Ge III	15	77.90	Cl IV	4
95.6	Si III	2	77.9	Ca F	2
94.5	Pt F	2	77.89	P III	3
93.94	Si III	—	77.56	Cl IV	6
93.5	Nb IV	60	77.4	Al F	4
92.95	Cu II	9	77.02	C III	30

λ (vac) in Å.	Element	Intensität	λ (vac) in Å.	Element	Intensität
976.9	Ge F	7	50.38	Cu II	8
76.7	X II	10	59.6	Ca F	5
76.45	O I abs	5	59.6	Se IV	9
75.5	Sb F	10	58.9	Mo F	3
75.5	Au F	20	58.86	Ne I	1
74.9	Se III	7	58.70	He II 2—9	—
74.78	P III	3	58.5	F I	5
74.61	As IV	9	58.13	Cu II	9
74.1	Se III	5	56.9	Ga F	5
73.68	O I	4	56.87	As IV	8
973.57	Te III	8	955.8	Sn F	30
73.27	Be II	5	55.5	F I	5
73.24	O I	5	55.34	N IV	10
72.81	P III	2	54.8	Se III	5
72.7	X II	15	54.8	F I	7
72.53	H I 1—4	—	54.5	Se III	5
72.25	D I 1—4	—	54.4	Pb F	5
72.11	He II 2—8	—	53.7	Se III	5
71.8	X II	2	53.64	N I	—
71.75	O I	8	53.6	As III	20
971.3	Ge F	6	953.40	N I	—
71.17	Te III	8	53.4	Te F	6
71.13	As IV	10	53.3	Kr I abs	—
69.26	Cr III	8	53.25	As IV	8
69.13	Hg II	4	52.95	O I	4
68.8	Bi III	10	52.79	N I	—
67.53	Cr III	8	52.32	O I	—
67.2	Pb II	10	52.30	N I	—
66.9	X I abs	—	52.1	X I abs	—
66.9	Cd I b abs	20			
966.22	Cr III	7	951.8	F I	5
65.54	X III	10	51.7	Cd F	2
65.43	P II	3	50.89	O I	4
65.10	N I	2	50.74	O I	—
65.0	Te F	5	50.66	P IV	25
64.96	Kr II	12	50.5	Ti F	2
64.94	P II	3	50.12	O I	4
64.63	N I	3	49.74	H I 1—5	—
64.25	P III	3	49.48	D I 1—5	—
63.99	N I	4	49.33	He II 2—10	—
963.82	P II	2	949.30	Ce IV	3
63.8	As III	8	49.1	Br II	10
63.4	Kr I abs	—	48.69	O I	4
62.74	Hg II	4	48.66	Cu II	6
62.58	P II	3	48.01	C IV	2
62.4	Fe F	2	47.2	Ga F	4
62.13	P II	3	46.5	Kr I at	—
62.0	X I abs	—	46.45	As IV	9
61.06	P II	2	46.21	C II	2
60.4	Cl F	6	45.98	C II	1

λ (vac) in Å.	Element	Intensität	λ (vac) in Å.	Element	Intensität
945.7	In F	4	926.22	H I 1–8	—
45.57	C I	3	25.9	X II	15
45.5	Kr I abs	—	25.5	Cr F	3
45.34	C I	2	25.5	Bi III	6
45.19	C I	1	25.2	Mn III	10
44.5	Hg I b abs	20 u	25.01	Cr III	5
43.56	Be II	4	24.27	N IV	10
42.63	Hg II	2	24.04	Cr III	7
42.0	Te F	6	24.0	Au F	8
			23.7	Kr I abs	—
940.79	Hg II	6	923.67	N IV	10
39.6	Br III	10	23.55	Cr III	6
39.24	O I	—	23.39	Hg II	4
39.2	X II	12	23.35	O IV	6
38.9	Au F	3	23.21	N IV	12
38.9	Ge IV	6	23.15	H I 1–9	—
38.63	O I	—	23.05	N IV	10
38.6	Ga F	4	22.6	Kr I abs	—
38.2	Se III	5	22.53	Cr III	4
38.03	O I	—	22.51	N IV	10
938.0	Hg II	2	922.5	Br III	8
37.85	O I	3	22.49	Pb IV	10
37.80	H I 1–6	—	22.2	Mn III	40
37.69	S II	3	22.16	Cr III	6
37.55	D I 1–6	—	21.98	N IV	10
37.41	S II	3	21.86	P III	—
37.4	Co F	5	21.4	Ga F	4
37.2	Sb IV	15	21.39	He	—
37.2	As III	6	21.36	O IV	5
37.1	Sb IV	30	21.30	O IV	4
936.7	Ge IV	9	920.9	Br III	8
36.64	O I	3	20.9	Bi III	7
35.3	X II	8	20.70	Cr III	4
35.4	Pt F	3	19.78	Ar II	15
35.18	O I	4	18.82	S II	3
32.39	Te III	8	18.8	Br III	8
32.3	Sb IV	25	18.71	P III	2
32.18	Pb IV	10	18.5	Mn III	100
32.05	Ar II	10	17.43	Kr II	7
31.3	X II	12	17.13	P III	2
930.87	Te III	8	916.71	N II	8
30.80	As IV	8	16.01	N II	6
30.75	H I 1–7	—	15.96	N II	5
30.49	D I 1–7	—	15.83	Hg II	7
30.2	Pt F	3	15.61	N II	5
30.0	Ga F	3	15.0	Ge IV	8
29.2	Fe F	3	13.99	P III	—
27.5	As III	20	12.96	Te III	8
26.75	Cs II	20	12.89	Se II	9
26.7	Pb F	20	12.74	S II	3

λ (vac) in Å	Element	Intensität	λ (vac) in Å	Element	Intensität
912.7	X II	12	895.95	Cl II	2
12.22	Te III	6	94.65	Mn III	25
11.5	Fe F	2	94.31	Ar I	4
11.3	Ga F	4	94.27	H	—
10.9	Te IV	7	94.1	Pb F	15
10.88	P II	2	94.0	Mo F	3
10.59	P II	2	93.99	X III	20
10.56	Te III	8	93.91	Al III	5
10.49	S II	3	93.8	Cu F	—
10.11	Te III	8	93.75	Mn III	35
909.7	Sn F	10	893.65	Cu II	16
09.3	Ga F	3	93.55	Cl II	3
08.36	P II	2	93.11	Hg II	10
08.3	Ga F	3	92.68	As IV	10
08.05	P II	2	92.6	Ge F	5
07.8	Tl F	2	92.40	Cu II	9
07.0	Sn F	10	92.39	Mn III	45
07	Pt F	20	92.2	Sn F	10
06.87	S II	3	92.06	Al III	4
06.63	Se II	8	92.0	Ca F	4
906.73	N I	—	891.5	Se III	8
06.43	N I	3 d	91.2	Fe F	2
06.21	N I	3 d	91.2	Sb IV	20
05.79	N I	3 d	90.98	Kr II	6
04.5	Al B	5	90.8	Pb IV	4
04.48	C II	8	90.7	Hg I b abs	10 u
04.14	C II	12	90.7	Se III	5
04.13	C II	—	90.60	Cu II	12
04.1	Ga F	4	90.00	Cd II	1
			89.5	Pb F	20
904.1	In F	5	889.3	Ga F	5
03.95	C II	8	89.28	X III	15
03.71	Te III	10	88.92	Cd II	2
03.61	C II	8	88.9	As III	10
03.1	Te IV	9	88.4	Sb IV	25
03.1	Kr I abs	—	88.06	Cl II	3
02.3	Ca F	20	87.40	Ar III	10
02.3	Sn F	50	87.2	X II	10
01.80	Ar IV	2	887.1—884.1	Tl I c abs	6
01.5	Te F	5	86.7	Th IV	12
901.34	Cs II	20	886.30	Kr II	8
01.17	Ar IV	9	86.0	Mo F	3
01.10	Cu II	9	85.9	Au F	10
00.9	As III	9	85.2	Cr F	40
00.36	Ar IV	5	84.52	C III	8
00.3	Br III	8	84.1	Fe F	2
899.77	Cu II	9	83.7	Pb F	15
98.96	O III	2	83.18	Ar III	9
97.80	Kr III	40	82.88	O I	—
96.00	X III	20	82.67	B II	2

λ (vac) in Å.	Element	Intensität	λ (vac) in Å.	Element	Intensität
882.54	B II	2	862.58	Kr. III	35
82.5	Mo F	3	61.63	O I	—
82.4	Th IV	30	61.6	Sb IV	25
82.34	B II	2	60.4	Ga F	3
82.0	In F	4	59.9	Fe F	4
881.2—878.7	Tl I c abs	6	59.67	P III	8
81.13	Cs I b abs	8	59.52	Si IV	—
80.6	Fe F	2	59.25	Si IV	—
79.95	Ar I abs	4	59.04	Kr II	4
79.62	Ar III	8	58.56	C II	6
879.4	Kr I abs	—	858.09	C II	5
79.31	P IV	2	56.78	Al III	5
79.2	Se III	7	56	Cu F	—
78.73	Ar III	12	55.5	P F	3
77.9	Cs III	7	55.04	Al III	4
77.86	O I	2	54.73	Kr III	25
77.78	O I	1	54.7	X II	10
77.7	As III	9	54.5	Au F	4
77.49	P IV	11	52.95	X III	25
76.67	Kr III	20	52.7	Pb F	5
76.3	Fe F	2			
876.06	Ar I abs	4	852.0	Te III	7
75.59	Te III	8	51.8	Fe F	2
75.53	Ar III	9	51.74	As IV	10
75.13	P IV	11	51.6	Cl F	4
74.57	Te III	8	51.2	Pb F	8
74.4	Ga F	—	50.78	Cs I b abs	20
74.05	K III	3	50.74	O I	—
74	Cu F	—	50.60	Ar IV	25
73.87	K III	2	49.9	As III	9
73.7	As F	8	49.57	Cs I b abs	10
873.6	Fe F	2	849.23	Te III	8
73.6	Sb IV	20	48.99	Te III	8
72.31	K III	4	47.8	Ge IV	6
71.7	As III	8	47.7	Fe F	2
71.4	X II	12	46.9	Th IV	30
71.10	Ar III	10	46.8	Cl F	10
71.1	As III	10	45.8	Te IV	5
70.83	Kr III	20	45.2	Au F	7
69.75	Ar I	2	45.0	Fe F	2
68.87	Kr II	4	44.06	Kr II	6
868.3	Ge IV	6	843.77	Ar IV	20
66.81	Ar I abs	4	43.5	Au F	5
66.3	As III	10	43.06	Hg III	8
65.4	Au F	5	43.0	Se III	5
65.4	Co F	2	42.81	Ar I	2
64.81	Kr II	5	42.06	Be II	7
64.4	Cl F	4	42.04	Kr IV	22
64.0	Pb F	5	41.4	Br III	8
63.4	Au F	5	40.9	Cl F	6
63.2	Fe F	3	40.5	Cr F	3

λ (vac) in Å.	Element	Intensität	λ (vac) in Å.	Element	Intensität
840.3	Te IV	8	820.13	Ar I	1
40.03	Ar IV	15	19.7	Br III	8
39.9	Ga F	2	18.15	Kr II	5
39.9	Ca F	10	17.85	Si IV	5
39.86	Cd II	1	17.8	Br III	8
38.23	Cd II	15	17.18	Tl II	8
38.1	Ag III	20	16.82	Kr IV	18
37.67	Kr III	20	16.47	Ar I abs	1
37.0	Sn F	8	16.23	Ar I abs	4
36.32	S III	4	16.2	Ag III	15
835.4	Pb F	3	816.0	S IV	6
35.29	O III	7	14.78	Si IV	5
35.10	O III	5	13.85	Cs II	20
35.00	Ar I	1	13.7	Fe F	2.
34.47	O II	20	13.3	Cu F	—
34.40	Ar I abs	6	12.6	Pb III	4
34.2	Zn II	1	12.5	Te F	10
34.0	Ti F	45	12.1	Pb F	3.
33.75	O III	10	12.09	O I	3
33.7	Hg I b abs	20 u	11.69	O I	1
833.6	Zn II	2	811.43	O I	1
33.6	Te IV	5	11.02	O I	4
33.33	O II	12	11.0	Au F	3
33	Cu F	—	10.62	O I	1
32.93	O III	5	09.93	Ar I abs	—
32.76	O II	8	09.9	Zn I b abs	8
32.74	Se II	9	09.77	C II	3
32.37	Cd II	2	09.72	Rb I b abs	50
31.6	Au F	4	09.7	S IV	5
31.6	Ca F	20	09.68	C II	4
830.4	Ce F	20	809.6	F I	3
30.38	Kr II	4	08.9	Ag III	30
29.8	Ga F	7	08.77	Cs II	20
28.8	Ga F	7	07.8	Tl F	2
28.48	Se II, III	8	07.70	Ar I abs	2
27.93	P IV	25	07.22	Ar I	—
27.4	As F	5	06.9	F I	4
27.05	Cu II	10	06.88	Ar I abs	2
26.37	Ar I	2	06.85	C II	6
25.35	Ar I	1	06.68	C II	4
824.89	S III	4	806.56	C II	7
24.88	X III	30	06.38	C II	5
24.73	P IV	20	06.0	X II	10
23.98	Cu II	9	05.76	Kr IV	7
23.9	Se III	6	05.3	Sb IV	15
23.8	Bi III	10	05.0	Pt F	3
23.21	X III	25	04.9	Te IV	5
23.18	P IV	20	04.5	X II	10
22.4	Ag III	18	03.0	X II	10
20.2	Sb IV	25	02.25	O IV	5

λ (vac) in Å.	Element	Intensität	λ (vac) in Å.	Element	Intensität
802.20	O IV	6	787.71	O IV	15
01.98	X III	15	87.6	Hg I b abs	10 u
01.91	Ar IV	5	87.3	Ca F	2
01.41	Ar IV	10	87.3	X II	10
01.36	Ar I	—	86.6	S F	5
01.2	Cu F	5	85.8	Ag III	15
01.09	Ar IV	10	84.5	Cd I b abs	10
00.57	Ar IV	5	84.5	Te IV	5
00.5	Ga F	3	84.39	C III	3
799.95	C II	4	84.1	Sn F	20
799.66	C II	4	783.75	P II, III	2
99.4	Ag III	40	82.9	Ag III	20
99.14	Ar I	—	82.6	Cs III	3
97.9	Ag III	25	82.08	Kr II	5
97.44	Ar I	—	81.8	Ti IV	20
96.69	S III	4	80.1	Cr F	3
96.8	K F	3	79.91	O IV	10
96.66	O II	10	79.82	O IV	9
96.5	Ag III	20	79.19	Si IV	—
96.07	X III	12	79.13	X III	25
795.36	Cl II	3	779.1	Ti IV	20
95.3	Ga F	3	79.03	Si IV	—
95.13	C II	1	78.53	K III	7
94.96	C II	0	77.9	Ga F	3
93.9	Zn I b abs	6	77.3	Cu F	—
93.47	Cl II	3	77.2	Se III	4
93.35	Cl II	3	76.8	Ti IV	10
92.92	O I	3	76.4	Ag III	35
92.90	X III	15	76.3	Se IV	5
92.50	O I	1	75.96	N II	12
792.40	Tl II	5	775.8	Sr III	10
92.4	Ag III	25	75.38	Be II	4
92.20	O I	1	74.2	S F	4
91.93	O I	3	73.3	Cu F	7
91.5	Cu F	7	72.98	N III	8
91.5	Bi F	2	72.89	N III	9
91.48	O I	1	72.39	N III	12
90.8	Se III	7	71.90	N III	11
90.20	O IV	16	71.54	N III	10
90.15	Hg III	8	70.28	O I	1
			69.63	Br III	5
790.10	O IV	12	769.6	Ag III	15
90.0	U F	5	69.39	Ar III	2
89.9	Cu F	5	69.15	Ar III	12
89.1	Ag III	20	68.3	Ag III	25
88.99	Cl II	4	67.34	Rb I b abs	30
88.98	S III	4	67.29	Cs I b abs	6
88.9	Ca F	2	67.2	Ag III	20
88.74	Cl II	5	66.13	Cs I b abs	30
88.6	Cu F	6	65.64	K III	6
88.3	Cu F	6	65.6	Zn I b abs	6

λ (vac) in Å.	Element	Intensität	λ (vac) in Å.	Element	Intensität
765.31	K III	4	745.84	N II	6
65.14	N IV	7	45.32	Ar II	5
64.7	S F	5	45.26	K IV	4
64.6	Ti F	5	45.09	Cs I b abs	6
64.4	Cr F	4	44.92	S IV	5
64.36	N III	15	44.92	Ar II	5
63.7	U F	5	43.70	Ne I	12
63.34	N III	14	43.58	Be II	3
62.19	Ar II	2	42.57	X III	15
61.99	As IV	8	42.3	Ag III	20
761.47	Ar IV	5	741.94	K IV	4
60.80	As IV	10	41.93	As IV	8
60.44	Ar IV	3	41.8	Ce IV	40
60.4	Ga F	3	41.4	Rb II	15
60.3	Ge F	3	40.9	Ag III	20
59.9	Sn F	8	40.69	Hg III	6
58.8	Se IV	8	40.26	Ar II	12
58.67	B III	2	38.47	S III	4
58.48	B III	1	38.1	Ag III	10
58.3	Ag III	10	37.15	K IV	4
756.7	O I	1	736.5	Ag III	20
56.51	P IV	6	36.33	Br III	8
55.8	O I	2	35.89	Ne I	30
55.8	Ce IV	12	35.25	S III	4
55.7	Ag III	15	34.6	Se IV	8
55.21	Ar IV	3	33.31	X III	10
54.82	Ar II	3	32.37	S III	5
54.66	K IV	4	32.3	Sb III	15
54.6	Pb F	3	32.1	Cu F	5
54.6	Ce IV	30	31.44	B II	1
754.21	Ar IV	4	731.36	B II	1
53.77	S IV	—	31.03	X III	15
53.6	Cd I b abs	10	30.93	Ar II	8
52.8	Ag II	30	30.9	Ag III	15
52.76	O III	4	30.8	Ag II	25
52.05	Kr II	4	30.78	S III	4
52.0	Sn F	10	30.5	Cu F	7
50.24	S IV	—	30.2	Ag III	15
50.00	K IV	4	30.0	Ag III	35
49.97	Si IV	3	29.53	S III	4
749.3	Te IV	5	729.40	Kr II	4
48.5	Pb F	4	29.4	Cl F	3
48.41	S IV	—	26.95	Al III	3
48.33	As IV	8	26.9	Ag III	30
48.3	Ag III	20	26.4	Se III	8
48.19	Ar II	4	25.54	Ar II	9
47.57	As IV	9	25.2	S F	4
46.98	N II	8	23.4	V F	5
46.79	Cs I b abs	7	24.8	Sb III	8
46.3	Se IV	5	24.27	Se III	9

λ (vac) in Å.	Element	Intensität	λ (vac) in Å.	Element	Intensität
723.35	Ar II	14	702.90	O III	17
23.1	Fe F	2	02.82	O III	16
22.9	Sb III	15	02.5	Mn F	2
22.8	Se IV	5	02.33	O III	16
22.2	Cs III	2	01.7	Pt F	3
22.04	Kr II, III	50	01.2	Cd I b abs	6
22.0	S F	—	00.29	S III	7
21.20	X III	10	00.28	Ar IV	8
20.6	Cd III	8	00.13	Cu F	—
19.6	Cu F	6	699.41	Ar IV	6
718.9	Al F	3	699.2	S F	4
18.56	O II	16	98.76	Ar II	4
18.5	Ag III	20	98.7	Sb III	10
18.48	O II	17	98.54	·X III	20
18.2	Ca F	10	98.50	As IV	7
18.2	U F	10	97.94	Ar II	1
18.08	Ar II	4	97.74	Ar III	2
17.7	Ag III	10	97.48	Ar II	2
16.9	S F	4	97.0	Rb II	5
16.7	Pb III	3	96.99	Br III	7
716.1	Cd I b abs	10	696.5	Mo F	10
15.60	Cl II	3	96.3	Tl II	15
15.5	Cu F	8	96.21	Al III	4
15.3	Cu F	3	96.20	K III	1 R
14.06	Cl II	2	96.1	Pt F	3
13.88	Zn III	3	95.82	Al III	5
13.8	Ag III	20	95.82	K III	3 R
13.7	Tl F	2	95.54	Ar III	6
13.5	Pt F	3	94.7	Cr F	5
12.68	Cl II	4	93.97	X III	10
711.2	Rb II	9	693.95	B II	2
11.07	As IV	8	93.5	Cu F	4
11.0	S F	4	93.30	Ar II	2
10.7	Cd F	2	91.6	Mo F	8
10.54	Cl II	1	91.6	Cu F	5
09.8	Ag III	20	91.2	Sb III	10
09.40	Se III	7	91.19	N III	2
09.17	Cl II	3	91.03	Ar II	1
09.16	Se III	7	90.53	C III	7
07.45	Cl II	4	90.3	Cu F	5
				90.17	Ar III	8 d
707.32	O III	4	689.01	Ar IV	2
06.30	O III	2	88.39	Ar IV	7
06.22	O III	3	88.0	Cu F	6
05.76	O III	2	88	Ca F	4
05.35	O III	3	87.7	Cr F	4
05.10	X III	12	87.68	Br III	9
04.52	Ar II	3	87.6	Cu F	—
03.85	O III	18	87.36	C III	11
03.7	S F	4	87.09	Rb I b abs	10
03.1	Ti F	8	87.06	C II	10

λ (vac) in Å.	Element	Intensität	λ (vac) in Å.	Element	Intensität
686.50	Ar II	1	673.77	O II	7
86.48	C II	2 d	73.60	Cl III	1
86.34	N III	14	73.13	Cl III	3
85.82	N III	16	72.95	O II	8
85.51	N III	15	72.85	Ar II	3
85.00	N III	14	72.6	Pb II	2
84.71	Rb I b abs	12	72.33	Kr III	25
84.5	Cd III	15	72.00	N II	6
84.5	Au F	4	71.85	Ar II	10
84.38	V IV	10			
			671.8	Se IV	8
684.3	Au F	6	71.77	N II	6
83.47	S III	7	71.63	N II	6
83.28	Ar IV	10	71.39	N II	8
83.07	S III	5	71.3	Mo F	10
82.82	Cr IV	4	71.01	N II	6
82.79	Kr II	5	70.95	Ar II	10
82.2	Cl F	3	70.88	Ge III	3
82.2	Cu F	7	70.88	N II	1
81.88	Cr IV	3	70.6	Ga F	4
81.50	S III	6			
			670.51	N II	1
681.20	Cr IV	2	70.38	Cl III	3
80.95	S III	5	70.29	N II	2
80.83	Cr IV	5	70.1	Se IV	10
80.69	S III	5	69.95	Cl III	2
80.19	Cr IV	2	69.9	Fe F	4
79.7	Ga F	2	69.72	Ca IV	10
79.41	Ar II	8	68.83	Kr II	4
79.22	F IV	16	68.43	Cs II	12
79.00	F IV	13	67.5	Mo F	10
78.87	Cr IV	4			
			667.1	Cr F	5
678.0	Al F	5	66.9	Fe F	4
77.88	Zn III	5	66.50	Cl III	1
77.70	Br III	8	66.04	Cl III	3
77.60	Cr IV	5	66.01	Ar II	10
77.55	Zn III	5	65.87	Kr II	4
77.3	Cd III	8	65.54	Br III	10
77.22	F IV	15	64.8	Au F	3
77.19	Br III	10	64.56	Ar II	6
77.15	F IV	13	63.77	Ge III	2
77.15	B III	6			
			663.04	Kr II	20
677.00	B III	6	62.4	K I b abs	10
76.56	Kr III	25	62.4	Tl F	3
76.5	Cu F	8	61.87	Ar II	15
76.47	Cr IV	2	61.84	Cl III	2
76.24	Ar III	6	61.41	Cl III	2
76.13	F IV	14	61.4	S IV	8
75.14	Cr IV	3	61.1	Au F	3
74.5	Se III	5	60.28	N II	9
74.4	Pb F	2	60.04	Ne I	2
74.39	Cs I b abs	6			

λ (vac) in Å.	Element	Intensität	λ (vac) in Å.	Element	Intensität
658.94	Rb I b abs	20	638.16	Cr IV	5
58.57	Au F	3	37.9	Ca F	2
58.34	F III	12	37.64	Cr IV	5
58.3	Mo F	10	37.40	Cr IV	3
58.09	Au F	3	37.28	Ar III	10
57.3	S IV	6	36.92	Cr IV	2
56.88	Au F	2	36.82	Ar III	3
56.88	F III	11	36.25	C II	4
56.69	F III	—	35.99	C II	3
56.30	Au F	2	35.9	Se IV	10
656.13	F III	10	635.8	Cl F	4
56.00	Ca IV	12	35.18	N II	5
55.5	Au F	3	35.0	Ga III	2
54.93	Rb I b abs	10	34.3	Ca F	5
54.9	Cr F	4	34.0	Cr F	5
54.6	S F	4	33.0	Te III	2
54.2	Se IV	8	32.9	Ga III	2
53.7	Cl F	4	32.3	Ca F	2
53.6	Te F	2	31.79	P IV	10
53.3	K I b abs	6	30.83	Rb I b abs	10
652.9	S F	4	629.92	P IV	4
52.9	U F	2	29.9	Cr F	6
52.81	Pb IV	6	29.73	O V	15
52.7	Se IV	9	29.73	Ne I	6
51.34	C II	8	29.43	N II	2
51.26	C II	7	29.16	N II	3
51.22	C II	7	29.02	P IV	4
48.7	Cr F	4	28.10	Rb I b abs	10 d
47.8	Mn F	2	26.82	Ne I	7
47.6	Te F	2	25.85	C IV	14
646.4	Ca F	2	625.13	O IV	14
45.82	Si IV	2	24.62	O IV	13
45.17	N II	10	23.77	Ar III	5
45.1	Au F	2	23.77	Cl III	3
45.0	Cs III	4	22.14	C III	2
44.83	N II	9	22.13	Cr IV	4
44.8	Se III	8	21.91	Kr II	3
44.8	K F	4	21.41	Cr IV	5
44.62	N II	8	21.28	Cl III	4
44.15	O II	12	21.03	Cl III	3
643.26	Ar III	9	619.9	Cr F	6
42.8	Se III	8	19.9	Cu F	2
41.88	C II	6	19.6	Ca F	3
41.81	Ar III	12	19.1	Sn F	5
41.77	C II	6	19.09	Ne I	4
41.59	C II	6	18.67	Ne I	5
41.36	Ar III	5	18.23	Cr IV	4
39.42	Cs II	12	17.05	O II	6
39.1	Cl F	3	17.03	O IV	7
38.61	Cr IV	3	17	Cu F	—

λ (vac) in Å.	Element	Intensität	λ (vac) in Å.	Element	Intensität
616.93	O IV	8	598.86	Ne I	1
16.82	Cr IV	5	98.70	Ne I	2
16.36	O II	4	97.82	O III	15
16.29	O II	7	97.70	Ar II	5
15.62	Ne I	5	96.8	Ag F	5
14.95	Cr IV	4	95.91	Ne I	3
14.6	Sn F	2	95.8	Cl F	3
14.09	Cr IV	4	95.7	Cs III	2
13.8	As F	3	95.2	Ag F	6
13.76	Cr IV	4	95.03	C II	7 d
612.70	Cr IV	5	594.81	C II	6 d
12.62	K II	6	93.5	Ca F	3
11.4	S F	3	91.82	Ne I	2
11.3	Pt F	2	91.41	He I	13
11.0	Ca F	3	90.9	Ca F	4
11.0	Tl F	2	89.92	Ne I	1
10.85	O III	6	89.16	Ne I	1
10.75	O III	8	89.1	Ag F	6
10.04	O III	7	87.20	Ne I	1
09.83	O IV	15	87.08	Cl III	4
609.71	O III	6	586.87	Cl III	4
09.3	Cl F	3	86.5	Ca F	6
09.28	C III	6	86.30	Ne I	—
09.03	C III	4	85.67	C III	6
08.39	O IV	14	85.61	C III	6
08.07	F II	7	85.50	C III	5
07.93	K II	5	85.42	C III	8 b
07.6	Co F	4	85.26	C III	6
07.47	F II	6	85.25	Ne I	—
06.93	F II	5	84.5	Pb III	4
606.81	F II	8	584.33	He I	10
06.28	F II	6	84.0	Fe F	3
05.67	F II	7	83.5	In F	1
05.4	Sn F	3	83.44	Ar II	8
04.59	Cl IV	5	82.46	Ne I	—
04.15	Ar III	10	82.15	N II	5
02.85	Ar II	4	81.90	P III	1
02.71	Ne I	4	81.14	Ne I	—
02.4	Fe F	4	80.97	O II	7
01.50	Cl IV	5	80.64	Ne I	—
601.42	He I	5			
00.77	K II	6	580.50	Ne I	—
00.59	O II	6	80.40	O II	6
00.53	C II	2	80.26	Ar II	8
00.37	C II	3	79.75	Ne I	—
00.27	C II	1	79.40	Ne I	—
00.04	Ne I	2	79.21	Ar III	3
599.73	Cl IV	2	78.82	Ne I	—
99.60	O III	18	78.61	Ar II	4
98.7	Ag F	5	78.39	Ar III	4

λ (vac) in Å.	Element	Intensität	λ (vac) in Å.	Element	Intensität
578.11	Ar II	4	560.39	Al III	7
77.8	Ag F	5	60.24	C II	4 d
77.15	Ar III	3	60.22	Ar II	7
77.11	C II	2	59.41	Si IV	—
76.73	Ar II	5	58.32	Ar III	5
75.7	Ag F	7	58.0	Ca F	4
75.58	Cl III	3	57.12	Cl III	7
75.3	Cr F	5	56.89	Ar III	5
75.11	Cr IV	5	56.81	Ar II	6
74.65	N II	6	56.2	Ag F	6
574.6	Ag F	6	555.61	Cl III	7
74.41	Cl III	3	55.5	Ca F	5
74.28	C III	12	55.26	O IV	16
73.47	Ar III	4	55.12	O II	5
73.36	Ar II	6	55.06	O II	5
72.7	Pb III	7	54.66	O III	2
72.7	Pb III	7	54.51	O IV	18
72.69	Cl III	4	54.07	O IV	17
72.66	F IV	17	53.47	Ar III	9
72.02	Ar II	5	53.6	Ca F	3
572.0	Ca F	2	553.33	O IV	16
71.38	F IV	15	53.1	Ag F	6
71.30	F IV	14	52.1	Fe F	7
70.64	F IV	14	51.2	S IV	5
69.90	P III	1	51.1	Ca F	3
69.8	Fe F	3	50.8	Cu F	—
69.6	Pb F	2	50.48	Ar II	2
69.0	Ca F	3	50.2	Cs III	2
68.09	P III	1	49.57	Ag F	3
67.79	F III	6	49.51	C II	5
567.74	F III	9	549.38	C II	4
67.68	F III	10	49.32	C II	3
67.63	F III	6	48.78	Ar II	4
66.49	C III	4	48.6	Ca F	3
65.7	Fe F	3	48.5	Ag F	6
65.53	C III	7	48.5	Cu F	2
65.1	Cl F	3	47.98	Ar II	1
64.65	C II	5	47.8	Ag F	6
64.2	Ca F	5	47.8	Cs III	2
64.1	Ag F	5	47.7	Mo F	10
562.58	C II	3	547.46	Ar II	4
62.50	C II	3	47.16	Ar II	3
62.36	C II	3	47.1	Cu F	2
61.74	Cl III	7	46.85	F II	15
61.68	Cl III	7	46.5	Cd	9
61.53	Cl III	7	46.18	Ar II	4
60.9	Ca F	8	43.88	Ne IV	7
60.85	Si IV	—	43.73	Ar II	4
60.8	Ag F	6	43.48	C II	1 d
60.44	C II	5	43.20	Ar II	4

λ (vac) in Å.	Element	Intensität	λ (vac) in Å.	Element	Intensität
543.29	C II	2 d	529.86	N II	5
43.03	S III	2			5-4-4-3-3-3
42.91	Ar II	3	29.34	N II	3
42.90	Ge III	2	29.80	K III	8
42.6	Cd	8	29.5	Pb F	2
42.4	Cu F	2	27.6	Ca F	3
42.08	Ne IV	6	26.60	Fe IV	60
41.7	Cd	7	26.50	Ar II	3
41.30	Ar II	1	26.28	Fe IV	75
41.12	Ne IV	5	25.80	O III	18
			25.68	Fe IV	100
540.9	Cd	4			
40.7	Cu F	2	524.68	Ar II	4
39.85	O II	7	24.4	Cd	6
39.55	O II	8	22.79	Ar II	4
39.09	O II	8	22.21	He I	—
38.9	He I	—	21.81	Ne IV	2
38.8	Ag F	6	21.73	Ne IV	2
38.79	Ar III	6	20.61	K III	10
38.32	O II	7	19.33	Ar II	6
38.31	C III	13	18.89	Ar II	2
			18.25	B III	7 d
538.26	O II	10			
38.15	C III	12	518.24	O II	5
38.08	C III	11	17.94	O II	4
37.83	O II	9	15.64	O II	4
37.46	Ar III	6	15.61	He I	20
37.2	Cd	3	15.50	O II	5
37.13	Ar II	3	15.1	Pb III	5
37.02	He I	3	14.95	F II	6
36.75	Ar III	8	14.5	Cd	5
36.7	Cd	5	13.0	Cd	5
			12.77	Ar III	7
536.7	Cl F	4			
35.58	Ar III	7	512.09	He I	—
35.29	C III	10	11.57	Ar III	7
35.0	Ca F	3	11.53	C III	10
34.3	Cd	5	11.50	Ar III	8
33.81	N II	4	11.3	Ga F	3
33.73	N II	6	11.22	Al III	4
33.64	N II	4	10.87	B III	4
33.58	N II	5	10.78	B III	2
33.50	N II	4	09.99	He I	—
			09.90	N III	4
532.72	C II	3	509.8	Ga F	3
32.41	Ar III	7	09.59	N III	5
31.92	C II	3	08.64	He I	—
31.1	Cd	6	08.43	Ar III	9
30.49	Ar II	4	08.38	F III	10
30.39	C II	4 d	08.18	O III	18
30.29	C II	3 d	08.08	F V	—
30.27	N III	3	07.71	He I	—
30.04	N III	2	07.68	O III	17
29.90	Ar III	9	07.53	He I	—

λ (vac) in Å.	Element	Intensität	λ (vac) in Å.	Element	Intensität
507.5	Sn F	8	484.60	F II	8
07.39	O III	16	84.5	Cu F	4
06.7	Fe F	3			
06.57	He I	—	484.45	Ar III	5
06.3	Cd	6	84.20	K III	1
06.16	N II	3	84.12	Ar III	5
06.06	N II	2	84.03	O II	2
05.99	N II	1	83.98	O II	5
05.4	Cu F	8	83.75	O II	4
04.1	Cd	6	83.0	V F	10·
			83.73	C III	5
502.4	Fe F	3	83.62	C III	4
02.0	Sn F	8	83.57	C III	3
499.98	S III	3			
99.6	Cu F	4	482.55	Ar III	8
99.58	C III	7	82.41	K III	2
		7–9–8–7	82.11	K III	2
99.43	C III	7	81.85	Ar III	6
97.10	K III	15	81.76	O II	3
96.9	Cu F	3			3–1–0–4
96.4	Pb F	2	81.59	O II	4
95.14	K II	6	81.59	O III	4
					4–2–3–4
495.1	Ag F	6	80.96	O III	4
95.1	Cd	5	79.19	K III	8
93.59	C III	7	78.3	Pb F	2
		7–5–5–5–5			
93.34	C III	5	477.63	C III	3
93.0	Cd	5	76.43	Ar III	7
92.65	C III	7	76.20	Cu F	20
92.23	Ar III	3	75.88	N II	1
91.8	Cu F	4			1–3–2–1
91.12	Ar III	4			–2–0–0–0
91.05	Ne III	9			–0–0
			74.49	N II	0
491.00	F IV	16	75.0	Pb F	3
90.68	Ar III	3	74.9	K III	15
90.57	F IV	13	73.92	Ar III	6
90.31	Ne III	7	73.03	Ar III	6
89.64	Ne III	4	72.7	Zn F	2 d
89.50	Ne III	10			
88.87	Ne III	7	472.39	N III	5
88.45	Ar III	7	72.34	Cu F	20
88.10	Ne III	8	72.23	N III	4
87.99	Ar III	7	71.99	F II	5
			71.57	K III	15
487.03	Ar III	7	70.41	O II	4
86.3	Si F	1	70.2	S F	1
86.17	Cl IV	8	70.09	K III	20
85.63	O II	4	69.97	Ar III	4
85.52	Ar III	4	69.87	Ne IV	3
85.52	O II	5			
85.15	Ar III	6	469.83	Ar III	4
85.09	O II	6	69.82	Ne IV	2

λ (vac) in Å.	Element	Intensität	λ (vac) in Å.	Element	Intensität
469.8	Cr F	4	441.81	K III	5
68.47	Ar III	4	40.43	K III	15
67.39	Ar III	6	38.3	Cr F	4
66.9	Zn	6	35.68	K III	10
66.79	K III	15	34.98	O III	10
66.53	Ar III	5	34.84	O III	2
65.11	F III	10	34.72	K III	15
64.82	Cu F	20	34.65	O III	3
464.64	Cu F	20	434.28	N III	6
64.37	F V	10	34.26	O III	4
64.28	F III	9	34.25	N III	6
64.0	Cr F	4			6-5-7-6-6
63.74	N IV	3	33.91	N III	6
63.71	Cu F	20	33.34	C III	8
63.0	Au F	1	30.76	F IV	15
62.39	Ne II	14	30.22	F III	8
60.73	Ne II	15	30.18	O II	6
60.05	C III	8			6-6-5-4
					-5-2
459.63	C III	15	29.56	O II	2
59.52	C III	14			
59.46	C III	13	430.15	F III	11
58.09	Si IV	—	29.51	F III	10
58.0	Au F	1	28.5	Zn	7
57.75	Si IV	3	28.28	N III	6
57.18	F II	6	28.24	N III	5
56.90	Ne II	5	27.84	Ne III	3
56.8	Cr F	4	26.5	Fe F	3
56.34	Ne II	4	25.9	Zn	8
456.0	Sb F	1	25.1	Ga F	4
55.27	Ne II	7	24.3	Ti F	2
54.65	Ne II	5			
53.42	Cu F	40	422.0	Fe F	3
53.13	Cu F	20	22.0	Ga F	3
52.65	Cu F	30	20.73	F IV	16
52.23	N III	11	20.04	F IV	15
51.87	N III	10	19.71	C IV	14
50.73	C III	9	19.64	F IV	14
48.60	K III	15	19.53	C IV	13
			18.91	N III	6
447.81	Ne II	8	18.71	N III	7
46.83	K III	5	17.5	Fe F	4
46.6	Cu F	4			
46.59	Ne II	7	416.77	C III	5
46.25	Ne II	8	13.79	K III	10
45.64	O II	4	12.24	Na IV	8
45.60	O II	4	11.81	B III	2
45.03	Ne II	7	11.33	Na IV	7
44.34	K III	15	10.54	Na IV	6
44.0	Cu F	3	10.37	Na IV	10
			10.10	K III	8
442.52	K III	2	09.97	Ca III	18
42.4	Zn	7	09.62	Na IV	8

λ (vac) in Å.	Element	Intensität	λ (vac) in Å.	Element	Intensität
409.5	Sn F	5	⌠374.44	O III	8
08.68	Na IV	8	⎸		8–8–8–10
07.14	Ne II	8	⎹		–8–8
06.48	K III	6	⎩73.81	O III	8
05.85	Ne II	5	74.20	N III	11
05.4	Cu F	—	72.07	Na II	10
03.73	Ca III	5	⌠71.78	C III	8
01.35	Cu F	30	⎸		8–10–10
00.8	Fe F	3	⎹		–0–2–5
399.69	C III	6 d	⎩69.42	C III	5
			69.2	Cd F	1
399.64	C III	6 d	66.39	F III	6
99.08	N III	1	65.87	F III	7
99.05	N III	4	65.8	Fe F	5
98.89	N III	3			
98.7	Ce F	1	364.94	O III	1
98.55	Ar IV	4	64.87	O III	2
97.2	U F	1	64.74	O III	3
96.87	Ar IV	4	63.86	C III	6
96.38	Ar III	4	63.79	C III	5
95.92	Ar III	1	63.76	C III	4
			⌠62.99	N III	6
395.56	O III	12	⎨		6–8–8–7
94.5	Tl F	1	⎩62.83	N III	7
93.14	K III	10	62.46	Ne II	4
92.9	Fe F	7	61.62	Si IV	—
92.7	Si F	2			
91.5	Sn F	2	361.52	Si IV	1
89.09	C III	7	61.43	Ne II	5
89.01	C III	6	61.0	Cu F	—
88.97	C III	5	60.76	Na IV	6
88.23	Ne IV	1	60.68	C III	5
			60.62	C III	7
387.64	O III	4	60.62	Cu F	30
87.48	O III	3	60.56	C III	6
87.40	O III	2	59.87	Cu F	50
87.35	N IV	4	59.38	O III	7
86.20	C III	14			
84.18	C IV	17	359.22	O III	8
84.03	C IV	16	59.02	O III	8
82.5	K F	2	58.87	Cu F	90
81.1	Fe F	4	58.74	C III	4
80.11	Na III	8	58.70	Ne IV	2
			57.90	Cu F	100
379.78	O IV	4	57.9	Ca F	3
79.63	O III	2	⌠58.58	N III	6
79.58	O III	3	⎸		6–5–5–3
79.51	O III	4	⎹		–5–5–3
79.31	Ne III	7	⎩58.28	N III	3
79.3	Cu F	—	57.53	Ne II	5
78.14	Na III	10			
76.38	Na II	6	357.51	He I	2
76.37	B III	1	56.80	Ne II	5 d
74.44	N III	12			

λ (vac) in Å.	Element	Intensität	λ (vac) in Å.	Element	Intensität
⌠356.53	Ne II	3	327.33	Ne II	3
		3-2-4-2-1-3	27.18	C III	4 d
⌡ 55.65	Ne II	3	27.11	C III	4 d
55.7	Sn F	2	26.77	Ne II	3
55.47	O III	5	26.54	Ne II	5
55.45	Ne II	2	24.61	Cu F	50
55.33	O III	5	24.49	Cu F	70
55.29	O III	3	23.82	Cu F	60
55.14	O III	6	⌠23.67	N III	4
					4-6-5-4
⌠354.95	Ne II	4	⌡23.43	N III	4
		4-2-3-4-2			
⌡ 52.24	Ne II	2	323.31	Mg IV	2
52.06	N IV	4	⌠23.18	N IV	7
51.93	N IV	5			7-9-8-7
46.69	O IV	2	⌡22.50	N IV	7
46.37	O IV	4	22.69	F III	7
46.00	Cu F	60	22.65	F III	8
45.37	Cu F	90	22.56	C III	8
45.31	O III	10	21.59	Ca IV	10
⌠45.20	N IV	3	21.00	Mg IV	20
		3-3-5-3-3	20.98	O III	12
			20.72	O III	2 d
⌡344.92	N IV	3			
44.96	Ca IV	6	320.39	He I	8
44.39	F III	6	19.64	Na IV	10
43.89	F III	7	18.39	Ca IV	4
43.44	Ca IV	8	18.09	Ca IV	15
43.20	Ca IV	6	16.4	Zn F	1
42.71	Cu F	80	15.75	F III	6
41.92	F III	7	15.54	F III	7
41.28	Ca IV	15	15.22	F III	8
41.24	C III	7	15.05	N IV	8
			14.88	N III	6
341.18	C III	6			
41.14	C III	5	314.85	N III	9
39.80	Ca IV	5	14.72	N III	8
39.77	C III	1	13.92	Ne III	3
38.93	Ca IV	5	13.68	Ne III	7
36.56	Ca IV	15	13.05	Ne III	8
36.3	Cr F	3	12.45	C IV	14
35.37	Ca IV	25	12.42	C IV	15
33.06	Ca IV	2	12.24	Al IV	3
32.89	Cu F	100	11.8	Fe F	2
			11.73	O IV	3
331.50	Ne II	2			
31.06	Ne II	1	311.68	O IV	6
30.77	Ne II	3	11.63	N III	3
30.62	Ne II	2	11.54	N III	2
30.20	Ne II	2	11.49	O IV	5
29.7	Ca F	2	11.4	Mn F	1
29.05	Cu F	100	10.91	Al IV	3
28.74	O III	˜9	10.17	C III	7
28.45	O III	10	09.85	Al IV	2
28.41	Cu F	50			

λ (vac) in Å.	Element	Intensität	λ (vac) in Å.	Element	Intensität
309.60	Al IV	4	295.71	F III	5
08.56	Al IV	3	95.72	O III	6
					6-6-5-3
308.5	Fe F	2	95.51	O III	5
07.25	Al IV	3	94.3	Fe F	2
06.88	O IV	7	93.26	Sc IV	8
06.62	O IV	8	92.60	N III	4
05.88	O III	4	92.45	N III	3
		4-8-10-8	91.20	O IV	3
		-9-8			1-1-1-2
05.60	O III	8			-1-2-3
04.91	N III	3			
		3-4-4-2	289.29	O IV	3
		-2-2	90.95	F III	5
03.89	N III	2	90.85	F III	6
03.80	O III	9	90.8	Fe F	1
03.78	He II 1-2	—	89.23	C IV	10
			89.14	C IV	9
303.69	O III	7	86.45	O V	6
		7-7-6-7	85.84	O IV	7
03.46	O III	7	85.71	O IV	6
03.47	C III	1	85.56	N IV	5
03.43	C III	4 d			
03.41	O III	7	283.89	Ne III	3
03.16	N IV	4	83.69	Ne III	5 u
		4-6-4-5-4	83.58	N IV	12
03.01	N IV	4	83.47	N IV	11
01.43	Na II	1	83.42	N IV	10
01.31	Na II	1	83.21	Ne III	6
01.28	C III	1	83.18	Ne III	3
			82.83	Na II	1
301.24	C III	3	82.50	Ne III	1
01.21	C III	2	81.6	Cu F	2
01.12	Ne III	4			
00.46	O III	3 d	281.49	Cu F	50
00.32	N IV	3	81.40	Al IV	7
00.15	Na II	1	80.01	F III	6
99.85	O IV	4	80.9	Ca F	1
99.71	O IV	2	79.94	O IV	20
99.62	O IV	2	79.79	O III	3
99.50	O IV	3	79.69	F III	7
			79.63	O IV	10
299.32	Ca IV	4	78.70	Al IV	8
98.03	Sc IV	6	76.79	F III	5
97.82	N IV	5			
		5-3-3-4-3	277.51	O III	1
97.60	N IV	3			1-7-4-3-2
97.3	Fe F	2	75.28	O III	2
96.95	C IV	7	74.26	F III	6
96.86	C IV	6	72.31	O IV	6
96.55	Ca IV	5			6.6.5.7.6.6
96.27	O III	1 d	71.99	O IV	6
96.01	O III	4	71.00	N IV	6
			70.23	F IV	6
295.94	O III	3	69.9	Ca F	1
95.89	F III	6			

λ (vac) in Å.	Element	Intensität	λ (vac) in Å.	Element	Intensität
269.8	Cr F	2	255.21	Cu F	45
68.77	Cu F	50	54.77	Cu F	70
			54.51	Cu F	50
268.62	Na III	5	53.08	O IV	7
68.31	Cu F	60	52.95	O IV	6
67.87	Na III	6	52.78	Cu F	75
67.71	Ne III	2			
67.64	Na III	8	252.58	O IV	6 d
67.52	Ne III	3	52.55	O IV	6 d
67.12	O III	4	51.73	Ne III	2
67.06	Ne III	3	51.56	Ne III	2
67.05	O III	3	51.37	Na III	6
67.03	O III	7	51.15	Ne III	2
			51.03	F IV	10
266.99	O III	7	50.52	Na III	8
66.97	O IV, III	6	49.37	O IV	4
66.93	O IV	6	49.22	O IV	3
66.89	Na III	5			
66.38	N V	7	248.46	O V	6
66.19	N V	6	48.43	Cu F	50
65.55	O V	4	47.71	N V	11
65.64	Cu F	50	47.56	N V	10
63.81	F III	8	47.21	N IV	10
64.48	O III	6	46.56	O IV	4
		6–5–4–0	46.50	O IV	3
		–3–5–3–4	46.47	O IV	2
		–3–1–0	46.27	O III	3
			45.83	C IV	5 d
262.73	O III	0			
62.63	C IV	4	245.78	C IV	4 d
62.55	C IV	3	44.91	C IV	10
62.29	O III	1	43.76	Al IV	5
62.11	O III	2	43.02	He II 1–4	—
61.75	F III	6	40.37	F IV	7
61.72	F III	7			7–7–7–9–7–7
61.03	O III	4 d	39.86	F IV	7
60.56	O IV	9	39.69	N IV	1
60.46	N IV	2			1–4–2–1
			39.16	N IV	1
260.39	O IV	10	38.57	O IV	20
59.54	C IV	7	38.36	O IV	10
59.47	C IV	6			
58.93	Cu F	80	237.33	He II 1–5	—
58.21	O IV	3	34.35	He II 1–6	—
58.12	O IV	2	34.26	Mg III	6
56.51	O III	3	34.25	N IV	2
56.46	O III	3	34.20	N IV	4
56.43	O III	2	34.12	N IV	3
56.32	He II 1–3	—	33.60	O IV	6
			33.56	O IV	8
256.36	F III	5	33.52	O IV	6
		5–7–6–5	33.50	O IV	7
55.73	F III	5			
55.30	O IV	0	233.46	O IV	7
55.25	O IV	5	33.39	F IV	5

λ (vac) in Å.	Element	Intensität	λ (vac) in Å.	Element	Intensität
233.22	F IV	6	211.11	Cu F	50
32.58	He II 1–7	—	10.9	Cu F	—
31.82	O V	7	09.30	N V	6
31.73	Mg III	7	09.27	N V	7
31.45	He II 1–8	—	08.90	Cu F	60
31.30	O IV	7	08.25	F IV	9
		7–6–6–4	07.79	O V	10
		–6–7–3–2	07.35	O IV	4
30.76	O IV	2	207.24	O IV	7
30.68	He II 1–9	—	07.18	O IV	6
230.14	He II 1–10	—	06.64	C IV	3 d
30.12	F IV	5 b	06.36	Cu F	60
29.73	He II 1–11	—	06.16	Na IV	3
27.69	O V	5	05.96	Na IV	4
		5–5–5–7	05.49	Na IV	6
		–5–5	05.28	Cu F	60
27.37	O V	5	03.94	O V	6
27.10	F IV	5			6–8–6–7–6
26.94	F IV	6	03.78	O V	6
25.30	O IV	5			
25.21	N IV	5	203.43	Cu F	60
25.14	N IV	4	03.06	C IV	i d
			03.05	O IV	6
225.10	N IV	3	03.01	Cu F	60
24.4	Ti IV	4	02.89	O IV	4
22.79	C IV	7	02.6	Cr F	1
22.78	O IV	4	02.39	O V	7
22.76	O IV	5			7–5–5–5
20.77	F IV	7			–5–5
20.35	O V	13	02.16	O V	5
17.19	Sc IV	3	00.96	Cu F	50
16.12	Na III	1	00.86	Cu F	75
		1–4–0–4–4	200.67	Cu F	100
		–2–4–2–4	01.22	F IV	6
14.24	Na III	4			6–8–6–7
					–6–7–5–5
216.06	Cu F	50			–5–5–5
16.02	O V	8	199.76	F IV	5
		8–9–8–7	99.26	Li II	3
15.03	O V	7	96.45	F IV	6
15.67	Na III	4	96.01	O IV	8
		4–0–4–4	95.86	O IV	7
		–2–4–2–4	94.59	O V	8
14.24	Na III	4			8–14–13–12
15.61	Cu F	50	92.75	O V	12
15.32	Sc IV	2	92.91	O V	—
14.16	O IV	6	192.24	O IV	3
		6–5–4–3			3–5–4–4
		–3–2			–3–2–0–2d
12.58	O IV	2	91.61	O IV	2 d
14.06	F IV	7	91.00	Na IV	6
			90.84	Na IV	8
213.85	F IV	7	90.44	Na IV	10
12.42	C IV	5			

λ (vac) in Å.	Element	Intensität	λ (vac) in Å.	Element	Intensität
190.13	Na IV	6	160.07	Al IV	8
89.2	Cu F	—	59.38	O V	4
88.53	Mg III	3	59.34	O V	4
87.19	Mg III	8	58.93	O V	2
86.51	Mg III	9	⎰57.09	Na IV	4
					4–3–5–8
186.15	N V	5			–0–1–2–0
86.07	N V	4			–4–3–0–2
85.75	O V	9			–1–1
84.12	O VI	9	⎱51.30	Na IV	1
83.94	O VI	8	55.7	Cu F	—
⎰83.35	O IV	0	51.55	O V	6
		0–4–3–4–3–1	51.48	O V	5
⎱80.35	O IV	1	51.45	O V	4
82.28	Na IV	4			
82.13	Na IV	6	151.43	Cu F	70
81.76	Na IV	8	⎰51.05	Na IV	0
					0–2–2–2
181.35	Mg IV	8			–3–4
80.80	Mg IV	9	⎱50.30	Na IV	4
80.62	Mg IV	10	50.12	O VI	9
80.07	Mg IV	8	50.09	O VI	10
77.99	Li II	1	49.70	Cu F	80
73.08	O VI	13	48.85	Cu F	80
72.94	O VI	12	⎰48.12	Mg IV	2
72.31	Mg IV	7			2–1–4–0
72.17	O V	12			–5–5–4–3
71.65	Mg IV	8			–4–4–4–3
					–2–4
171.54	Li II	1	⎱46.53	Mg IV	4
71.40	Mg III	4	46.67	Cu F	100
71.07	F IV	3			
70.80	Mg III	5	146.06	Na IV	3
69.84	F IV	3	43.03	Cu F	50
69.79	F IV	3	42.89	Cu F	60
⎰70.22	O V	6	⎰40.97	Mg IV	4
		6.0.0.4.4.8			4–2–4–2–2
⎱67.99	O V	8			–2–2–4–4
⎰68.54	Na IV	5	⎱40.12	Mg IV	4
		5–8–10	40.04	Cu F	50
⎱68.08	Na IV	10	⎰39.03	O V	5
					5–4–3–2
⎰166.23	O V	5	⎱38.03	O V	2
		5–4–3–2–4	38.69	Mg IV	2
		–6–4–5–2	38.39	Mg IV	2
⎱64.18	O V	2	38.26	Mg IV	4
64	Cu F	—			
62.56	N V	4	138.12	Cu F	50
62.49	O V	4	38.07	Cu F	75
61.8	In F	—	36.94	Cu F	40
61.69	Al IV	7	36.72	Cu F	45
60.80	Mg IV	4	35.0	Li III 1–2	—
60.76	Cu F	50	34.55	Cu F	60
60.23	Mg IV	6	33.92	Cu F	40

λ (vac) in Å.	Element	Intensität	λ (vac) in Å.	Element	Intensität
133.39	Cu F	40	111.76	Cu F	10
33.20	Mg IV	5	110.74	Cu F	10
35.52	O V	5	110.22	O VI	1
		5–3–0–0	110.15	O VI	0
		–0–2–1	109.22	Cu F	12
			109.12	Cu F	10
132.80	O V	1	108.71	Al IV	2
32.85	Cu F	50			
32.82	Mg IV	5	108.46	Al IV	4
31.59	Cu F	35	108.39	Al IV	4
31.45	Al IV	2	108.11	Al IV	4
31.00	Al IV	3	108.10	Al IV	3
30.85	Al IV	4	108.0	Li III 1–4	—
30.74	Cu F	20	108.00	Al IV	3
30.40	Al IV	3	107.95	Al IV	5
			107.71	Al IV	3
130.12	Mg IV	3	107.63	Al IV	4
30.09	Mg IV	3	104.81	O VI	2
29.97	Mg IV	3			
29.89	Cu F	10	104.50	Al IV	3
29.87	O VI	6			3–3–4–3
29.86	Mg IV	4			–3–4–4
29.78	O VI	5	104.05	Al IV	4
29.73	Al IV	5	103.89	Al IV	3
29.70	Cu F	20	103.81	Al IV	4
29.57	Cu F	40	100.25	Be III	50
			99.29	Al IV	3
128.26	Cu F	30	92.62	Al IV	3
28.12	Cu F	25	90.20	Al IV	2
28.01	Cu F	25	88.31	Be III	25
27.44	Cu F	25	85.51	Al IV	2
27.11	Cu F	20			
26.30	Cu F	20	84.75	Be III	5
26.06	Al IV	3	83.20	Be III	—
25.53	Al IV	3	82.38	Be III	—
24.63	Cu F	20	81.89	Be III	—
24.60	O V	3	76.57	Al IV	2
			75.9	Be IV 1–2	—
124.54	Al IV	6	75.46	Al IV	1
24.03	Al IV	8	75.36	Al IV	1
20.59	Cu F	15	68.38	Al IV	1
18.97	Si V	6	64.1	Be IV 1–3	—
17.86	Si V	7			
16.92	Al IV	5	60.7	Be IV 1–4	—
16.46	Al IV	7	60.31	B IV	—
16.42	O VI	2	52.68	B IV	—
16.35	O VI	1	50.44	B IV	—
			49.46	B IV	—
115.82	O VI	4	40.27	C V	—
13.9	Li III 1–3	—	34.97	C V	—
12.53	Cu F	12	33.43	C V	—
			32.75	C V	—